第十届"石化装置工程风险分析技术应用研讨及经验交流会"论文集

合肥通用机械研究院
中国特种设备检测研究院　编

合肥工业大学出版社

目　　录

石化装置系统工程风险分析技术进展及安全长周期保障

吕运容，陈炜，朱建新，胡久韶，陈学东

（合肥通用机械研究院，国家压力容器与管道安全工程技术研究中心，

安徽　合肥　230031）

摘　要：自 21 世纪初起，经过十多年的研究和应用实践，我国以 RBI 为主的石化装置系统工程风险分析技术和相关法规标准取得了突破性进展，在石化企业得到了广泛应用，装置安全长周期运行水平明显提高。本文简单阐述了石化装置系统工程风险分析技术近年在我国的研究和应用实践进展情况，并分析需要研究解决的问题，提出今后的工作设想。

关键词：石化装置；风险；RBI；长周期；技术进展

一、前言

石化装置系统工程风险分析技术是资产完整性管理的主要技术方法。21 世纪初，借助于国际科技合作，在国家质检总局特种设备局的积极引导和大力推动下，以 RBI 为主的工程风险分析技术的研究与应用在我国蓬勃兴起。经过十多年的研究和应用实践，石化装置系统工程风险分析技术取得了突破性进展，相关法规标准也日臻完善。目前石化装置工程风险分析技术在我国石化企业得到广泛应用，装置安全长周期运行水平明显提高，但仍有一些不足需要改进。为了进一步促进石化装置系统分析工程风险技术的完善和发展，更好地解决影响石化装置安全长周期运行的关键问题，本文在回顾、总结石化装置系统工程风险分析技术近年在我国研究和应用实践的基础上，分析需要研究解决的问题，提出今后的工作设想。

二、石化装置系统工程风险分析技术进展

1. 基于风险的检验（RBI）技术进展

采用基于风险针对失效模式的检验技术解决压力容器在用维护问题是近年压力容器安全保障技术的突出进步。基于风险的检测（RBI）的实质是对失效模式发生概率与失

效后果分析排序,发现主要问题与薄弱环节,确保本质安全,减少运行费用,是一种追求安全性与经济性统一的系统维修理念与方法。20 世纪 90 年代初期,欧美二十余家石化企业集团为了在安全的前提下降低运行成本,共同发起资助美国石油学会(API)开展 RBI 在石化企业(主要是炼油厂)的应用研究工作。1996 年 API 公布了 RBI 基本资源文件 API BRD 581 的草案;2000 年 5 月公布 API 581 正式文件,API 581 第二版于 2008 发行;2002 年 5 月正式颁布了 RBI 标准 API RP 580;2009 年、2016 年颁布了 API RP 580 第二和第三版。目前,RBI 技术在欧美、日本、新加波等国的石化企业均得到广泛的应用。

我国从 2000 年开始引入风险管理的理念,2003 年,境内一些大型成套装置开始尝试应用基于风险的检验(RBI)技术。合肥通用机械研究院与中国特种设备检测研究院通过国际合作,引入了石化装置系统工程风险分析技术,并结合我国国情,开展了系列研究攻关合作,解决了国外技术与我国石化装置设备相适应的难题,在基于剩余寿命的风险计算、等风险原则确定可接受风险、失效机理数据库完善、复杂失效机制、多种失效模式交互作用下主导失效模式判定等技术中取得突破。合肥通用机械研究院和法国 BV 联合,采用法国 BV 开发的 RBI 软件 RB-eye®,对茂名乙烯装置进行风险评估,获得巨大成功,使 RBI 技术在中国取得飞跃式发展。2002 年,API 关于 RBI 的基础源文件 API 581《Risk-Based Inspection Base Resource Document》与指导性文件 API 580《Risk-Based Inspections》在国内全面推广,加上有关科研机构与高校在石化装置设备的腐蚀、失效模式、失效后果等方面的基础研究,形成了具有国内特色的 RBI 技术路线与技术方法,并为 RBI 软件国产化打下良好基础。2008 年,随着新一版 API 581—2008 的发行,合肥通用机械研究院自主研发的 RBI 软件"通用石化装置工程风险分析系统"正式通过审核,打破了 RBI 软件被 DNV、BV、TUV 等国际性机构垄断的局面。目前该软件系统已经在石化企业和特种设备检验机构中推广应用。

为了能够在设计制造阶段进行风险识别与风险控制,避免设计制造风险带到使用阶段,减少非计划停工。合肥通用机械研究院和中国特种设备检测研究院联合开发了基于风险的设计(RBD)技术和"通用基于风险与寿命的计算机设计辅助设计系统",用于设计阶段的风险评估。该技术和软件系统能够全面分析压力容器在使用过程中可能出现的失效,提出规避这些失效的方法和措施,保证容器的本质安全;依据风险工程的理论,评价风险的水平,采取措施来控制风险水平;告诉容器的用户容器可能出现的破坏形式,以及当发生破坏时应该采取的措施,便于制定合适的应急预案;向压力容器用户提供足够的信息,保证容器的安全使用。

在技术进步的同时,相关法规标准也在不断完善。2006 年国家质检总局以国质检特〔2006〕198 号文下达了在中石化所属企业开展 RBI 试点工作的通知,2009 年 RBI 技术纳入《固定式压力容器安全技术监察规程》(TSG R0004—2009),随后颁布的国家有关法规和标准均采纳了 RBI 等工程风险分析方法,包括《压力容器》(GB 150—2011)、《压力容器定期检验规则》(TSG R7001—2013)、《压力管道安全技术监察规程——工业管道》(TSG D0001—2009)、《压力管道使用登记管理规则》(TSG D5001—2009)等。GB/T 26610 是我国基于风险检验的国家标准,相当于美国石油协会的 API 580、API 581,标准的颁布实施为我国开展基于风险的检验奠定了基础。2011 年,颁布了国家标准 GB/T 26610.1—2011《承压设备系统基于风险的检验实施导则 第 1 部分:基本要求和实施程序》,2014 年颁布了国家标准 GB/T 26610.2《承压设备系统基于风险的检验实施导则 第 2 部分:基于风险的检验策略》、GB/T 26610.3《承压设备系统基于风险的检验实施导则 第 3 部分:风险的定性分析方法》、GB/T 26610.4《承压设备系统基于风险的检验实施导则 第 4 部分:失效可能性定量计算》、GB/T 26610.5《承压设备系统基于风险的检验实施导则 第 5 部分:失效后果定量分析方法》,至此,我国石化装置工程风险分析技术应用的法规与标准已经基本完善。

2. 石化装置系统工程风险分析其他技术的进展

(1)安全联锁系统评估技术(SIL)

安全联锁系统是实现将设备与系统的操作容限控制在设计容限,从而保障石化装置安全的重要措施,针对安全联锁系统可能存在的安全无法满足要求以及误跳车带来的经济损失,SIL 技术通过融合过程安全分析、仪表系统可靠性分析、保护层分析、联锁系统误跳车分析与控制、定量后果评估等内容,解决石化等流程装置中由于设计不充分、维护不恰当、设备故障及人员误操作等引发的安全及误跳车问题。我国自 2004 年开始着手研究流程工业安全完整性技术,2007 年颁布了与 IEC 61508、IEC 61511 等同采纳的国家标准《电气/电子/可编程电子安全相关系统的功能安全》(GB/T 20438)和《过程工业领域安全仪表系统的功能安全》(GB/T 21109)。合肥通用机械研究院自 2004 年以来在国内率先开展安全完整性技术研究与应用,通过与石化企业、设计院紧密合作,研究院已先后为中国石化、中国石油的近 50 套石化装置提供了 SIL 评估,范围涉及了加氢裂化、催化裂化、乙烯裂解、聚乙烯、聚丙烯、甲醇、丁辛醇、电站锅炉、化肥装置、煤气化装置等多类装置,涵盖了设计阶段、在役阶段、改造阶段的各类装置。以国内大量开展的 SIL 技术应用为基础,合肥通用机械研究院建立了适合于我国石化装置的仪表设备可靠性数据库,开发了"通用过程工业功能安全完整性评估系统",研究成果获全国安全生产科技成果奖和中国机械工业科学技术奖。

(2)以可靠性为中心的维修(RCM)

RCM 是对系统进行功能与故障分析,明确系统内各故障后果;用规范化的逻辑决断程序,确定各故障后果的预防性对策;通过现场故障数据统计、专家评估、定量化建模等手段在保证安全性和完好性的前提下,以最小的维修停机损失和最小的维修资源消耗为目标,优化系统的维修策略。通过 RCM 分析所得到的维修计划是基于"知道将来那些设备会发生故障,在什么时候发生故障,故障后果严重程度如何"的情况下制订的,具有很强的针对性,避免了"多维修、多保养",达到"该修必修、修必修好、杜绝过修失修"的目的,从而降低直接维护成本,减少停车损失。合肥通用机械研究院编制了 RCM 编程所需的技术文件及软件系统,已在多套石化装置上应用,取得了良好的效果。

(3)完整性操作窗口(IOWs)

IOWs 是完整性管理在运行操作层面的具体实施,是通过建立有效的方法,将设备失效容限转化为工艺操作边界,通过完整性操作窗口,把所有关于设备失效的知识传递给过程装置的操作者,并通过过程安全信息管理系统,实施监控预警,防止操作失误,预防压力容器等设备提前劣化或发生突然破裂泄漏或爆炸事故。IOWs 技术最先由壳牌(Shell)提出,并在炼化装置试点应用。美国石油协会(API)2014 年颁布 IOWs 标准 API 584,详细规定了 IOWs 的概念和实施流程。合肥通用机械研究院在"十二五"国家支撑计划(基于风险的完整性操作窗口关键技术研究)、安徽省国际合作(完整性操作窗口关键技术开发与应用)和中石化科研课题(加氢裂化装置完整性操作窗口关键技术研究)的支持下,开展了这方面的研究开发工作。目前已形成了完整性操作窗口技术企业标准和软件系统,IOWs 技术已初步成熟,基本具备了进行工程应用的条件。

三、石化装置系统工程风险分析技术的应用实践

经过十多年的发展,随着我国工程风险分析技术和法规标准的不断完善,以 RBI 为主的工程风险分析技术在石化企业得到了广泛的应用,解决了一系列石化装置长周期运行中的问题,已成为石化装置实现长周期运行的主要技术方法之一。如应用 RBI 技术,基本解决了压力容器、压力管道及安全阀定期检验与装置长周期运行之间的矛盾问题;通过 RBI、RCM 技术,建立了基于失效模式及其影响分析的设计制造、检验测试及维护维修方法,解决了绝大部分设备的安全性与可靠性问题;通过 SIL 技术,解决了装置安全联锁系统的可靠性问题;通过合于使用评价(FFS)及在线监测技术,解决了含缺陷设备的安全长周期运行问题。

(1)应用 RBI 技术,优化检验策略,排除安全隐患,延长石化装置运行周期

截至 2015 年,全国已有数十家单位在开展基于风险的检验工作,已对覆盖整个石化行业的 1600 余套装置进行了 RBI 工作(图 1 是合肥通用机械研究院历年完成 RBI 的数量),为石化装置的安全长周期运行提供了技术保障,基本解决了压力容器、压力管道及安全阀定期检验与装置长周期运行之间的矛盾问题,解决了绝大部分设备的安全性与可靠性问题。如镇海炼化 2012 年顺利完成了史上最大检修,对容器、管道及安全阀,采用 RBI 检验方式,确保了工期,节省了检验费用,共创效 3880.9 万元。福建联合石油化工有限公司委托合肥通用机械研究院特种设备检验站对其新区炼油、化工装置进行了风险评估(RBI),装置 2009 年投产,安全运行至 2013 年 10 月停工检修,实现装置首个运行周期达到"四年一修",并应用基于风险的检验策略进行了检验和验证,取得了良好效果。

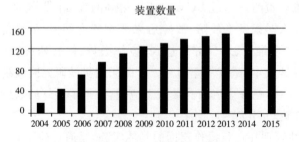

图 1　历年完成的 RBI 装置数量

总体来看,通过实施 RBI,发现了大量依靠传统检验难于发现的隐患,提高了装置安全性,基本实现了炼油装置 3～4 年、乙烯装置 4～6 年的长周期安全运行(图 2);另一方面,通过优化检验方案提高检验有效性,使得装置节约了近 30％的检维修费用,受到石油、石化企业的欢迎。

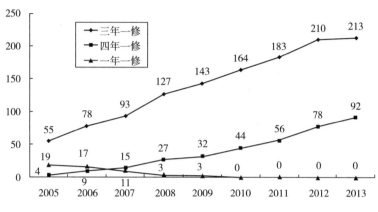

图 2　某石化集团装置运行周期变化

(2)建立基于风险的开盖率导则,降低石化装置检修开盖率

设备开盖率是影响石化装置停车检修效率的一个关键因素,降低设备的开盖率既可以提高装置检维修效率,同时降低设备检测与维修的直接费用,在满足装置安全运行的前提下,做到了经济性与安全性的统一。工程风险分析方法引入之前,我国石化装置检修基本是要把所有的设备打开检查、清扫、修理,不修就是不放心。这已成了我们的固定思维模式,造成了严重的过度检修。针对这一问题,合肥通用机械研究院和茂名石化公司开展了“炼油装置检修降低开盖率技术研究及应用”研究,制定了设备开盖检修导则,编制了《典型炼油装置设备检修开盖指导原则》。目前该方法在石化企业中已经逐步推广应用,取得了良好的效果。如天津石化分公司 2012 年全厂检修中,采取 RBI 等多项措施,降低设备开盖率,取得较好效果。其中转动设备 4627 台,实际开盖 198 台,开盖率 4％;3♯常减压换热器 130 台,实际开盖 23 台,开盖率 18％。茂名石化 2013 年炼油分部的全厂停汽检修,炼油装置检修开盖率较以前装置检修开盖率的 80％～90％已大幅下降,降低了检修工程量,保证了检修的施工质量,其中常减压装置开盖率为 63％,催化装置为 55％～73％,焦化装置为 70％～75％,加氢装置在 25％～72％。

(3)开发基于风险的备件库存优化技术,优化备件库存,降低库存资金

备件库存管理的核心思想是在满足生产对库存需求的前提下确定备件合理的存储量和采购批量。在保证生产安全性和连续性的前提下,压缩库存规模、减少资金占用是提高企业经济效益的一条重要途径。合肥通用机械研究院应用了工程风险分析方法,提出了基于风险的库存备件优化方法(图 3)。该方法依据库存备件的配置、备机、备台以及安装数量等,提出了关键备件缺货可能性计算方法、备件缺货后果的计算方法,并开发相应的软件系统。相比传统的以经验为主的备件储备决策方法,基于风险的备件优化方法将缺货后果和备件缺货可能存在的失效可能性有机地结合起来,可提高备件的库存管理水平。

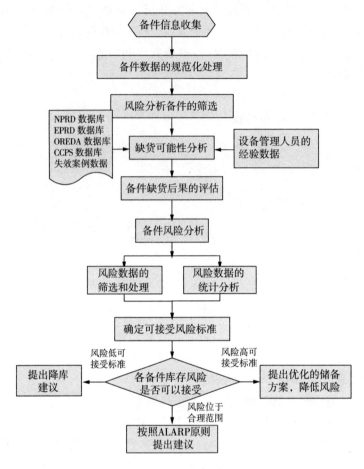

图 3　备件风险分析的流程图

四、问题分析及设想

1. 影响石化装置长周期运行的问题分析

虽然经过十多年风险技术的研究和实践,逐步认识了全寿命过程完整性技术,石化装置长周期运行取得了很大的进步,但由于实施执行不够和技术支撑不足,设备失效案例时有发生,装置非计划停工现象仍存在。如某石化炼油 2013 年非计划停工 58 次 516 天。导致非计划停工的原因如图 4 所示,其中服役条件极端化,加上复杂环境下主导失效模式判别及其特征参量提取尚有难度,导致腐蚀失效仍然是主要问题,约占 45%;在线监控智能化程度不高(不能满足大幅减少操作人员和服役条件极端化的需要),导致设备超容限运行,发生早期失效,约占 25%;基于风险与失效模式的设计制造落实不到位,导致先天不足,约占 15%;基于风险的检验与维护落实不到位,导致设备失效,约占 15%。

从上述分析可以看出,随着风险管理理念的引入和以 RBI 为主的工程风险分析技术的实施,若干年前影响装置长周期的法规对检验周期的刚性限制和缺乏全寿命过程的完

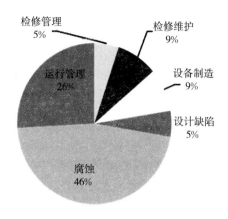

图 4　非计划停工原因分析

整性技术的认识与实施等问题已基本解决,但随着石化工艺与装备技术的发展和加工原料的进一步劣质化,还有一些影响长周期运行的问题需要解决,主要问题包括:

(1)基于风险控制针对失效模式的设计制造没有认真实施,导致先天不足现象依然存在;

(2)对石化过程工艺原料变化引起的新的失效机理认识不足,预防措施缺乏;

(3)复杂失效机制下主导失效机制与影响因素认识不足,预防措施有待完善;

(4)在线检测、监测与信息化技术不够;

(5)内件腐蚀损坏问题突出。

2. 石化工程风险分析技术发展的问题分析

经过十多年风险技术的研究和实践,原先涉及工程风险分析技术实施的问题已经基本解决,如政府认可、先天缺陷、在线检验、检验周期、可接受风险、软件适应国情引进与本土化等。但目前仍存在一些问题需要解决,如企业 RBI 人才匮乏,需根据 API 581—2008 和 API 580—2016 做相应的技术改进,评估机构与检验机构的责任需要进一步区分清晰以及新容规有关规定的落实等。

3. 今后的工作设想

(1)针对复杂环境下设备管道的失效机理、失效模式掌握得还不够全面的问题,补充完善复杂环境下设备失效机理和失效模式;针对我国国民经济发展的新方向,研究特殊领域使用的压力容器与压力管道的合于使用评价方法;发展基于失效机制、失效模式的寿命预测理论和评价方法。

(2)针对影响设备失效的关键参数监控仍不到位,导致设备失效的问题;充分应用RBI 分析成果,研究建立完整性操作窗口(IOWs)。

(3)完善 RBI、RCM、SIL 等数据库,探索 Hazop、RBI、SIL、RCM 融合分析技术,并与企业 ERP 或设备管理系统接口,将信息化技术与在用维护技术融合,现代服务业思想与在役设备安全保障有机链接,在大数据处理技术上建立基于物联网面向各层次用户的在用承压设备系统安全保障技术平台,提高风险防控水平。

(4)针对内构件是影响装置长周期运行的主要因素之一,开展石化装置关键设备内件基于风险的检验检测研究,提高内件运行可靠性。

(5)开展极端条件下材料理化性能测量技术研究和高温、高压等极端环境下压力容器安全监测技术研究,建立材料在超高压、强磁场、高温、极低温等极端条件下的理化性能测试平台和测试方法,提高在线监测水平。

参考文献

[1] 陈学东,崔军,范志超,等. 我国高参数压力容器的设计、制造与维护//[C]. 压力容器先进技术——第八届全国压力容器学术会议论文集. 合肥:中国机械工程学会压力容器分会,2013.

[2] 吕运容. 基于风险的检验(RBI)实施手册[M]. 北京:中国石化出版社,2008.

[3] 陈学东,王冰. 基于风险的检测(RBI)在中国石化企业的实践及若干问题讨论[J]. 压力容器,2004,21(8):39-45.

[4] 陈学东,王冰等. 基于风险的检测(RBI)在实践中若干问题讨论[J]. 压力容器,2005,22(7):36-44.

[5] API 580—2009. Risk-Based Inspection[S]. Washington:American Petroleum Institute,2009.

[6] API 581—2008. Risk Based Inspection Base Resource Document[S]. Washington:American Petroleum Institute,2000.

[7] 中华人民共和国国家质量监督检验检疫总局. TSG R7001—2013 压力容器定期检验规则[S]. 北京:新华出版社,2013.

[8] 中华人民共和国国家质量监督检验检疫总局. TSG R0004—2009 固定式压力容器安全技术监察规程[S]. 北京:新华出版社,2009.

不平衡配管设计对安全生产的影响

顾望平

（合肥通用机械研究院　国家压力容器与管道安全工程技术研究中心，
安徽　合肥　230031）

摘　要： 通过介绍五家国内石化企业冷换设备汽相管系分配不合理导致的腐蚀失效案例，讨论了不平衡配管对设备损伤的影响，对失效原因进行了梳理和总结，分析得出了加氢空冷与蒸馏塔顶冷凝设备不平衡配管导致失效的原因。最后结合实践经验和国内企业对改进配管的措施，提出了切实可靠的改进建议，建议对 RBI 评估人员等专业的工程技术人员十分有益。

关键词： 空冷器关系；不平衡配管；失效原因；RBI

一、引言

设计院配管室负责将设备与设备之间用管道连接，如果一台设备物料要转送到下游多台设备的配管设计，就存在流量控制的问题。一般对存在气相有时会采用平衡管系阻力降均等来分配，而不采用其他控制手段。管系各部分包括设备的阻力降必须精确计算，但要保证进每台设备的流量均衡分配十分困难，会有许多额外要考虑的因素，比如：布管空间的限制、部分设备堵塞后阻力降增加、空冷风机不均匀温度场的影响、设计与实际操作的偏差等。流体偏流会造成传热与传质效率降低，也会产生冲刷腐蚀造成设备的损坏，严重时会发生泄漏引起安全问题。本文收集了一些由于配管原因造成的失效案例，提供给设计人员、RBI 分析人员和腐蚀调查人员在现场考察时的快速判断易腐蚀的部位。

二、加氢装置反应流出物系统空冷配管

加氢空冷系统腐蚀除介质中的硫化氢腐蚀外，还会在冷却过程中出现的氯化氨与硫氢化氨结晶沉积垢下腐蚀、堵塞管束后局部流速增加造成的酸性水冲刷腐蚀、低流速下的铵盐垢下腐蚀。除了合理选材、控制流速与腐蚀介质浓度以外，还应采取有效的工艺防腐措施，其中最有效的是注水洗涤铵盐结晶，降低酸性水中腐蚀介质浓度，配管的设计需确保注水能均匀分配到下游每台设备[1]。

案例一

中石化扬子分公司新建中压加氢裂化装置中,碳钢材质的空冷器在运行一年后泄漏,2006年7月联合调查小组分别对齐鲁石化公司、上海(金山)石化公司和扬子石化公司的加氢装置的高压空冷器系统进行了调研。从根本上说,是原料油的劣质化、硫含量的增加,加剧了腐蚀。虽然这些都是空冷器或换热器等设备或管线的泄漏问题,实际上却涉及工艺、配管、设备、防腐、原料控制、操作等诸多方面。调查报告最后得到总部的认可,曹湘洪院士组织了会议,文件《关于加氢裂化装置高压空冷器泄漏原因分析及解决方案讨论会的会议纪要》『集团公司(2006)第10号』对选材做出了规定。

针对扬子石化空冷器泄漏问题,报告认为:虽然泄漏是翅片管管头被腐蚀造成,但是引起腐蚀剧烈和短时间内泄漏因素很多,特别是与管箱入口分布不均(入口管系设置不合理)、原料CL^-的控制、入口衬管材质以及制造等都有一定的关系。提供的建议有:空冷器的入口管线布置应做到完全对称平衡安装,避免偏流产生。空冷器的进口管线应采用1分2、2分4、4分8的结构;尽可能采用三通式结构,如采用弯头,则弯头前后的直管段的长度最好不小于10倍的管径。图1是扬子石化8台空冷器CFD计算流量分配图,图2与图3分别为空冷器改造前后的照片。

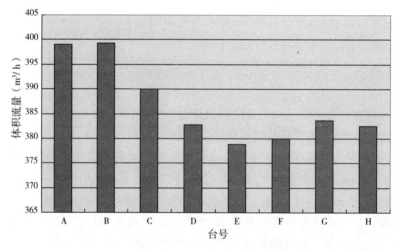

图1 扬子石化8台空冷器CFD计算流量分配

图2 改造前弯头与三通直连

图3 改造后三通前直管有10D间距

案例二

国外关于加氢裂化装置高压空冷注水分配的仿真分析的文章发布在 2016NACE 年会上[2]。空冷设计按照 API RP 932—2012 标准，要求空冷入口管线注入冲洗水防止空冷管束铵盐腐蚀。冲洗水除了汽化后，确保有足够的自由水存在，基本的准则是在注入后保持至少 25％的冲洗水。注入点的设置有总管与分支两种，如果是平衡管系可采用总管注水，如果是不平衡管系可采用总管与分支相结合的注水方式。通过仿真分析可直观地看出，配管设计的不同会严重影响到分配的不均匀，可造成个别设备提前腐蚀泄漏。

一个按照进口管线应采用 1 分 2、2 分 4、4 分 8 的结构布置的平衡管系(如图 4)，选取其中一个管段，分别用 CFD 分析弯头与三通直连(与扬子原设计相同)、管件之间通过 10D(管径)长度直管连接(如图 5 与图 6)。可明显看出分配有很大的差异，如果第二层管系分配不均匀会使得第三层更加不均匀，最终到 8 台空冷器的每一台相差非常大。图 7 显示取第二层管线弯头与三通直接相连到 4 台空冷 8 个空冷管口的仿真计算流量分配，最少的是管束 1 左管口的 6.4％，最大的是管束 4 右管口的 21.6％。按照设计的理论分配应该是每个管口 12.5％，分配最少的管口不均匀系数为 0.51，最大管口不均匀系数为 1.73。流量分配不均匀造成水量少的空冷器铵盐腐蚀要比其他空冷器严重。根据 CFD 分析结果，得出的建议是对在低压、低苛刻度的装置应考虑选择单一注水点，注水速度按 20％～25％自由水选择(并不是根据冷高分罐中平均 NH₄HS 浓度来确定)。注水可以通过以下方式来实现：①将注水点安装在高压空冷入口分配管之前尽量远的位置，以使接触时间最大化；②使自由水和反应流出物之间的界面面积最大化(比如采用静态混合器或雾化好的喷头)；对相对的，高压、高苛刻度的装置应考虑采用多点注入，因为这种环境下自由水的不均匀分配会导致不可接受的高的局部 NH₄HS 浓度，当注水量根据特定的总 NH₄HS 浓度且高压空冷选材依据这一浓度时，多点注入十分重要。推荐的组合注水布置如图 8 所示，总管注水 28％，余下的 72％分配到每台空冷各 8％。

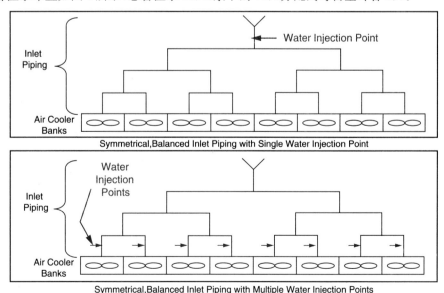

图 4 平衡管系的总管注水点与分支注水点布置

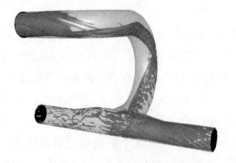

图 5　弯头与三通直连　　　　　　图 6　管件之间采用 10D 直管连接

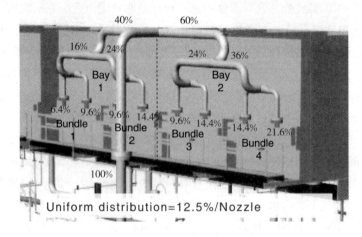

图 7　截取部分管系计算 4 台空冷的流量分配

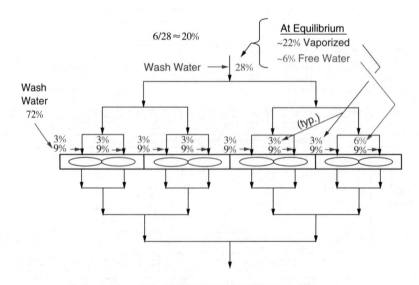

图 8　理想的多点注水布置

三、塔顶冷凝冷却系统的配管

典型常压塔顶冷却设备有油气与原油换热器、空冷器与水冷器。塔顶挥发线中物流主要是油气、少量汽提蒸汽与腐蚀介质如 HCL、H_2S、氨、有机酸、氯化铵等。腐蚀发生在水露点后的设备，存在 $HCL+H_2S+H_2O$ 强酸腐蚀机理。腐蚀控制要确保水露点温度落在冷却设备中，而不是在碳钢挥发线，油气温度要高于水露点温度 14℃～28℃；同时塔顶注水、注缓释剂与中和剂的三注工艺防腐技术保护管线与冷却设备。工艺防腐过程中需根据分液罐水的铁离子浓度与 pH 值来调整注水与注剂的量；如果部分设备与局部管线出现偏流得不到有效保护，光凭分液罐水分析结果是无法判断腐蚀部位。从一些失效案例可以看出，影响最大的因素包括：不平衡配管设计导致的物料偏流；未采用雾化良好的喷头加剧偏流发生；受气候影响挥发线出现局部露点腐蚀；不合理的注点位置等。

案例一

某炼油厂 500 万吨/年蒸馏装置自 2012 年 5 月下旬开始，空冷器 A－102/5～8 频繁腐蚀泄漏（于 2011 年 8 月全部更新）；2012 年 6 月 7 日，A－102/8 出口线集合管下部破裂（如图 9）。在不具备改变空冷配管结构条件的情况下，针对后几片空冷腐蚀泄漏严重的现状，在后几片空冷入口分别注中和缓蚀剂、注水的防腐方案取得成功，铁离子浓度与pH 值符合控制指标（如图 10）[3]。

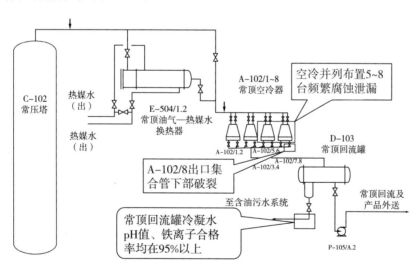

图 9 塔顶系统设备与不平衡管系腐蚀概况

原因分析：挥发线顶部注水注剂由于没有雾化好的喷头，缓释剂、中和剂与液态水形成了汽液两相流。挥发线到连接 8 台空冷器并联布置，属于严重不平衡管系，虽然分液罐水中铁离子浓度与 pH 值指标合格，但实际每台空冷出口冷凝水数据相差很大，水与注剂走短路造成近端空冷过保护而远端空冷欠保护，最严重的第 8 台空冷出口呈酸性导致大面积堵管与集合管腐蚀破裂。采取总管与分支分别注可有效缓解腐蚀，如果挥发线不采用雾化良好喷头仍然有明水的情况下有可能造成挥发线水平段底部的穿孔。

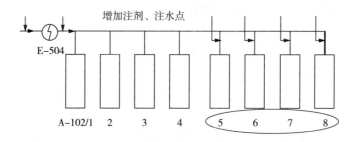

图 10 　维持不平衡管系增加后 4 台注点的改进流程

案例二

中石化某炼油厂蒸馏装置原设计产能 250 万吨/年,经过多次改造扩能于 2008 年达到 800 万吨/年,原设计常压塔顶油气进三台碳钢换热器与原油换热,扩能后计算需增加的换热面积大,由于空间有限采用两台 SMO254 材料板式换热器,在换热器入口集合管延长段并联安装(如图 11),1 和 2 是板式换热器,3、4、5 是 U 型管换热器,从图中看出管系分配极不平衡。图 12 显示仿真计算得出的不平衡系数,第 1 台流量最小,第 3 台流量理想,第 5 台流量最大,因此第 1 台受保护最差,同时因为流量小容易导致结垢与垢下腐蚀,在实际生产中,由于腐蚀设备进行了多次更换[4]。

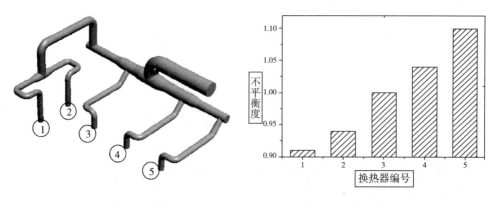

图 11 　不平衡的配管布置　　　　　图 12 　换热器不平衡度计算

案例三

中石油某炼油厂常压塔顶油气空冷器 12 台(12Cr2AlMoRe 材料),空冷配管为 1-3-6-12 布置,注水与注剂在塔顶挥发线水平管段。运行初期由于空冷器入口管衬钛套管贴合不紧且管头没有加工锥度,导致衬管尾端的管壁穿孔,拆除衬管后又发现 12 台空冷两个远端开始穿孔泄漏,有不断发展的趋势。分析认为挥发线总管分配到下游 3 个分管后物流的是不平衡型布置,油气中没有汽化的注剂,水集中于中间管,两侧管流量少,即使注水与注剂总量足够,部分空冷器仍得不到有效保护。改造后保留了挥发线总管注水点,增加每台空冷器的注水量与注剂口,在总量不变的情况下根据监测数据调整各注点的注剂量(如图13),有效控制了腐蚀的发展。

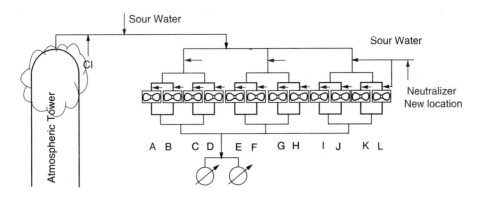

图 13 改造后的总管与分管联合注水、注剂布置

四、建议

油气冷凝系统中管系不平衡配置可能影响到冷凝与冷却效率,介质流速偏离设计值,对设备的腐蚀造成严重影响,容易导致高流速部位的冲刷腐蚀与低流速部位的局部沉积物垢下腐蚀。对已建成的装置,应分析配管设计、查找可能腐蚀的部位、制定改进措施等。设备管理人员、RBI 分析人员与腐蚀调查人员需从以下几方面考虑。

1. 资料查阅

(1)操作负荷高于设计负荷时局部冲刷严重(加氢空冷器有流速的要求),低于设计负荷下限时盲管与死角部位有垢下腐蚀。

(2)并联多台设备是否双数,管系是否平衡设计;并联设备是否同一型号相同结构,不同结构设备阻力降会不同。

(3)总管与分支设备有无工艺防腐注点,有无雾化良好的喷头(符合 API TR 0114 标准)[6,7],注水喷头应安装在立管上顺流方向,喷头上下应有足够空间以保证管壁不受液态水的冲刷腐蚀。

(4)多台并联设备配管的管件前直管长度应在 6D 以上。

(5)空冷器入口端衬钛管已发现贴合不严密与尾端局部涡流而加速腐蚀,是错误的选材,应采用 316L 材料。

(6)总管与支管有受气候影响管壁内出现露点腐蚀可能,是否需保温。

(7)工艺防腐资料是否完整,监测数据应符合《中石化工艺防腐管理实施细则要求》。

(8)设备管理资料中有没有定期宏观检查要求,管理档案应有测厚与泄漏记录。

2. 现场调查

(1)现场安装是否符合设计图纸,有没有异常。

(2)不平衡管系中每台设备出口管线与易冲刷弯头应有定点测厚,特别要关注远端设备。

(3)注剂与注水管口下游需增加测厚点[5](如图 14)。

(4)注水与注剂设施与腐蚀监测设施是否正常运转。

（5）操作室数据显示塔顶油气温度是否高于露点温度14%～28℃；

3. 综合评价

（1）根据以上要求检查发现的问题，确定是否要升级风险，增加检验比例。

（2）严重偏流影响设备安全的配管，应该研究改进对策；必要时需联系设计部门，进行计算机模拟，更改设计。

（3）工艺与设备部门，必须密切配合消除安全隐患。

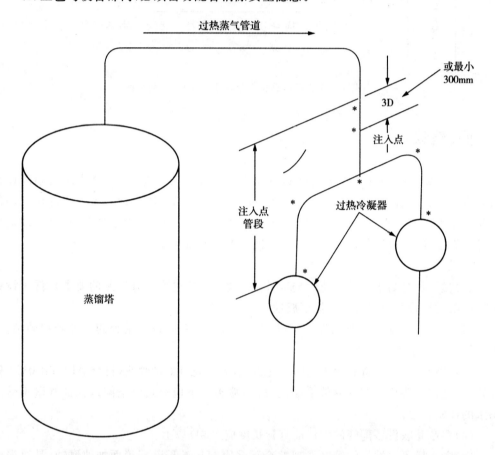

注：*表示在注入点管段上的典型测厚点位置。

图14　注入点下游的测厚部位

参考文献

[1] API RP 932B—2012. Design, Materials, Fabrication, Operation, and Inspection Guideline for Corrosion in Hydroprocessing Reactor Effluent Air Cooler (REAC) Systems[S]. Washington: American Petroleum Institude, 2012.

[2] Jacobs G E, Shargay C A, Cabrera J, et al. Single vs Multiple Injection Points for REAC Wash Water Systems-Interesting Process Simulation Results [C]//

CORROSION 2016. NACE Internation，2016.

［3］雷刚，张海波．常减压蒸馏装置常顶空冷器腐蚀分析及防护［J］．石油化工腐蚀与防护，2012，29（4）：37－40．

［4］刘慧慧．常顶系统流动腐蚀失效分析及工程优化［D］．杭州：浙江理工大学，2014．

［5］NACE International Publication 34105. Effect of Nonextractable Chlorides on Refinery Corrosion and Fouling［S］. Honston：NACE International，2005.

［6］NACE SP0114—2014. Refinery Injection and Process Mix Points［S］. Honston：NACE International，2014.

［7］ NACE International Publication 34109. Crude Unit-Distillation Tower Overhead System Corrosion［S］. Honston：NACE International，2009.

用设备完整性管理理论为指导提升防腐水平

董绍平

（合肥通用机械研究院　国家压力容器与管道安全工程技术研究中心，

安徽　合肥　230031）

摘　要：本文通过介绍石化装置设备完整性管理的历史沿革和主要特征，强调了完整性管理在设备全寿命周期中的重要作用。针对现阶段设备防腐工作中的不足之处，提供了防腐管理体系整体规划等五个方面的改进措施，并以某企业蒸馏装置腐蚀控制手册（CCM）的制定为切入点，列举了常压塔顶腐蚀回路的选材特点、工艺条件和完整性窗口监测参数。

关键词：石化装置；设备完整性；全寿命周期；腐蚀回路；腐蚀控制手册；完整性窗口

一、设备完整性管理的由来

长期以来，对工业生产重大事故的调查和反思，往往促进了设备安全法规的建立。美国职业安全与健康管理局（OSHA）分析了 20000 多台设备的失效案例，调查了世界范围内约 25 家石油化工厂，与政府和检测机构充分交流，针对化工与炼油工业生产过程中危险性化学物质运作颁布了过程安全管理法规（PSM，Process Safety Management）。该法规包括 14 个要素：员工参与、过程安全信息、过程危害分析、操作程序、培训、承包商管理、开车前安全审查、设备完整性、动火作业许可、变更管理、事故调查、应急响应计划、安全审核、商业秘密。其中设备完整性（Mechanical Integrity，简称 MI），经过数年的推广，已成为一个独立领域，并得到了世界各大石化公司的普遍认同与应用。

设备完整性（MI）是指过程生产设备在风险管理的控制下，经过"设计—采购制造—安装—调试—运转—维修"的全寿命周期各个阶段后，在各种不同条件的受控运转状态下，可呈现的安全性、可靠性与高效性的能力程度。设备在物理上、功能上是完整的，其运行的安全性、可靠性始终是受控的。而设备完整性管理是指采取技术改进措施和规范设备管理相结合的方式来保证设备运行状态的完好性。设备完整性管理是一个完善、系统的管理体系,它以保证设备完整性为首要任务,用整体优化、均衡的方式管理设备整个生命周期,实现设备运行本质安全和节约设备维持成本,并让其可持续发展。设备完整性管理所涵盖的要素有:风险管理、运行管理、检验、测试和预防性维修管理、缺陷管理、变更管理、质量管理等。

二、设备完整性管理的主要特点

设备完整性管理具有以下主要特点:

(1)设备完整性具有整体性,是指一套装置或系统的所有设备的完整性。

(2)单个设备的完整性要求与设备的装置或系统内的重要程度有关,即运用风险分析技术对系统中的设备按风险大小排序,对高风险的设备加以特别关注。

(3)工作必须遵从标准,建立企业标准化的、完整的业务流程和作业文件,并要求员工依照标准执行。

(4)设备完整性是针对设备全寿命周期的,从设计、制造、安装、使用、维护,直至报废。

(5)设备资产完整性管理是采取技术改进和加强管理相结合的方式来保证整个装置中设备运行状态的良好性,其核心是在保证安全的前提下,以整合的观点处理设备的作业,并保证每次作业的落实与品质保证。

(6)“预防”重于“治疗”,实行设备定期检查,预知设备运行状况;强化设备异常状态的管理与处置;关键设备必须开展预防性维护;依据设备运行状况执行适当的预防性维护。

(7)设备的完整性状态是动态的,强调了变更管理和持续改进。

三、目前防腐工作存在的不足

用设备完整性管理的思路反观目前的防腐管理工作,发现存在以下不足之处:

缺乏整体性考虑。更多的工作是头痛医头、脚痛医脚,没有考虑整个装置面临的所有可能产生的腐蚀因素,即没有建立装置的实际腐蚀流。

缺乏风险分析意识。石化企业采用基于风险的检验(RBI)技术更多是为了延长特种设备的检验周期,还没有普遍将评估结果用于日常的防腐管理,例如用于指导腐蚀检测布点、指导装置停工时的腐蚀检查等。

缺乏全生命周期理念。尤其在设备设计、安装阶段,防腐专业介入相当少,或者说根本没有介入。这样就导致设计中很少考虑腐蚀检测布点,施工中防腐保温的作业时间得不到保证,在实际作业中,边开工边刷漆的保温现象司空见惯,“先天”的不足给装置留下了许多隐患。

技术和管理方面都有不足。技术方面缺少腐蚀控制手册(Corrosion Control

Manual,简称CCM),管理方面缺少变更管理规定,导致施工人员按各自习惯施工,质量难以保证。操作人员不清楚防腐所需控制的指标,以及工艺、设备的变更没有做腐蚀方面的评估,常常会出现"意外"事故。此外,防腐管理方面的动态性理念也没有很好地建立起来。装置由一年一修延到三四年一修,对设备管道运行状况的监测手段也没有太大改进,对外部条件的变化可能引起的腐蚀问题缺乏预判,处于被动应付状态。

四、防腐的完整性管理思路

所谓"装置完整性防腐管理"就是指装置的全面腐蚀管理,确保整套装置设备运行时的有效性和安全性。它主要包含以下五个方面:

防腐管理体系整体规划。制定装置防腐规划,建立防腐管理平台和装置的腐蚀流图,经过风险评估,将防腐管理、检查资源从低风险腐蚀部位转移到高风险部位,不遗漏一个风险点。

腐蚀关键部位的识别和分类。装置防腐完整性管理需涵盖装置中每台设备及管道生命周期的每一阶段。不同的阶段应有其关注的重点,比如设计阶段:选材与工艺防腐方案和设备监测方案制订;建设阶段:选材评估、设备可靠性分析;运行阶段:风险评估与定级、减缓措施、完整性操作窗口(Integrity Operating Windows,简称IOW)、腐蚀控制文档(CCD)、检测;大修阶段:腐蚀检查、失效分析、改进。

完整性操作窗口(IOW)是指通过预先设定并建立一些操作边界、工艺参数临界值,使操作或工艺严格控制在这些界定的范围内,一旦操作或工艺超过这个范围,IOW将反馈一个警报,提示操作已越界,从而起到预防设备提前劣化或发生突然破裂泄漏,并造成装置非计划停车事故的作用,提高设备运行的可靠性。

而要建立完整性操作窗口必须先建立腐蚀控制手册(CCM)(见附文)。CCM既是技术文件也是管理文件,其由很多方面组成,如:损伤机理、设计数据、单元过程、工艺描述、流程图、材料、腐蚀流、影响可靠性的临界条件、腐蚀控制程序、注剂、腐蚀检测、预防腐蚀的指导文件等。临界值确定是完整性操作窗口的技术核心,通过对设备设计、选材、腐蚀机理、腐蚀数据库等分析,考虑设备的寿命预测、经济因素和工艺可操作等因素,确定合理的操作边界参数。针对不同层面的临界值报警,查找原因、调整原料或操作参数。

关键设备腐蚀检测和预防性维修。防腐完整性要求设备防腐管理是"预防"重于"治疗"。在加强检测的基础上,重视对检测数据的分析,及时发现问题,做到预防事故发生。要加强工艺、设备变更对腐蚀影响的预估工作,设定量化指标,开展不同等级的变更审核工作。

防腐作业操作程序化及培训。编制防腐作业(防腐施工、工艺防腐操作等)程序文件,开展对各类相关人员的培训,并要求确实依照标准作业程序执行,监督施工作业。

加强变更管理。建立变更程序用来管理工艺介质、工艺操作、设备及管道等的变更。

管理的关键是在变更实施前要评估变更对腐蚀的影响及后果、是否符合设计等,尤其是临时变更,以确保在进行变更之前,提出变更的风险评估结果和技术要求。

附　　某石化公司常减压腐蚀控制手册

该公司联合国内外经验丰富的腐蚀工程公司,编写完成了该公司的《原油蒸馏装置腐蚀控制手册(CCM)》。手册对该原油蒸馏装置的原料、工艺流程、设备材质进行了详细的分析,并对装置可能存在的主要腐蚀机理进行描述;手册将原油蒸馏装置划分为原油加热系统、脱盐原油加热炉、脱盐水等19条腐蚀回路,并对各腐蚀回路可能的腐蚀机理的风险进行定义;手册详细分析了每条回路的工艺流程、设备明细、操作条件、潜在的腐蚀机理,给出该回路的腐蚀监检测建议。

腐蚀回路1——原油换热系统

腐蚀回路2——脱盐原油加热系统(含换热器)

腐蚀回路3——脱盐水系统

腐蚀回路4——注入水系统

腐蚀回路5——原油进入常压塔系统

腐蚀回路6——初馏塔顶

腐蚀回路7——初顶石脑油及石脑油回流

腐蚀回路8——初顶塔顶分离出的气体

腐蚀回路9——常压塔底部

腐蚀回路10——常压塔(高温部分)(260℃)

腐蚀回路11——常压塔(低温部分)

腐蚀回路12——常压塔顶

腐蚀回路13——减压塔底部

腐蚀回路14——减压塔(高温部分)

腐蚀回路15——减压塔(低温部分)

腐蚀回路16——减压塔顶

腐蚀回路17——含硫污水

腐蚀回路18——石脑油分馏塔轻石脑油

腐蚀回路19——石脑油分馏塔重石脑油

附表 1 各回路的腐蚀机理风险一栏表

失效机理	CC-01	CC-02	CC-03	CC-04	CC-05	CC-06	CC-07	CC-08	CC-09	CC-10	CC-11	CC-12	CC-13	CC-14	CC-15	CC-16	CC-17	CC-18	CC-19
蠕变/应力开裂																			
短期(短时间)过热																			
冲蚀																			
磨蚀																			
烟灰腐蚀																			
衬里损伤																			
异种金属焊缝 (DMW)开裂																			
水溶液腐蚀																			
塔顶系统冷凝腐蚀																			
酸性气腐蚀																			
冲蚀/腐蚀																			
电偶腐蚀																			
烟气露点腐蚀																			
微生物腐蚀(MIC)																			
垢下腐蚀/缝隙腐蚀																			
保温层下腐蚀(CUD)																			
湿 H_2S 腐蚀																			
连多硫酸应力腐蚀开裂																			
硫化(硫腐蚀)																			
环烷酸腐蚀																			
氧化																			

| | 高 | 中 | 低 | 非常低 |

其中腐蚀回路12(CC-12)是常压塔顶腐蚀回路,开始于常压塔T2102的顶部,截止于(包含)常压塔顶回流罐V2103,塔T2102顶气体经换热器E2102A/B/C管程、换热器EA2102A/B/C/D管程,进入V2103。CC-12回路内设备材质如下:T2102顶部是碳钢衬13Cr,换热器E2102A/B/C管束是S31803双相不锈钢,其余均为碳钢。

附表2　CC-12回路的常规操作条件

参数	值
流量(kg/h)	124000
压力(kPa)	160
温度(℃)	40～134
是否含液态水	是
CO_2含量(mol%)	×××
H_2S含量(mol%)	×××

附表3　CC-12的完整性操作窗口(IOW)监测参数

仪表/设备编号/源	监测参数	监测位置
塔顶水	pH(在线pH探针)	V2103罐底
塔顶水	氯	V2103罐底
塔顶气	H_2S	V2103下游
TI-2094	温度	D/S E2102A/B/C
TI-2095	温度	D/S EA2102A/B/C/D
TI-2064	温度	D/S T2104
注剂速率	注剂速率	T2102顶部
腐蚀探针	腐蚀速率	D/S E2102A/B/C

参考文献

[1] API RP 584—2014. Integrity Operating Windows [S]. Washington：American Petroleum Institude,2014.

基于风险的化工装置安全阀
校验周期应用研究

司俊[1]，陈艺[1]，程四祥[2]，汤陈怀[1]，罗晓明[1]

(1. 上海市特种设备监督检验技术研究院，上海　200333；

2. 合肥通用机械研究院，安徽　合肥　230031)

摘　要：基于风险评估原理，运用定量的 RBI 方法对安全阀的失效可能性和失效后果进行分析。在综合分析可接受风险的基础上，给出基于风险的安全阀校验周期。通过合理的运用安全阀风险评估技术，可在保证其安全运行的基础上满足化工装置长周期运行要求。

关键词：安全阀；校验周期；RBI

随着我国能源消费结构的变化、环保理念的增强，国内新建石化厂渐少，促使石化行业向着高参数、高产能、服役环境极端化和长周期运行趋势发展，给设备运行的安全性带来巨大压力和挑战，频繁的检验和维修虽可提高设备的安全性，但会严重影响企业正常生产和长周期运行，同时也会增加生产运作成本。

安全阀作为承压设备的一个重要安全附件，是为防止压力容器和压力管道在运行过程中发生超压事故的安全保护装置。安全阀在使用过程中必须满足准确开启、稳定排放、及时关闭、密封可靠的要求，定期校验是确保其稳定运行及性能可靠的必要手段。我国法规规定安全阀一般每年至少校验一次，这与国内生产装置逐渐实行 3～5 年长周期运行的需求产生冲突。虽然法规中对于弹簧直接载荷式安全阀进行了特殊规定，即满足一定的限制条件时，其校验周期可延长 3～5 年，但这只是很粗略的人为判断，主观随意性较大，并且在实际执行过程中存在一定的不确定性且难以操作。

基于风险的检验(RBI)技术，是在追求系统安全性与经济性相统一的理念基础上建立起来的一种优化检维修策略的方法，是解决成套装置长周期运行的一种较为先进和可靠的技术手段。国内从 2000 年起开始引进 RBI 技术，其科学性和实用性逐步得到业界的认可，并在国内得到了较快的发展[1-3]。2009 年，国家质检总局将 RBI 技术纳入《固定式压力容器安全技术监察规程》[4]和《压力管道安全技术监察规程——工业管道》[5]中，2014 年，国家质检总局特设局颁布了 52 号文《关于进一步规范承压设备基于风险检验(RBI)工作的通知》，为 RBI 技术在我国广泛发展和规范应用提供了法规保障。2011 至 2014 年又陆续颁布了《承压设备系统基于风险的检验实施导则》[6]和《承压设备损伤模式识别》[7]等系列相关国家标准。成套装置基于风险的检验技术导则已完成草案,共计 12 个典型装置,其内容涉及装置损伤分布、关键设备主要损伤及部位、装置工艺简介、基于风险的检验策略、装置工艺简介、装置损伤流程分布图等多个方面[8]。该系列标准可为 RBI 技术在我国有力、有序、有效的实施提供技术支撑。

基于风险的检验技术已经在石化装置压力容器和压力管道本体上有了广泛的应用,但作为其重要的安全附件——安全阀风险评估的应用研究还较少。国内一些科研院所对安全阀的失效模式、失效原因及风险评价进行了初步研究[9-11],随着 API 581—2008[12] 的正式出版,基于风险的安全阀定量评估技术也逐渐开始应用[13,14]。通过对安全阀的风险评估,确定其风险等级,并根据风险可接受原则制定其下一次校验时间,使其校验周期更加科学合理。

本文基于 API 581 风险分析的基本原理,分析、识别某化工装置中安全阀存在的失效机理,并运用风险分析工具对其进行 RBI 风险评估,确定其风险大小及风险等级,制定下一次校验周期,优化检验计划。

一、安全阀风险评估方法

传统的检验规程主要从保障压力容器和压力管道安全的角度出发,来确定安全阀相应的校验周期,所制定校验周期的针对性、有效性、完整性并不理想。与传统的检修计划相对比,RBI 技术全面考虑评价对象的经济性、安全性以及潜在的失效风险,根据不同设备的失效机理确定相应的检验计划。通过定量评估三个主要参数(失效可能性、失效后果、失效可能性和后果组合的风险),可较为科学合理地制定出安全阀下一次校验时间。

安全阀的风险评估包括两个部分,即失效发生的可能性(失效概率)和失效发生后产生的后果。在风险评估中,风险定义为在一定时间内的失效可能性与失效后果的组合,可用下式表示:风险＝失效可能性×失效后果。

在风险分析中,采用风险矩阵来表示安全阀的风险结果。风险矩阵的横轴表示失效后果等级,纵轴表示失效可能性等级。失效可能性根据数值的大小分为 5 个等级:1、2、3、4、5,失效可能性依次增大;失效后果分为 5 个等级:A、B、C、D、E,后果严重程度依次增高。将失效可能性和失效后果的 5 个级别组合即可得到 5×5 的风险矩阵。在风险矩阵中,风险水平沿左下方到右上方对角线逐渐升高,分为 4 个风险等级区域:低风险、中风险、中高风险和高风险。

二、安全阀风险计算

1. 评估过程

安全阀风险评估主要包括安全阀数据库的建立、失效机理的分析、失效可能性和失效后果的计算、风险等级的确定、风险可接受原则的确定、下次校验时间的制定、再评估等。评估过程如图 1 所示。

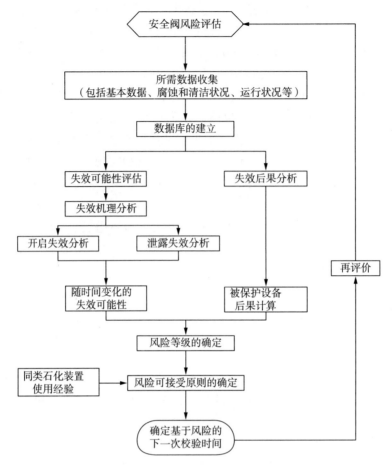

图1　安全阀风险评估过程示意图

2. 安全阀失效模式分析

安全阀在使用过程中，介质温度、压力、物性对安全阀的准确开启、及时关闭、可靠密封产生影响，造成安全阀在使用一段时间后性能达不到要求，从而导致安全阀失效。对于在役固定式承压设备中的安全阀，其失效模式主要分为两大类：开启失效和泄漏失效。

开启失效包括三种可能的失效模式：

(1)安全阀粘死不能开启，这是由于运动件粘死，或进出腔堵塞无法开启；

(2)安全阀部分开启；

(3)安全阀超压开启——介质压力达到安全阀整定压力而安全阀未开启，超过整定压力一定值后才开启。

泄漏失效包括三种可能的失效模式：

(1)安全阀密封面泄漏；

(2)安全阀提前开启——安全阀开启压力低于整定压力；

(3)安全阀弹簧断裂无法回座或因堵塞无法关闭。

文献[9]通过对石化典型装置安全阀在使用中经常出现的失效模式按6种形式进行汇

总:①安全阀粘死不能开启;②安全阀堵塞不能开启;③安全阀超压开启;④安全阀提前开启;⑤安全阀启跳后弹簧断裂无法关闭;⑥安全阀泄漏。各种形式的安全阀失效率如图2所示,由图中可以看出安全阀不能准确开启在安全阀失效模式中占很大比率,约占14%。

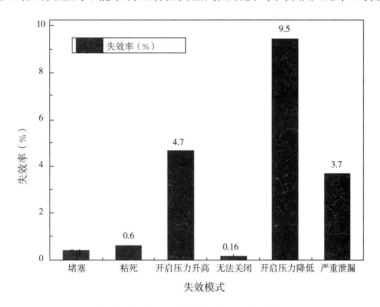

图 2   不同失效模式安全阀的失效率

3. 安全阀失效可能性分析

在评价安全阀失效可能性时,以安全阀中弹簧的失效、安全阀的操作条件、运行状况等指标来评价其失效可能性,主要包括开启失效和泄露失效两种情况。两种情况的失效可能性主要采用两参数的 Weibull 函数[12]来计算,函数表达式如式(1)所示:

$$F(t) = 1 - R(t) = 1 - \exp\left[-\left(\frac{t}{\eta}\right)^{\beta}\right] \tag{1}$$

式中:β 为无量纲的形状因子;η 为特征寿命因子;t 为校验间隔。

开启失效可能性还需乘以安全阀开启频率、被保护设备超压的通用失效概率以及被保护设备通过 RBI 方法计算出的损伤因子。

4. 安全阀失效后果分析

安全阀的失效后果主要考虑被保护的相关联设备,主要分为安全阀开启失效和泄放两类后果。为方便计算,在失效后果方面主要考虑操作介质的特性、泄放量和泄放速率等参数,以与其相连的压力容器或压力管道的破坏影响面积为指标来确定后果,可直接采用经过 RBI 评估的被保护设备的失效后果作为安全阀的失效后果。

三、安全阀风险可接受准则

1. 安全阀可接受风险

通常,可接受风险是指企业能够承受即允许存在的风险。API 580[15] 和 GB/T

26610.1《承压设备系统基于风险的检验实施导则 第 1 部分：基本要求和实施程序》中没有规定也无法规定统一的可接受风险，它只是强调各企业可以有自己的风险准则。事实上，可接受风险不仅与风险控制能力、风险管理等技术相关，而且与国家上层建筑的很多方面休戚相关，不是一个企业能够自行确定的。因此，可接受风险应由政府的有关部门和企业主管单位综合多方面因素来确定。

安全阀风险评估中对风险的控制主要采取以下几条措施：

（1）中等风险等级以下的安全阀采取等风险级别原则，即控制在下一次校验时间之前风险等级不上升为原则；

（2）中高风险等级以上的，尤其失效可能性等级高于 3 级（即 4 级或 5 级）的安全阀，可通过缩短校验周期或按一年一校验的原则执行；

（3）参照国内企业的运行经验，在介质温度不超过 200℃时，安全阀弹簧性能在 3～5 年的使用周期内是稳定的；在介质温度作用不超过 200℃且开启压力不超过 4.0MPa 的安全阀，其密封性在 3～5 年的使用周期内是稳定的[16]；

（4）参考国外规范和标准的规定，如 API 510[17] 中规定，在通常情况下，安全阀校验周期最长不超过 5 年，对于洁净、无腐蚀介质工况下校验周期最长不超过 10 年，但对于经过 RBI 评估的安全阀可执行更长的校验周期；

（5）校验周期的确定综合考虑国内法规规范要求等多种因素。

2. 基于风险的安全阀校验周期确定原则

基于安全阀风险可接受准则，根据风险等级，对安全阀进行合理分类，按照风险等级确定其校验周期：对于风险高的重点检查，校验周期短；风险小的安全阀采取适当延长其校验周期的检验策略。基于风险的安全阀校验周期确定原则如图 3 所示：

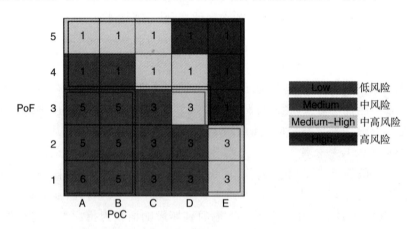

图 3　基于风险的安全阀校验周期确定原则示意图

（1）安全阀 1 年校验的原则

① 下一次校检时间点风险等级为高风险的；

② 下一次校检时间点失效可能性大于 3 的；

③ 对于介质具有严重腐蚀性、堵塞、应力腐蚀开裂可能性并通过现场检验确认的；

④ 对于运行期间检查发现泄漏或非正常起跳的安全阀；

⑤ 经现场检验存在异常的安全阀，应缩短下次校验日期，必要时立即校验。

（2）安全阀5年校验的原则

下一次校检时间点风险等级为低风险的。

（3）安全阀3年校验的原则

下一次校检时间点风险等级为中风险且失效可能性小于等于3的，以及风险等级为中高风险且失效可能性小于等于3的。

考虑到安全阀的风险是随着累计投用时间和校验历史的变化而变化，评估结论只适用于单次评估结果，当安全阀运行到评估的校验时间点后，应再次对安全阀的风险进行评估，并重新确定安全阀的校验周期。

四、基于风险的安全阀校验周期应用案例

某化工装置安全阀评估数量为132台，全部为弹簧直接载荷式安全阀。基于装置中安全阀设计数据、腐蚀状况及在役运行状况等资料，并结合现场检查及安全阀历史校验情况，运用合肥通用院自主开发的RBI软件，对安全阀进行风险计算，计算的校验间隔分别取1～5年。在五个校验时间点的安全阀风险等级分布矩阵如图4所示：

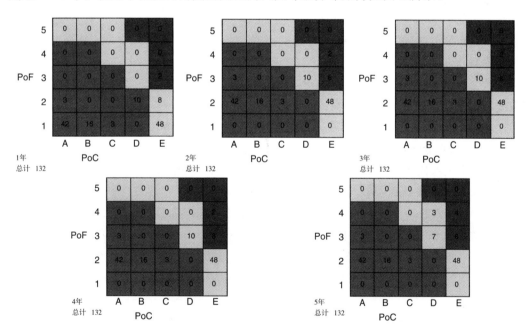

图4　某化工装置安全阀风险等级分布图

从评估结果可以看出，随着校验周期的延长，安全阀风险明显上升。综合以上分析结果，结合基于风险的安全阀校验周期确定原则，推荐下一次安全阀校验时间，其中，校验间隔为5年的安全阀有61台，校验间隔为3年的安全阀有61台，安全阀校验间隔为1年的安全阀有10台。

安全阀的质量、使用、维修和校验都是导致安全阀失效的主要原因,在基于风险的在役安全阀评价过程中,均假定安全阀质量可靠、性能稳定,安全阀的维修方式、零件更换维修、压力调校质量可控等初始条件。进行失效可能性分析时主要考虑安全阀运行环境的影响因素(结垢、腐蚀等),失效后果考虑人员伤害和对设备损坏造成损失影响因素,而较少考虑安全阀造成的装置系统损失影响因素。因此,最终的安全阀校验周期还应综合考虑各种因素来确定。

五、结论

(1)基于风险评估原理,运用定量的 RBI 方法对安全阀的失效可能性和失效后果进行分析。

(2)在综合分析可接受风险的基础上,按照安全阀风险等级,给出了基于风险的安全阀校验周期。

(3)通过合理的运用安全阀风险评估技术,形成一个完整的 RBI 闭环,可在保证其安全运行的基础上满足化工装置长周期运行。

参考文献

[1] 陈学东,杨铁成,艾志斌,等. 基于风险的检测(RBI)在实践中若干问题讨论[J]. 压力容器,2005,22(7):36-44.

[2] 陈钢,左尚志,陶雪荣,等. 承压设备的风险评估技术及其在我国的应用和发展趋势[J]. 中国安全生产科学技术,2005,1(1):31-35.

[3] 王印培,陈进,孙晓明,等. 基于风险的检验在我国石化设备中的应用研究[J], 理化检验:物理分册,2005,41(1):42-45.

[4] 中华人民共和国国家质量监督检验检疫总局. TSG R0004—2009. 固定式压力容器安全技术监察规程[S]. 北京:新华出版社,2009.

[5] 中华人民共和国国家质量监督检验检疫总局. TSG D0001—2009. 压力管道安全技术监察规程——工业管道[S]. 北京:中国质检出版社,2009.

[6] 中华人民共和国国家质量监督检验检疫总局,中国国家标准化管理委员会. GB/T 26610—2011.承压设备系统基于风险的检验实施导则[S]. 北京:中国质检出版社,2011.

[7] 中华人民共和国国家质量监督检验检疫总局,中国国家标准化管理委员会. GB/T 30579—2014.承压设备损伤模式识别[S]. 北京:中国质检出版社,2014.

[8] 贾国栋,王辉. 我国石化成套装置的回顾与展望[J]. 中国特种设备安全,2014,30(9):3-8.

[9] 刘汇源,陈学东,郑津洋,等. 石化企业承压设备安全阀失效模式及失效原因[J].压力容器,2005,22(4):31-35.

［10］金承尧,赵建平.基于RBI方法的在役安全阀风险评价技术研究［J］.南京工业大学学报:自然科学版,2004,26(5):25－29.

［11］刘扬,刘汇源,陈何嵩,等.石化装置在用安全阀风险评估技术研究［J］.流体机械,2008,36(4):34－37.

［12］API 581—2008. Risk － Based Inspection Technology［S］. Washington: American Petroleum Institute,2008.

［13］李建宏,赵久国,陈海,等.安全阀延期校验中风险评价技术的应用［J］.石油化工设备技术,2014,35(6):41－44.

［14］丘垂育,刘伟忠,蔡创明,等.基于风险的检验在延迟焦化装置安全阀中的应用［J］.中国化工装备,2015(2):26－28.

［15］API 580—2009. Risk－Based Inspection［S］. Washington:American Petroleum Institute,2009.

［16］刘扬,刘汇源,陈何嵩,等.石化装置在用安全阀风险评估技术研究［J］.流体机械,2008,36(4):34－37.

［17］API 510—2014. Pressure Vessel Inspection Code:In － service Inspection, Rating,Repair,and Alteration［S］. Washington:American Petroleum Institute,2014.

基于风险的检验技术
在某加氢精制装置中的应用

王志成[1]，任名晨[2]，王郁林[2]

（1. 江苏省特种设备安全监督检验研究院，江苏　南京　210036；
2. 中国石油化工股份有限公司金陵分公司，江苏　南京　210033）

摘　要：应用 RBI 技术对某厂加氢精制装置的部分在用压力容器进行了定量风险评估，结果表明，该装置当前的风险水平较高，其中失效可能性 4 级及 4 级以上的设备项占 25.0%，中高风险项及以上的设备项占 16.7%，装置的主要损伤模式为碱性酸性水腐蚀和湿硫化氢环境下的损伤，建议企业对该装置尽快实施停机检验。验证性检验和失效分析的结果证明了评估结论的准确性，为企业消除了重大的安全隐患。

关键词：加氢精制装置；风险评估；碱性酸性水腐蚀；湿硫化氢环境损伤

在炼油装置中，湿 H_2S 环境下的损伤是一种常见损伤模式，易发于碳钢材质。为确保湿 H_2S 环境中压力容器的安全，某炼油企业对其加氢精制装置中的部分压力容器开展基于风险的检验。基于风险的检验（Risk Based Inspection，RBI）技术是在追求系统安全性与经济性统一的理念基础上建立起来的一种优化检验策略的方法，它通过对承压设备的潜在损伤机理、失效模式、失效概率、失效后果等方面进行科学分析，对风险状况进行排序，找出主要问题和薄弱环节，通过实施检验和风险减缓措施，将风险降至可接受的期望水平，在确保承压设备本质安全的同时，降低其运行检修费用，优化检验策略。RBI 技术近 10 年来在国内得到快速发展。本文以该项目为例阐述湿 H_2S 环境下，RBI 技术在指导企业实施装置风险管理过程中的应用。

一、项目概况

加氢精制是指各种油品在氢压下进行催化改质，加氢精制的原料油可以是汽油、柴油、灯油，也可以是润滑油或燃料油。加氢精制工艺是指在一定的温度、压力条件下，借助催化剂的作用，将原料油品中的硫、氮、氧等有害杂质转化成易被去除的 H_2S、NH_3、H_2O 而脱除，同时使原料油中烯烃、芳烃得到饱和，从而得到安定性、燃烧性都较好的产品[1,2]。

加氢精制装置的设备可分为高温部分(320℃～450℃,主要在反应单元)和低温总分(260℃以下,主要在汽油稳定单元),其中湿 H_2S 环境下的损伤主要集中在装置的低温部分。

某厂加氢精制装置于 20 世纪 80 年代建成投产,虽经几次技术改造和设备更新,但多数设备服役已超过 20 年。考虑到当时的材料和设备制造水平以及加氢精制装置的工艺特殊性,该装置可能存在多种损伤机理。从历史检验记录看,反应产物空冷器(E-105)注水点前端管线曾出现过两次腐蚀穿透、汽提塔塔顶回流罐(V103)亦检出过局部减薄和裂纹。装置继续运行的风险较高,因此企业对该装置的部分设备开展基于风险的检验技术研究,为设备维护提供技术依据,项目涉及的压力容器主要位于装置的低温部分。

二、危险因素辨识及损伤机理分析

1. 潜在失效模式与损伤机理

加氢精制装置的设备在高温(最高超过 450℃)下操作,物料中含有 H_2、H_2S、NH_3 等介质,因此设备损伤除了由于外界环境造成的外部腐蚀和保温层下腐蚀之外,主要还包括高温氢损伤、高温硫化氢/氢腐蚀、热壁反应器铬-钼钢回火脆化及不锈钢堆焊层剥离[3-5]。对于操作温度较低的设备和管道,损伤主要以湿硫化氢环境下的损伤(包括氢鼓包、氢致开裂、应力导向氢致开裂和硫化物应力腐蚀开裂)、氯化铵腐蚀、碱性酸水腐蚀为主,见表 1。

表 1　加氢精制装置设备潜在失效模式与损伤机理

工艺单元	腐蚀环境				主要设备材质	主要损伤机理
	温度(℃)	压力(MPa)	主要介质	危害介质		
反应部分	300～600	3.0～7.5	原料油、氢气	胺液、H_2S、H_2	Cr-Mo 钢、碳钢	高温氢/硫化氢腐蚀、回火脆性、高温氢损伤、堆焊层氢致剥离、胺应力腐蚀开裂、连多硫酸应力腐蚀开裂、酸水腐蚀(碱性)
稳定部分	40～260	0.3～1.0	原料油、富气、酸性水	H_2S、NH_3、Cl^-	碳钢	氢脆、湿硫化氢环境损伤、碱性酸性水腐蚀

本次风险评估设备主要分布在工艺流程的汽油稳定部分,确定本装置待评价设备的损伤机理主要包括外部腐蚀(大气腐蚀和保温层下腐蚀)、氢脆、湿硫化氢环境损伤(包括氢鼓泡、氢致开裂、应力导向氢致开裂、硫化物应力腐蚀开裂)及酸性水腐蚀。

2. 腐蚀减薄速率

设备的腐蚀减薄速率根据之前 3 次设备全面检验报告的测厚数据统计得出,在得出初步风险计算结果后,对减薄因子较高的设备进行在线测厚验证,并修正先前指定的减薄速率。在线测厚数据修正前后设备减薄速率如图1,从图中可以看出,在线测厚得到的数据与之前全面检验报告所得到的数据相近,总体上新速率较原速率略有增加。

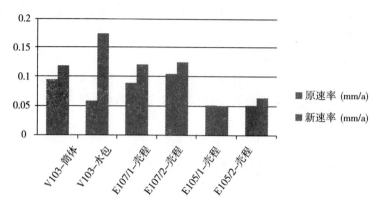

图1　在线测厚数据修正前后设备减薄速率

3. 湿硫化氢环境下设备开裂敏感性

设备的开裂敏感性应根据设备的操作参数和工艺条件,参照 API 581—2008《Risk - Based Inspection Technology》[6]的推荐值进行确定,并根据腐蚀专家的意见进行了适当调整。湿硫化氢环境下的设备损伤[7,8]通常包括:①氢致开裂和应力导向氢致开裂,其主要影响因素有环境条件(水、pH值、H_2S质量分数、氰化物、温度)、材料性能(如材料硫的质量分数、微观结构、强度)和应力水平(外部施加的或残余的);②硫化物应力腐蚀开裂,其主要影响因素为材料的硬度和应力水平。

湿硫化氢环境下 pH 值约为9.5,通过调研装设备操作参数和介质采样点的历史记录、历次全面检验报告、设备损伤记录,得到与湿硫化氢环境损伤相关的11个设备项,见表2。

表2　湿硫化氢环境下设备开裂敏感性

设备位号	设备名称	最高操作温度(℃)	介质 H_2S 质量分数(×10⁻⁶)	设备材料硫质量分数(%)	焊后热处理	开裂敏感性
E105/1-壳程	反应产物后冷器-壳程	60	314.4	0.02	无	高
E105/2-壳程	反应产物后冷器-壳程	60	314.4	0.02	无	高
E106/1-管程	汽油/高分油换热器-管程	130	132.7	0.018	有	无
E106/1-壳程	汽油/高分油换热器-壳程	100	132.7	0.022	无	高
E106/2-管程	汽油/高分油换热器-管程	130	132.7	0.018	有	无
E106/2-壳程	汽油/高分油换热器-壳程	100	132.7	0.022	无	高
V101	高压分离罐	40	314.4	0.026	有	中

（续表）

设备位号	设备名称	最高操作温度（℃）	介质 H_2S 质量分数（$\times 10^{-6}$）	设备材料硫质量分数（%）	焊后热处理	开裂敏感性
T101-顶部	汽提塔-顶部	130	132.7	0.029	不明	高
E107/1-壳程	汽提塔后冷却器-壳程	60	314.4	0.019	无	高
E107/2-壳程	汽提塔后冷却器-壳程	60	314.4	0.019	无	高
V103	汽提塔塔顶回流罐	40	468.1	0.021	不明	高

三、风险计算结果

采用 DNV Orbit Onshore 软件计算风险水平。

根据详细的定量风险分析结果，本次评估范围内的 29 台压力容器（共计 48 个设备项）的总体风险分布矩阵如图 2，其中没有出现高风险项，中高风险且失效可能性 3 级以上设备项共 7 个，占 25.0%，装置处于较高的风险水平，其中起主导作用的损伤是氢脆、湿硫化氢环境下的损伤以及酸水腐蚀（碱性），见表 3。

表 3　中高风险且失效可能性 3 级以上的设备

位号	设备名称	失效可能性等级	失效后果等级	主要损伤机理
E105/1-壳程	反应产物后冷器-壳程	4	D	氢脆、湿硫化氢破坏、酸水腐蚀
E105/2-壳程	反应产物后冷器-壳程	4	D	氢脆、湿硫化氢破坏、酸水腐蚀
E106/1-壳程	汽油/高分油换热器-壳程	4	D	氢脆、湿硫化氢破坏、酸水腐蚀
E106/2-壳程	汽油/高分油换热器-壳程	4	D	氢脆、湿硫化氢破坏、酸水腐蚀
E107/1-壳程	汽提塔后冷器-壳程	4	C	氢脆、湿硫化氢破坏、酸水腐蚀
E107/2-壳程	汽提塔后冷器-壳程	4	C	氢脆、湿硫化氢破坏、酸水腐蚀
T101-顶部	汽提塔-顶部	4	C	氢脆、湿硫化氢破坏、酸水腐蚀

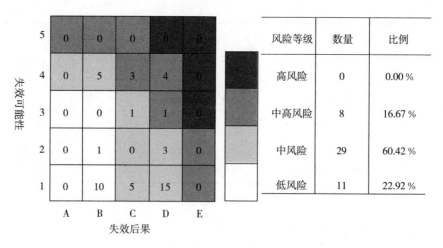

风险等级	数量	比例
高风险	0	0.00 %
中高风险	8	16.67 %
中风险	29	60.42 %
低风险	11	22.92 %

图 2　加氢精制装置总体风险分布矩阵

四、检验策略的制定

根据风险计算结果,建议该企业应结合生产需要尽快安排高风险设备的停机开罐检验,通过对存在开裂倾向的设备开展内表面无损检测或其他有效检测,判断设备是否存在环境开裂现象,一旦发现裂纹应及时处理或更换,切实保障设备和装置安全。

五、验证性检验结果及分析

1. 停机检验结果

该企业接受了项目组的建议及时停车对该装置的部分高风险设备实施了停机开罐检验。结果表明 4 台主要高风险设备(E105/1、E105/2、E107/1 和 E107/2)以及 V103 的内壁多处密布着大量相似的鼓泡和细小裂纹,如图 3(a)、图 3(b)、图 3(c)、图 3(d)所示。

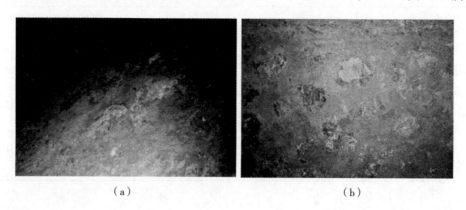

　　　　　（a）　　　　　　　　　　　　　　　（b）

（c）　　　　　　　　　　　　　　（d）

图3　E107/1停机检验发现的缺陷形貌

2. 失效分析

根据检验结果,企业对该4台设备进行了更换处理,随后项目组对该4台设备中的汽提塔顶后冷器(E107-1/2)和回流罐(V103)切割取样,进行失效分析。

(1)在每块试板上沿板材的纵横两个方向分别割取一个试样(如图中所示的大小试样或为纵向或为横向)。经对所取试样的截面宏观分析发现:①三个设备的壁厚是均匀的,没有特殊的局部损坏迹象;②在两个锰钢(E107-1/2)的试样上可见裂纹明显,且较长,肉眼可见;而在普通碳素钢(V103)上很难看到裂纹,经仔细观察并借助于放大镜才发现一条细小的短裂纹;③裂纹主要在板材壁厚方向的中部、多裂源萌生,并沿板材轧制方向发展,在裂尖末端因容器工作应力的影响而作适当调整,如图4所示。

结果表明该3台设备所有的生成缺陷(包括点状和线状裂纹)均倚傍于轧制材料内部的夹杂物萌生和发展,与设备的主应力方向无明确对应关系。

图4　E107-1、E107-2及V103设备的取样及宏观分析照片

(2)对裂纹的微观金相分析结果表明:①E107-1和E107-2的试样上裂纹主要分布在一个特定的区域内,裂纹主体完全沿板材的轧制方向分布和发展,裂纹两侧存在典型

的层状撕裂特征,在这个区域内存在大量细小且分散的条状夹杂物,而裂纹均倚傍于这些夹杂物萌生和扩展,在不同层面产生的裂纹通过台阶弯曲、折断而联接,如图 5 所示;②V103 的试样裂纹与 E107-1/2 相比较短小、分散,焊缝及热影响区没有类似的损伤,在高倍下观察发现夹杂物连续析出带内夹杂物的周围已萌生裂纹,但由于夹杂物较小,裂纹尚未得到有效的发展,如图 6 所示。

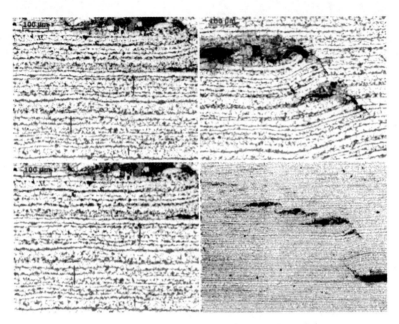

图 5　E107-1 及 E107-2 试样的裂纹微观形貌

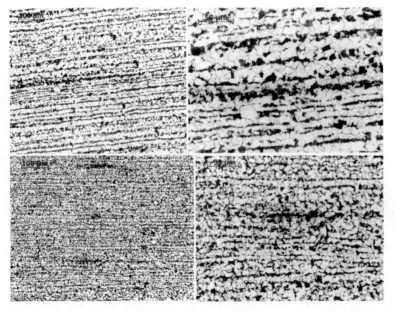

图 6　V103 的裂纹微观形貌

(3)对引起裂纹的夹杂物进行 X－Ray 能谱分析表明:造成裂纹倚傍萌生的夹杂物是硫化锰。

上述失效分析的结果表明:

(1)该三台设备所有的生成缺陷(包括点状和线状裂纹)均倚傍于轧制材料内部的夹杂物萌生和发展,且与设备的主应力方向无明确对应关系,裂纹呈台阶状,平行于轧制方向;

(2)裂纹是由于设备长期服役于湿硫化氢环境下,氢原子扩散进钢中,在材料的线状夹杂物(MnS)处聚集,形成氢鼓泡和裂纹;

(3)材料的 Mn 含量和轧制水平对湿 H_2S 氢环境下材料的损伤有显著的影响。

五、结语

风险评估工作并不推荐一味地推迟全面检验特别是首次全面检验的日期和降低相应检验有效性等级,而是在参考设备的风险水平的基础上为评估装置优化检验策略,制定更为合理的检验周期,在保证装置安全性的前提下,达到经济性和安全性的统一。

本文通过对某厂加氢精制装置的部分在用压力容器实施基于风险的检验技术研究,给出装置应尽快实施停机检修的建议,经验证性检验和失效分析,证实了评估结论的有效性,为装置消除了装置重大安全隐患。

参考文献

[1] 金有海,刘仁桓. 石油化工过程与设备概论[M]. 北京:中国石化出版社,2008.

[2] 中国石油化工设备管理协会. 石油化工装置设备腐蚀与防护手册[M]. 北京:中国石化出版社,2001.

[3] API 571—2003. Damage Mechanisms Affecting Fixed Equipment in the Refining Industry[S]. Washington:American Petroleum Institute,2003.

[4] 王菁辉,李朝法,杨金辉. 柴油加氢脱硫装置的腐蚀与防护[J]. 石油化工腐蚀与防护,2002,19(4):60－61.

[5] 郭其新,赵辉,刘海滨. 炼油厂气体脱硫装置腐蚀及防护[J]. 石油化工设备,2003,32(6):57－59.

[6] API 581—2008. Risk－Based Inspection Technology[S]. Washington:American Petroleum Institute,2008.

[7] 邵昀启. 湿硫化氢环境中设备应力腐蚀分析及控制[J]. 全面腐蚀与控制,2012,26(9):12－14.

[8] 卢志明,朱建新,高增梁. 16MnR 钢在湿硫化氢环境中的应力腐蚀开裂敏感性研究[J]. 腐蚀科学与防护技术,2007,19(6):410－413.

加氢改质装置基于风险的检验

赵敏珍[1]，李志峰[2]，宋利滨[2]，杨达[1]

（1. 中国石油化工股份有限公司克拉玛依分公司，新疆　克拉玛依　834000；

2. 中国特种设备检测研究院，北京　100029）

摘　要: 本文对加氢改质装置的承压设备进行风险计算，对重要设备进行了风险分析，提出了该装置基于风险的检验策略，并在检修期间按照检验策略对评估设备进行了定期检验，发现了装置主要的风险点，通过有针对性的检验降低了设备的安全风险，为装置长周期运行提供了安全保障。

关键词: 加氢改质装置；基于风险的检验；检验策略；风险点

120 万吨/年柴油加氢改质装置以新建的 100 万吨/年焦化柴油、原 150 万吨/年焦化柴油、催化柴油、I 套蒸馏柴油和部分抽出油为原料，目的产品是优质的低硫、高十六烷值柴油、航空煤油、重石脑油、轻石脑油，从而使全厂调和柴油达到欧Ⅲ标准，同时副产液化气及燃料气等产品。该装置于 2012 年 3 月投入使用，由加氢改质、分馏、航煤加氢补充精制三个部分组成。

一、风险计算和分析

该装置涉及风险评估范围的有 130 台压力容器和 258 条压力管道。具体评估范围和容器类型见表 1 所列。

表 1　120 万吨/年柴油加氢改质装置承压设备评估范围

装置	数量	容器类型					管道
		塔类	罐类	换热类	反应类	空冷类	
120 万吨/年柴油加氢改质	台(条)数	5	61	34	2	28	258
	划分单元数	10	68	68	2	28	258

本次评估的主要目的是在 2015 年 6 月该装置停车时应用 RBI 检验策略对其实施基于风险的检验。计算该装置安全风险矩阵如图 1 所示。

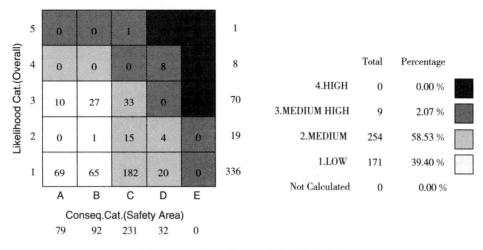

图 1　2015 年 6 月 30 日安全风险矩阵图

图 2 为 120 万柴油加氢改质装置承压设备比例与安全风险比例关系图。从图中可以看出，在 120 万柴油加氢改质装置中，大约 20％的设备承担了装置 95％以上的安全风险。

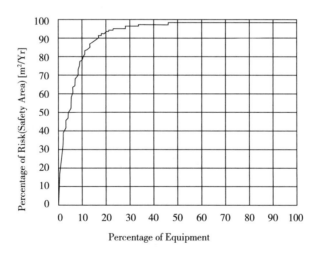

图 2　120 万柴油加氢改质装置承压设备比例与安全风险比例关系图

风险评估结果显示，8 台热高分空冷器的安全后果等级都为 3 级，属于中高风险，其风险较高的原因主要是因为减薄可能性等级为 4。空冷器以外的其他风险水平较高的设备见表 2。其中主要包括加氢改质反应器、反应产物与混氢油换热器壳程、部分混氢油管线、热高分气管线、部分循环氢管线和轻烃管线。在这部分设备内，P－10903 的失效可能性等级最高，达到了 5，主要是因为在计算过程得到的减薄失效可能性等级很高。其他设备和管道的失效可能性等级都在 3 和 2，失效的主要主导因素是 SCC 因子。整体来看该加氢改质装置的风险处于中低风险水平,这与其使用时间较短有直接关系。因为风险中的安全后果部分是固定不变的,但失效可能性是随着使用时间的增长而增长的。

二、检验策略

针对风险计算结果中的风险等级较高的加氢改质反应器提出其检验策略见表3。本次检修由于在使用过程中发生过两次飞温现象(最大温度达到696℃,持续时间6分钟),所以从工艺和设备检验角度考虑,对该反应器进行开罐检验。一般内部有堆焊层衬里的加氢反应器检测根据其存在的损伤机理,主要分为内部检测和外部检测两个方面,内部对堆焊层进行检测,主要针对的损伤机理有连多硫酸应力腐蚀开裂、氢脆、氯化物应力腐蚀开裂、短期过热—应力破裂、高温氢腐蚀,具体的比例根据不同的工况和设备使用情况确定,本次加氢反应器检验的内部渗透探伤比例综合各损伤机理定为25%,重点检测发生飞温的床层的内壁衬里;外壁利用超声波检测方法对其堆焊层剥离、环焊缝埋藏缺陷等进行检测,具体比例定为10%~25%。

对反应流出物/混合进料换热器提出其检验策略见表4,其高温侧(壳程)发生的损伤和反应器基本相同,所以检测方法与反应器类似,但低温测(管程)存在一些特殊的损伤机理,像湿硫化氢开裂、酸性水腐蚀/铵盐腐蚀等。本次检修计划中对其实施外检,对内部发生的损伤,像管程湿硫化氢开裂、连多硫酸应力腐蚀开裂、高温硫化氢/氢气腐蚀、高温氢腐蚀、堆焊层剥离等,实施比例为15%的UT检测。但是本次检测未对酸性水腐蚀/铵盐腐蚀机理进行有针对性的检测,这是因为在下游低温段介质成分分析表中未发现异常的铁离子和NH_4^+离子,认为其损伤敏感性极低。但在下次检修过程中建议对该螺纹锁紧环换热器拆开检测。

对风险较高的管道提出检验策略见表5所列。这部分管道其中混氢油管道存在的损伤机理是高温硫化物腐蚀等机理,低温部分的管道像轻烃、混合氢等管道存在湿硫化氢破坏机理。通过RBI分析,与常规检验的不同是:①这些管道的无损探伤比例比常规检验高;②部分低温管道需要做硬度检查。对风险较低的管道且没有应力腐蚀开裂的管道,在检验策略中只提出测厚要求,这体现了RBI检验的理念,针对损伤机理、风险水平来确定检验检测手段,合理地分配检验资源,进行有针对性的检验。

表 2 部分风险水平较高的设备列表

序号	设备位号	设备名称	外部腐蚀可能性等级	减薄可能性等级	应力腐蚀开裂可能性等级	可能性等级（综合）	面积后果等级	面积风险等级
1	P－10903	混氢油自 F－3101 至 P－10901	1	5	3	5	C	3. MEDIUM HIGH
2	P－11501	热高分气自 A－3101 至 D－3104	1	1	3	3	C	2. MEDIUM
3	HG－11601	循环氢自 D－3104 至 D－3107	1	1	3	3	C	2. MEDIUM
4	E－3101/A－s	反应产物与混氢油换热器	1	1	3	3	C	2. MEDIUM
5	HG－12106	循环氢自 K－3102A 至 HG－12101	1	1	3	3	C	2. MEDIUM
6	HG－12107	循环氢自 K－3102B 至 HG－12101	1	1	3	3	C	2. MEDIUM
7	HG－12101	循环氢自 D－3107 至 K－3102B	1	1	3	3	C	2. MEDIUM
8	P－11203	热高分气自 E－3103 至 A－3101	1	1	3	3	C	2. MEDIUM
9	' HG－11201	混合氢自 E－3102 至 E－3101	1	1	3	3	C	2. MEDIUM
10	P－20208/1	轻烃自 P－20204 至焦化装置	1	1	2	2	C	2. MEDIUM
11	P－20208/2	轻烃自 P－20204 至焦化装置	1	1	2	2	C	2. MEDIUM
12	HG－12001	循环氢自 D－3107 至 K－3102A	1	1	3	3	C	2. MEDIUM
13	HG－12006	循环氢自 D－3107 至 K－3102B	1	1	3	3	C	2. MEDIUM
14	P－10801	混氢油至 E－3101 A 壳程入口	1	1	3	3	C	2. MEDIUM
15	HG－11202	混合氢 HG－12101 至 HG－11201	1	1	3	3	C	2. MEDIUM
16	R－3101	加氢改质反应器	1	1	2	2	C	2. MEDIUM

表 3　R－3101 检验方法和检验比例

序号	损伤机理	失效部位	检验方法 内检	检验方法 外检	检验比例	备注
1	高温硫化氢/氢气腐蚀	母材、衬里	宏观和壁厚抽查	壁厚抽查	内检：100％宏观检查＋壁厚抽检；外检：＞2％纵波UT扫查和壁厚抽查	重点是反应器的顶部、底部及进料部位
2	连多硫酸应力腐蚀开裂	发生在停工阶段的衬里部位	渗透检测	/	PT10％～25％	/
3	高温氢腐蚀（HTHA）	母材	宏观和渗透检测	超声波检测	内检：PT10％外检：UT10％	根据设计条件一般不会发生HTHA
4	铬钼钢的回火脆	发生在开停工阶段母材	无有效检测手段	/	/	腐蚀挂片，定期取样进行冲击试验
5	氢脆	发生在停工阶段，特别是加氢反应器内部支持圈角焊缝、堆焊奥氏体不锈钢的梯形槽法兰密封面的槽底拐角处部位	渗透检测	/	PT10％～25％	/
6	氯化物应力腐蚀破裂	发生在开停车期间的衬里部位	渗透检测	/	PT＞25％	/
7	短期过热一应力破裂	发生在加氢反应器反应床部位	宏观检查＋渗透检测	/	PT10％	通过热电偶监测反应床温度及器壁温度，对有飞温的第三、四床层进行重点检测
8	堆焊层剥离	发生在停工阶段	/	超声波纵波检测	UT10％～25％	/

表 4 反应流出物/混合进料换热器推荐的检验方法和检验比例

序号	损伤机理	失效部位	检验方法		检验比例	备 注
			外检			
1	高温硫化物腐蚀	发生在反应产物/混合进料换热器进料侧高温区域	壁厚抽查		>2%纵波UT扫查和壁厚抽查	重点是壳程筒体、壳程进出口接管
2	高温硫化氢/氢气腐蚀	反应器进出料换热器的进料侧高温区域,以及反应器进料/循环氢换热器的进料侧高温区域	壁厚抽查		>2%纵波UT扫查和壁厚抽查	重点是壳程筒体、壳程进出口接管;管程管箱及管程进出口接管;管束
3	湿硫化氢开裂	发生在反应产物/低分油换热器的反应产物侧的低温部位	超声波横波检测,必要时辅以磁记忆抽查		UT 10%~25%	重点是管箱及管程热管与换管焊接头
4	连多硫酸应力腐蚀开裂	发生在开停车阶段的换热器及不锈钢内衬	超声波横波检测		UT 5%~25%	管箱与换管接头
5	酸性水腐蚀/铵盐腐蚀	发生在反应产物/混合进料换热器的低温部位,反应产物/混合进料换热器的高温区域	/		/	管箱及进出口接管,换热管
6	高温氢腐蚀(HTHA)	发生在反应器进出料换热器的进料侧高温区域	超声波检测		UT10%	根据设计条件一般不会发生HTHA
7	铬钼钢回火脆性	发生在开停车阶段,温度高于360℃的混合进料/反应产物换热器	/		/	腐蚀挂片、定期取样进行冲击试验
8	氢脆	发生在停工阶段反应产物/混合进料换热器壳程,特别是硬度值高于HB235的焊缝热影响区,位置靠近焊缝热影响区的高残余应力区或接管部位等三维应力区	超声波横波检测,必要时辅以磁记忆抽查;硬度抽查		UT5%~25%	壳程及出口接管部位
9	氯化物应力腐蚀开裂		/		/	/

表 5　风险较高的管道的检验方法和检验比例

序号	管道位号	材料	介质	管道级别	风险等级	损伤机理	检验方式	宏观检查	测厚	埋藏缺陷探伤	其他无损检测手段
1	P-10801	Cr5Mo	混氢油	GC1	2. 中风险	高温硫化物腐蚀（有氢环境）	外检	必须	≥50%	≥20%	★
2	P-10903	Cr5Mo	混氢油	GC1	3. 中高风险	高温硫化物腐蚀（有氢环境）、高温氢腐蚀、氢脆、铬钼钢回火脆化	外检	必须	≥50%	≥50%	硬度和金相抽查
3	P-11203	Cr5Mo	热高分气	GC1	2. 中风险	湿 H_2S 开裂	外检	必须	≥50%	≥20%	硬度抽查
4	P-11501	20#	热高分气	GC1	2. 中风险	湿 H_2S 开裂	外检	必须	≥50%	≥20%	硬度抽查
5	P-20208/1	20#	轻烃	GC2	2. 中风险	湿 H_2S 开裂	外检	必须	≥20%	≥20%	硬度抽查
6	P-20208/2	20#	轻烃	GC2	2. 中风险	湿 H_2S 开裂	外检	必须	≥20%	≥20%	硬度抽查
7	HG-11202	20#	混合氢	GC1	2. 中风险	湿 H_2S 开裂	外检	必须	≥50%	≥20%	硬度抽查
8	HG-11601	20#	循环氢	GC1	2. 中风险	湿 H_2S 开裂	外检	必须	≥50%	≥20%	硬度抽查
9	HG-12001	20#	循环氢	GC1	2. 中风险	湿 H_2S 开裂	外检	必须	≥50%	≥20%	硬度抽查
10	HG-12006	20#	循环氢	GC1	2. 中风险	湿 H_2S 开裂	外检	必须	≥50%	≥20%	硬度抽查
11	HG-12101	20#	循环氢	GC1	2. 中风险	湿 H_2S 开裂	外检	必须	≥50%	≥20%	硬度抽查
12	HG-12106	20#	循环氢	GC1	2. 中风险	湿 H_2S 开裂	外检	必须	≥50%	≥20%	硬度和金相抽查
13	HG-12107	20#	循环氢	GC1	2. 中风险	湿 H_2S 开裂	外检	必须	≥50%	≥20%	硬度和金相抽查

三、检验结果

1. 容器检验结果

加氢反应器：按检验策略对加氢反应器进行检验，在内部 PT 检测过程中发现 4 条裂纹，其中有 1 条在下封头上方热电偶接管角焊缝，其他 3 条在第三床层东、西北三个方向。具体形貌如图 3-1。发现裂纹后对第三床层内部所有堆焊层进行了 PT 扩检，未发现缺陷。该缺陷由制造厂打磨消除并补焊后探伤合格。

图 3　反应器内部裂纹形貌

热低压分离器 D3103：在宏观检查时发现一处衬里失效，具体形貌如图 4，从形貌上和损伤机理上判断其为制造缺陷，在设备投用过程中就存在，已经由制造厂现场返修并探伤合格。

循环氢出口缓冲器 VD-4B-B：接管外表面磁粉探伤发现一处裂纹，具体形貌如图 5，可能是由于缓冲器振动疲劳造成的，打磨消除。发现该缺陷后对相同类型的缓冲罐接管角焊缝进行表面探伤，未发现缺陷。

图 4　热低压分离器内部衬里失效形貌　　　图 5　循环氢出口缓冲器接管裂纹形貌

2. 管道检验结果

风险较高管道检验的结果见表 6，从中可以看出，对于混氢油、热高分气、轻烃管线其实测腐蚀速率和 RBI 预测腐蚀速率相比，RBI 预测腐蚀速率大多数比实测腐蚀速率保守。对于混合氢和循环氢管道，RBI 预测值大部分比实测腐蚀速率值要低，但是从损伤机理和工程经验上分析这部分管道腐蚀应该比较轻微，造成这一现场的原因有可能是管道出厂是存在壁厚负偏差，实际使用的管件的壁厚要小于管件的公称壁厚。

在现场检验过程中也发现了减薄超标的管道见表 7 所列，在表中 P10101、HG-12307、DL-41102 基本上没有特殊的损伤机理，而剩余的 3 条管道虽然有损伤机理，例如 P-20109 会发生高温硫化氢腐蚀，但这一损伤机理在其使用温度也不会造成这么大的腐蚀量，所以这些管道减薄的原因有可能是管道出厂是存在壁厚负偏差，在未来的测厚过程中要重点关注，必要时通过一定时间段的定点测厚得到其真实腐蚀速率。

在宏观检查过程中发现分馏塔顶气自 C-3202 至 A-3202、P-20501，管道规格 Φ610×9.5mm，该条管道位于塔 C-3202 顶部 1 个弯头段在多处机械损伤（具体形貌如图 6），其中 1 个最大缺陷尺寸长约 20mm、宽约 5mm、深约 4.5mm，应对其返修。

表 6　风险较高管道的检验结果

序号	管道位号	规格(mm)	材料	介质	风险等级	宏观检测结果	测厚最小值(mm)	实测腐蚀速率(mm/y)	RBI预测腐蚀速率(mm/y)	埋藏缺陷探伤结果	硬度检测结果
1	P-10801	Φ327×19.5	Cr5Mo	混氢油	2. 中风险	未见异常	30.4	0	0.03	未发现超标缺陷	未见异常
2	P-10903	Φ168×18	Cr5Mo	混氢油	3. 中高风险	未见异常	15.8	0.73	2.85		
3	P-11203	Φ325×25	Cr5Mo	热高分气	2. 中风险	未见异常	22.9	0.7	0.08		
4	P-11501	Φ408×30	20#	热高分气	2. 中风险	未见异常	30.7	0	0.15		
5	P-20208/1	Φ60×8.5	20#	轻烃	2. 中风险	未见异常	8.0	0.17	0.2		
6	P-20208/2	Φ60×8.5	20#	轻烃	2. 中风险	未见异常	7.4	0.37	0.2		
7	HG-11202	Φ219×24	20#	混合氢	2. 中风险	未见异常	22.6	0.47	0.08		
8	HG-11601	Φ325×19.5	20#	循环氢	2. 中风险	未见异常	24.5	0	0.08		
9	HG-12001	Φ325×25	20#	循环氢	2. 中风险	未见异常	24.8	0.07	0.08		
10	HG-12006	Φ219×22	20#	循环氢	2. 中风险	未见异常	21.3	0.23	0.08		
11	HG-12101	Φ273×28	20#	循环氢	2. 中风险	未见异常	25.4	0.87	0.08		
12	HG-12106	Φ273×28	20#	循环氢	2. 中风险	未见异常	27.6	0.13	0.08		
13	HG-12107	Φ273×28	20#	循环氢	2. 中风险	未见异常	27.6	0.13	0.08		

表 7　现场检验发现减薄超标的管道

序号	设备名称	设备编号	使用温度(℃)	材质	规格(mm)	实测最小壁厚(mm)	RBI预测腐蚀速率(mm/y)	实测腐蚀速率(mm/y)
1	原料柴油自装置外来至 SR-3101	P-10101	40	20#	Φ219×8.0	6.8	0.05	0.4
2	脱硫化氢汽提塔塔底油自泵 P-3202B 至 F-3201	P-20109	225	20#	Φ219×8.0	6.6	0.18	0.47
3	分馏塔底液自 P-3207B 至 E-3203	P-20510	239	20#	Φ219×7.0	5.9	0.3	0.37
4	新氢自 K-3101A 至 HG-12301	HG-12307	116	20#	Φ168×18	15.4	0.05	0.87
5	低压蒸气自 D-3801 至 F-3201 过热	LS-20603	157	20#	Φ168×7	5.4	0.06	0.53
6	导热油自出装置	DL-41102	240	20#	Φ168×7	5.9	0.03	0.37

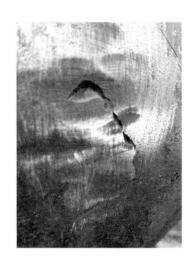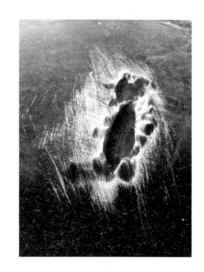

图 6　分馏塔顶气自 C‑3202 至 A‑3202 管线弯头外部损伤形貌

四、风险点分析

1. 容器风险点

通过风险分析和检验找出容器的风险点:

(1)加氢反应器,其属于加氢装置最重要的设备,工作环境恶劣,高温高压,氢含量大,很容器发生氢损伤、高温 H_2S/H_2 腐蚀,所以对加氢反应器的检验是整个加氢装置的重点。由于加氢装置的制造工艺复杂,在现场检出缺陷时返修也比较困难,在整个装置的检验过程中一般先应该检验加氢反应器。

(2)反应流出物/混合进料换热器,其壳程介质和使用参数与加氢反应器相似,管程温度较低,易发生酸性水腐蚀/铵盐腐蚀。它的结构一般为螺纹锁紧环结构,在检修时拆装困难,所以一般使用单位在其内部没有发现问题时都不对其进行拆卸,但在日常腐蚀检查时,如果发现换热效率降低或下游介质内铁离子和 NH_4^+ 增多,应将其拆卸检查是否由于铵盐腐蚀造成堵管。

(3)冷热高分:其压力参数与加氢反应器相差不大,其中热高分由于其温度较高,易发生高温 H_2S/H_2 腐蚀,为此在其内部一般都有不锈钢内衬;冷高分的使用温度较低,其材质一般为抗氢致开裂钢,这是为了防止湿硫化氢应力腐蚀破坏。这两类容器在检验过程中一般应该开罐内检。

(4)压缩机缓冲罐:如果压缩机震动频率很大,会造成与其相连的压缩机缓冲罐管道发生振动疲劳破裂。

2. 管道风险点

通过风险分析和检验找出管道的风险点:

(1)反应区域的高温管道,例如在加热炉后的原料油和反应出来的混氢油都容易发生高温 H_2S/H_2 腐蚀[1],造成管道的减薄。

（2）低温区域的管道，例如空冷区域管道，分馏塔顶馏出物管道，轻烃管道由于存在湿硫化氢环境，会发生湿硫化氢破坏，造成管道开裂。

（3）压缩机相连管道，在压缩机振动严重的情况下会在焊口处发生疲劳断裂。

五、结论

针对加氢改质装置内的容器和管道，利用 RBI 技术对这些设备进行了风险计算，得到了各设备的风险水平，并且提出了容器和管道的基于风险的检验策略，在大修阶段实施了 RBI 检验，通过检验发现了装置的风险点，为装置的再评估及下次检验积累了数据，打下了坚实的数据基础。但是对于装置首检之前的 RBI 评估采用的数据有可能会与现场检验得到的数据有较大的出入，这是由于容器出厂时自身存在超标缺陷[2-5]和管道出厂时正负偏差对检验数据有一定的影响。随着风险评估、检验的滚动实施，得到的腐蚀速率、开裂敏感性都会逐渐地接近设备的真实值。

参考文献

［1］张延年,李永清,陈彦泽. 加氢改质装置反应器馏出物管道失效分析[J]. 石油化工设备,2011,40(1):96-98.

［2］张玺. 加氢改质装置高压临氢管道裂纹的处理[J]. 石油化工腐蚀与防护,2012,29(3):28-30.

［3］张玺. 加氢改质装置反应器馏出物管道裂纹失效分析[J]. 石油化工腐蚀与防护,2011,28(3):55-57.

［4］马海涛,王来,赵杰,等. 汽油加氢装置反应器出口管线焊缝开裂原因分析[J]. 金属热处理,2007,32(增刊):127-130.

［5］郝相民. 加氢裂化装置不锈钢管线焊缝开裂失效分析[J]. 理化检验:物理分册,2009,45(增刊):48-51.

石化设备检验管理模式转变简析

陈铭,谢国山,李志峰

(中国特种设备检测研究院,北京 100029)

摘 要:随着石化生产逐渐向大型化、复杂化和自动化方向发展,我国石化设备检验管理模式面临新的挑战。本文从石化基础管理工作现状、常规检验、RBI 应用三个方面存在的问题进行了简析,结合我国石化设备管理科技发展现状,提出了加强基础管理工作、强化技术咨询指导、向预知性维修转变、发展智能化工厂等一系列思考和建议,为石化设备安、稳、长、满、优运行提供科学的技术支持。

关键词:石化设备管理;基于风险的检验(RBI);预知性维修;智能工厂

一、引言

石油化工生产在国民经济发展中具有重要的作用,但由于其工艺介质具有易燃、易爆、有毒、有害的特点,一旦设备发生事故,不仅会造成巨大的经济损失,而且还会影响到人身安全和环境,甚至会给社会带来灾难性后果。

设备是企业进行生产的物质技术基础,设备管理是企业管理的重要组成部分,在新时期的新常态下,随着石化生产逐渐向大型化、复杂化和自动化方向发展,危险物质的数量和种类都在不断增加,夯实管理基础,保障设备安全运行,探索具有中国特色的设备管理模式,全面提升企业管理水平显得尤为重要[1]。

近些年,国内大型石化企业开始注重围绕设备的安、稳、长、满、优运行以及降低生产成本、实现效益最大化等方面切实开展各项工作,较大程度上提高了设备的可靠性并实现了一部分设备的长周期运行,但随着《中华人民共和国特种设备安全法》的颁布实施,企业对压力容器和压力管道的管理情况存在的一定弊端也逐渐呈现。

从我国石化企业的现状看,设备管理正处于不断改革发展的阶段,新的理念和技术在设备管理中的应用会大大提高设备管理的水平,对企业的安、稳、常、满、优生产做出贡献,对提高石化企业在国内及国际上的竞争能力具有重要作用。

二、当前石化企业设备检验管理模式存在的问题

1. 设备基础管理工作不扎实

(1)基础资料不齐全。部分厂存在设备档案内容不全,记录缺项、漏项,缺乏临时变更记录等情况,为进行常规检验及 RBI 工作带来了不少的困难,且许多企业对基础资料缺乏系统性的管理,大量资料碎片化零散堆积,为查找及整理工作带来了更大的工作量,降低了工作效率。由于部分石化企业人员流动性相对较大,相关资料在流转的过程中时常出现遗失、遗漏或不便查找等情况,也为检验工作带来了不便。

(2)法规执行不到位。法规作为设备管理工作的指导法则,因为部分企业设备管理人员对其重视不够,对法规内容理解不到位,或者心存侥幸心理,导致一些企业有章不循、执行不严、违规执行的现象依旧存在。

(3)对检验的性质认识不足。定期检验作为保证设备长期运行和安全生产的有力措施,对于企业设备安全运行提供了有力的技术支撑,部分企业管理人员对检验的性质认识不足,一味为了追求经济效益,盲目延长检验周期、缩减检验费用,不利于设备长周期安全运行。

(4)缺乏全面有效的信息化管理手段。随着信息化的发展,DCS、MES 等系统平台在石化企业得到了广泛的应用,但多个平台分项管理也给设备管理人员带来了诸多不便,不能全面掌握所有设备的整体情况,缺乏全面有效的完整性管理平台。

(5)第三方检测公正性有待提高。现有检测工作中,检测单位多由项目承包方直接指定,其检测质量对项目承包方负责,而不是直接对企业业主负责,其公正性、代表性、可靠性值得商榷。

2. 常规检验突显较多问题

(1)设备存在超期使用或即将超期使用的情况。我国压力容器的设计使用年限一般为 8～15 年,重要的容器为 20 年,随着石化企业的发展,许多历史较久的企业设备已达设计使用年限,一些临近或超过 20 年的设备仍在使用,另外部分设备到期却因为无法泄剂等因素导致装置无法停下,基于以上情况,部分检验单位对于超期设备不予检验或所给检验周期较短,企业面临两难困境。

(2)设备存在未进行注册登记情况。部分设备因未进行监督检查或监督检查资料不被当地质监部门认可等原因,未能办理注册登记,依旧存在"无证"运行使用情况,这些设备无法在大检修期间进行正常检验。

(3)检验方案需要优化。常规检验重点不突出,存在某些关键设备检验不足,低风险设备却检验过度的问题,部分企业曾出现过超声、射线 100% 检验的情况,在造成检验力量浪费的同时,并未从本质上提高设备的安全性与可靠性,需要相关机构对检验方案进行优化,结合设备损伤模式和运行情况对检验方案进行优化,有针对性开展检验工作,提高工作效率。

(4)漏点泄漏情况仍是难题。检验单位依照法规对企业进行了定期检验,但是部分

管道在运行过程中仍存在漏点泄漏情况,仅某石化企业全厂每年泄露案例就达到百例,亟须运用隐患排查及泄漏监测等手段来减少类似问题发生,消减安全隐患。

3.RBI 技术未得到正确使用

(1)对 RBI 理念理解有偏差。RBI 就是基于风险的检验(Risked Based Inspection),其以设备破坏而导致的介质泄漏为分析对象,以设备检验为主要控制手段的风险评估和管理过程。RBI 技术全面考虑了装置的经济性、安全性以及潜在的失效风险,根据不同设备的失效机理确定相应的检验策略,根据风险的高低确定检验的深度,是对常规检验的有效补充。然而近年许多企业对 RBI 技术的理解还局限于延长检验周期,将设备安全状况寄希望于 RBI 技术手段,而不是注重企业自身管理提升层面。部分企业还将 RBI 与常规检验混淆,要求检验单位通过 RBI 给予设备安全状况等级等不合规的情况,导致 RBI 技术应用存在滥用、误用的现象,也增加了设备的潜在风险。

(2)RBI 检验策略未得到合理应用。部分企业仅将 RBI 作为延长设备检验周期的手段,而忽视了它对于指导检验策略的实际作用,在停车检修时未按 RBI 策略进行检验,以至于 RBI 数据与常规检验衔接不够,数据相符度不高,不利于实现滚动验证和 RBI 再评估。

(3)安全阀检验周期需要协调。安全阀按照法规依旧是一年一校验,给企业设备管理就带来了不小的影响,仅仅通过 RBI 技术不能协调与法定检验周期不一致、不协调的问题。

三、依靠科技发展,创新石化设备管理局面

1. 加强基础工作建设,促进管理意识提升

企业应加强设备管理基础工作建设,确保相关记录、信息完整、准确、齐全,以信息化手段有效管理设备信息,提高工作效率,实现信息的可追踪、易查询等功能,从根本上保障设备管理工作顺利进行。企业应加强对设备管理人员的培训与宣贯,提高工作人员对于法律法规、检验检测、RBI 技术运用等的正确认识,确保各项工作落到实处,保障设备安全运行。依照法规开展设备管理工作,对超期服役、未进行注册等级等设备及时与地方质监部门沟通,确保所有设备合法合规使用。

2. 强化技术咨询指导,提供全方位技术解决方案

企业应转变设备管理思维,由被动接受定期检验转为主动寻求技术咨询指导,与相关技术单位合作,通过优化检验方案、在线密封点监测、开展第三方监督检验、RBI 等先进的理念与技术手段,提高设备管理的针对性和有效性,结合设备运行中的疑难问题,与技术单位共同制订行之有效的技术解决方案,为设备安全高效运行提供坚实的技术支持。

3. 从预防性维修向预知性维修转变

相比于传统的预防性维修,预知性维修可以将安全关口前移,对于设备全过程管理及事故预防都能够起到重要的作用。预知维修管理平台是以设备安全保障关键技术研

究成果为基础,针对石化装置中承压系统频发的故障,开发的以腐蚀管理、剩余寿命预测、检修维护管理和动态风险管理为核心的设备预知维修管理系统,该平台可从三个方面对设备管理提出优化解决方案。

一是以风险分析技术为切入点,结合腐蚀监测、损伤模式判别及分级评价、基于损伤模式的剩余寿命评价计算、管道冲蚀部位预测,寻找可能的危害性缺陷,并自动或半自动生成检维修计划,以达到预知性检维修目的。

二是通过材质升级管理、运行经济性评价、基于风险的分级管理,进一步提高设备管理水平,达到降低设备风险提高企业效益的目的。

三是可实现整个企业由基于时间的预防性检维修模式向基于状态和基于风险分析的预知性检维修模式的转变,将检维修资源集中在最需要关注的区域和设备上,提高设备操作的安全和可靠性,最大限度地减少设备突发事故发生。

2010 年开始,中国特检院在"十一五"和"十二五"科技支撑科研项目基础上,将腐蚀管理、风险管理、寿命管理等专业技术与信息化技术、设备管理技术结合起来,开发了预知维修智能管理系统平台,并且已在燕山石化等企业实现了实际应用,由单纯生产和费用管理功能向智能化管理功能发展,为企业提供专业分析和决策支持,实现了腐蚀监测、预警、寿命评价、风险动态更新、ERP 一体化联动。

4. 设备管理由人工向智能化发展

随着德国推出"工业 4.0"理念,"智能工厂"被许多科学家提起,石化智能工厂将先进制造模式与现代传感技术、网络技术、自动化技术、智能化技术和管理技术等融合,是科技进步和行业可持续发展背景下,未来 10 年石化行业发展的必然趋势[2]。我国现有石化设备管理依旧是以人工管理为主,在信息化的背景下,石化系统推行了 DCS、MES 等一系列管理系统,但是各系统功能相对单一,无法对设备整体情况进行宏观管理,同时也降低了管理人员工作效率。随着智能工厂的建设,设备管理将由传统的人工向智能化发展,通过设备实时监测手段,将设备信息汇集到统一的终端平台,通过平台的计算和调控掌控设备整体情况并进行及时处理。智能工厂的建设,将推动石化企业生产方式、管控模式变革,对于提高安全环保、节能减排、降本增效、绿色低碳水平将有促进作用,将直接促进劳动效率和生产效益的巨大提升[3]。

四、结论

我国现有石化检验管理模式由于基础管理工作不扎实、常规检验遭遇瓶颈、RBI 应用不准确等因素突显出了较多问题,在新的设备检验管理环境下,以互联网、物流网、智能化工厂等为代表的新理念以及预知性维修等新技术为设备管理提供了新的思路。本文结合我国石化设备管理科技发展现状,提出了加强基础管理工作、强化技术咨询指导、向预知性维修转变、发展智能化工厂等一系列建议,创新我国设备管理局面,为石化设备安、稳、长、满、优运行提供了科学的技术支持。

参考文献

［1］胡安定．努力塑造中国石化特色的设备管理模式［J］．石油化工设备技术．2009.30(3)：57－61．

［2］杜品圣．智能工厂——德国推进工业 4.0 战略的第一步(上)［J］．自动化博览．2014(1)：22－25．

［3］赵俊贵,李德芳,覃伟中．中国石化智能工厂建设推进制造业迈向中高端［J］．化工管理．2015(31)：13－15．

基于RBI的甲基叔丁基醚
装置风险评估分析

朱君君，卢黎明，傅如闻，李绪丰

（广东省特种设备检测研究院，广州 510655）

摘　要：采用RBI评估技术对某炼化企业甲基叔丁基醚装置进行了风险评估。根据风险评估结果，识别出装置设备和管道的损伤模式、机理和检验周期，制定检验策略，对于生产操作及管理提出了建议。

关键词：基于风险的检验；甲基叔丁基醚装置；检验策略

基于风险的检验（RBI）是在对系统中固有的或潜在的风险发生的可能性与后果进行科学分析的基础上，给出风险排序，找出装置薄弱环节，以确保本质安全和减少运行费用为目标，优化检验策略的一种管理方式[1]。本文通过总结某沿海炼化企业6万吨/年甲基叔丁基醚（MTBE）装置的RBI工作，分析了装置的风险分布和损伤机理，制定检验策略，可供同类企业参考。

一、RBI分析过程

1. 装置概况

该MTBE装置与常减压装置、催化裂化装置、气体分馏装置及烷基化装置组成第一联合装置，以催化裂化所产液化气经气体分馏后的C_4为原料，采用混相床—催化蒸馏深度转化合成MTBE组合工艺技术，使催化碳四中的异丁烯与甲醇进行反应，转化为高辛烷值的MTBE产品。

装置2009年4月投用以来工艺状况基本稳定，无紧急停车及安全阀起跳记录。2010年11月进行了首次停车检修，进行了压力容器定期检验。2014年10月停车检修时，进行了部分压力管道定期检验。检验过程中未发现超标缺陷设备，设备运行状况良好。所属安全附件按期校验合格，报告保存完好。

2. 项目评估范围

该装置主要由醚化反应、催化蒸馏、甲醇萃取和甲醇回收组成，主要设备为醚化反应器（R-001）、催化蒸馏塔（C-001）、甲醇萃取塔（C-002）和甲醇回收塔（C-003），原料主

要是 C_4 馏分和工业甲醇。根据风险评估的需要,依据操作规程以及 PFD 图将装置划分为 4 个工段,分别为原料配制和混相反应、催化蒸馏和产品分离、甲醇萃取和甲醇回收、公用工程。本次评估的范围包括静设备 26 台、管道 109 条。

3. 原始数据的采集

对评估范围内的设备和压力管道进行基础数据、工艺数据、检验数据等收集整理。数据的准确性和完整性决定分析的效率和质量,这需要装置的工艺和设备等各方面专家的良好配合和企业的数据积累。有些数据需要与企业有关部门共同讨论确定。数据采集原则上不考虑采用测量、检验和试验的方法。需要采样的物流数据由评估单位先确定采样点,企业负责提供。如果数据无法进行采样分析,可以参照同类装置的物流数据由有经验的专家进行估算。

4. 腐蚀回路划分

腐蚀回路划分主要按照装置主工艺流程和腐蚀特征来进行,划分的依据是基于:相同或相似的工艺介质操作条件,以及相同的设备或管道材质会产生相似的腐蚀机理,基本上同一个腐蚀回路中的设备及管道具有相似的选材及腐蚀特性[2,3]。本次风险评估共划分物流回路 28 条、腐蚀回路 12 条。

5. 装置腐蚀分析

腐蚀分析是 RBI 工作中的一个重要步骤,根据 PHA(工艺过程危害分析)的概念,分析物料含哪些腐蚀介质,腐蚀介质对设备材料有可能的腐蚀机理做定性的分析。腐蚀分析尽可能找出有关的腐蚀机理,与定量分析软件结果的腐蚀机理对比。由于分析软件能力有限,有些腐蚀机理就要靠定性分析作补充。此次腐蚀分析资料主要依据企业提供的资料,并参照其他工厂的经验,仅考虑原料与辅助原料的腐蚀介质,不考虑超过设计范围的参数,也不考虑设计与建造过程存在的问题。定性腐蚀分析是腐蚀专家与装置技术人员的合作、共同讨论的过程。通过对 MTBE 装置的工艺物流、运行条件进行分析,并在参考国内外类似装置失效分析案例的基础上,由评估人员和装置技术人员共同确定 MTBE 装置中潜在的主要失效模式:内部腐蚀减薄和外部腐蚀两大类[4]。

(1)内部腐蚀减薄

甲酸腐蚀:原料甲醇中含有的微量甲酸,金属与甲酸接触时发生的全面腐蚀或局部腐蚀。碳钢发生甲酸腐蚀时可表现为均匀减薄,介质局部浓缩或露点腐蚀时表现为局部腐蚀或沉积物下腐蚀。装置中的醚化反应器、甲醇萃取塔及相应的管道易发生甲酸腐蚀。

硫酸腐蚀:催化剂微孔中吸附的残余硫酸,由稀硫酸引起的金属腐蚀通常表现为壁厚均匀减薄或点蚀,碳钢焊缝和热影响区易遭受腐蚀,在焊接接头部位形成沟槽,易发生在醚化反应器中。

(2)外部腐蚀

外部腐蚀包括大气腐蚀和保温层下腐蚀(CUI)两大类。

大气腐蚀:未敷设保温层等覆盖层的金属在大气中发生的腐蚀。在含有氯离子的海洋大气和含有强烈污染的潮湿工业大气中,材料表面温度低于环境露点时,未敷设保温层等覆盖层的设备和管道易产生大气腐蚀。

保温层下腐蚀:敷设保温层等覆盖层的金属在覆盖层下发生的腐蚀。在含有氯离子的海洋大气和含有强烈污染的潮湿工业大气中,覆盖层的间隙处或破损处容易发生层下腐蚀。保温层等覆盖层破损的容器和管道易发生层下腐蚀。

6. 风险计算结果

(1)风险分布

采用通用石化装置工程风险分析系统对 MTBE 装置的设备及管线进行风险计算,得到设备及管线的风险分布情况。设备及管道风险矩阵如图 1 和图 2。

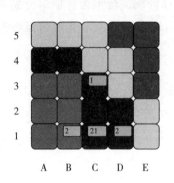
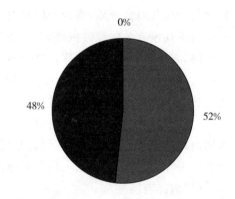

图 1　设备风险矩阵

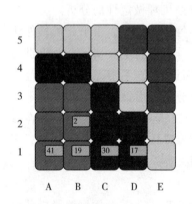

图 2　管道风险矩阵

(2)风险统计

MTBE 装置设备及管道风险统计见表 1。

表 1　设备及管道风险等级统计

类型	高风险	中高风险	中风险	低风险	合计
设备	0	0	24	2	26
管道	0	0	47	62	109

(3)重点设备及中风险设备原因分析

MTBE 装置重点设备及中风险设备原因分析见表 2。

表2　失效可能性为3及以上中风险设备主要原因

设备位号	设备名称	失效可能性	失效后果	风险等级	原因分析
E-001	反应进料加热器	3	C	中风险	材质16MnR,操作压力2.45MPa,操作温度200℃,介质为凝结水/C_4、甲醇。由于醇中含有微量甲酸,存在甲酸腐蚀,同时存在介质冲刷和层下腐蚀
E-008A	萃取水换热器(壳程)	4	A	中风险①	材质16MnR,操作压力2.45(2.45)MPa,操作温度131.31(39.17)℃,介质为萃取水/回收塔进料,存在介质冲刷和层下腐蚀
E-008B	萃取水换热器(壳程)	4	A	中风险①	材质16MnR,操作压力2.45(2.45)MPa,操作温度131.31(39.17)℃,介质为萃取水/回收塔进料,存在介质冲刷和层下腐蚀

注①:两台萃取水换热器E-008A/B管程的风险为1C,壳程的风险为4A,软件系统选取1C为这两台换热器的最终风险等级。

二、检验策略的制定

1. 检验周期

通过风险评估结果,结合设备的使用情况、设备剩余使用寿命等来确定下一个检验周期,并依据《固定式压力容器安全技术监察规程》(TSG R0004—2009)规定的检验周期最长不超过压力容器剩余使用寿命的一半,且不超过9年,且新投用的GC1级别的管道应当适当缩短检验周期。另外,对于首次检验中发现问题的设备,还应根据问题的严重程度,对上述原则确定的检验周期做适当的调整。根据下次检验时间点为2017年11月风险计算结果,分析发现本装置设备、管道运行状况好,未发现有异常的腐蚀减薄及应力腐蚀开裂情况。因此下次检验时间为2015年及2016年的设备、管道可根据生产需要延至2017年11月进行定期(全面)检验。

2. 开盖原则

检验时降低压力容器开盖率可缩短装置的检修时间,也可降低设备的检测和维修直接费用,在满足装置安全运行情况下,实现安全性和经济性的统一。本次评估开盖的原则如下:

(1)高风险设备一般需开盖进行内部检验;低风险设备可以不开盖检验。

(2)中高风险、中风险设备视失效概率等级,失效可能性等级为1、2,如果无内壁应力腐蚀开裂或局部腐蚀机理的,一般可不开盖检验;失效可能性为3的,视设备具体情况而定是否需要开盖检验;失效可能性为4或5的,通常应安排开盖检验。

（3）对塔器、换热器、反应器，一般根据工艺需要如更换催化剂、工艺变更、设备改造或操作时有异常情况的，应开盖检验；对内部有特殊介质，开盖后反而会造成腐蚀的设备可不开盖，但应增加针对内壁可能存在的腐蚀机理有效的检验手段。

（4）根据装置管理人员和检验人员的经验，以及装置多年的运行情况与首次检验的情况，认为有必要的均应开盖检验。

3. 检验策略

通过风险评估制定的检验策略为推荐性的方案，《固定式压力容器安全技术监察规程》（TSG R0004—2009）中对此有专门说明。由于风险评估难免有欠考虑周全的地方，比如设备结构、制造缺陷、检验的真实有效性等各个方面，因此本策略所建议的检验手段及检验比例为最低要求，现场检验人员还应综合设计、制造及实际使用情况，在本策略的基础上进行适当的调整，是否采用本策略应由现场检验人员与厂方协商决定。

三、MTBE 装置生产管理建议

MTBE 装置存在潜在的腐蚀主要有甲酸腐蚀、硫酸腐蚀、大气腐蚀和层下腐蚀。在日常生产过程中，应从以下方面加强生产管理：

（1）应加强对原料甲醇的检测与监控，防止甲酸浓度超标，以减少对醚化反应器、甲醇萃取塔及相应管道产生的甲酸腐蚀；

（2）加强对催化剂微孔中吸附的残余硫酸的检测与监控，以减少对醚化反应器及相应管道产生的硫酸腐蚀；

（3）加强对保温层及防腐层的保护，保温层及防腐层破损后及时维护，避免金属材料与含有氯离子的海洋大气和含有强烈污染的潮湿工业大气接触而产生严重大气腐蚀，以及覆盖层的间隙处或破损处发生层下腐蚀。

（4）加强停工期间腐蚀调查，全面真实查找腐蚀状况，评估设备与管道剩余寿命，并调整大修计划。

四、结论

根据 RBI 分析结果，提出装置压力容器和管道基于风险的检验策略，可作为全面检验和在线检验的依据。企业应建立基于风险的检验计划，对风险较高设备提出降低运行风险的措施并开展降险检验，将风险控制在可接受的范围内，优化检验策略，为 MTBE 装置长周期运行打下基础。RBI 是个动态工具，随着时间的推移，应该对 RBI 评估结果进行更新，以确保最新的检验、工艺和维护信息包含在内。检验结果、工艺条件变化和实际的维护情况，都对风险有显著的影响，应根据企业需要和实际情况进行再评估。

参考文献

［1］陈学东，王冰，杨铁成，等. 基于风险的检测（RBI）在中国石化企业的实践及若

干问题讨论[J]. 压力容器,2004,21(8):39 - 45.

[2] 罗伟坚,杨景标,郑炯. 基于风险的检验(RBI)在乙烯企业的应用[J]. 化工设备与管道,2014,51(4):63 - 67.

[3] 中华人民共和国国家质量监督检验检疫总局,中国国家标准化管理委员会. GB/T 26610—2014　承压设备系统基于风险的检验实施导则[S]. 北京:中国质检出版社,2014.

[4] 中华人民共和国国家质量监督检验检疫总局,中国国家标准化管理委员会. GB/T 30579—2014　承压设备损伤模式识别[S]. 北京:中国质检出版社,2014.

常减压装置压力容器
基于风险检验技术的应用

王锋淮,赵磊,叶宇峰,蔡刚毅,叶凌伟

(浙江省特种设备检验研究院,浙江　杭州　310020)

摘　要:利用基于风险检验技术(RBI)对常减压装置压力容器进行了风险评估,评估结果表明该常减压装置压力容器的总体风险等级不高,结合评估结果制定了装置的检验策略,并实施检验。合理的检验策略能够使有限的检验资源得到更好的应用。

关键词:风险;常减压;检验;压力容器

一、引言

基于风险检验技术(RBI)是一种新型的石油化工设备安全管理技术。该技术采用系统和结构化的方法,通过对设备固有或潜在风险及其程度进行定性或定量的分析,发现主要问题和薄弱环节,将设备划分为不同的风险等级,对高风险设备采用有效的检验技术进行重点检验,同时减少对低风险设备的不必要的检验和维护,优化检验资源,在达到提高检验效率目标的同时提升设备的安全性和可靠性,减少停机时间和降低检修费用。在近几年来,RBI技术在国内外得到普遍的关注和应用[1-5]。

常减压蒸馏是炼油工业中的第一道工序。常减压装置长期处于苛刻环境,能否安全、连续、有效运行,关系到本装置及后续装置的正常生产。最近几年,随着我国能源消耗量的增大,根据资源政策的调整,原油进口量逐年递增。进口原油成分复杂,硫含量较高,对设备材料的腐蚀普遍存在且不好控制,再加上装置的原始缺陷和设备不断老化等问题,炼油设备存在巨大安全隐患。常减压装置检验难度较大,且工艺较为复杂。定期检验需花费大量费用和时间,探索一种能兼顾安全性与经济性的检修方法,具有重大现实意义。

本文针对石化企业装置长周期运行要求,从检验单位角度介绍了石化装置压力容器基于风险检验技术,通过对某常减压装置压力容器进行风险评估,根据评估结果制定检验策略,进而实施检验,探索RBI技术在常减压装置中的应用,以期提高检验资源的有效利用率和企业设备管理水平。

二、基于风险的检验

1. 风险评估的准备

风险评估方法分为定性分析、半定量分析和定量分析三种。其中定性分析和半定量分析主要适用于较大范围的评估,如工厂和装置区。定量分析方法是一种精确的评估方法,它对设备的失效可能性和失效后果进行详细的分析和计算,并将结果评级分类,把分类的结果放入表示风险等级的5×5矩阵中(矩阵横纵坐标分别表示失效后果和失效可能性)。在风险矩阵中,风险从左下角往右上角依次增高。其主要步骤有:确定通用事故频率、设备修正因子、管理修正因子、实际事故频率、事故后果、确定风险等。这适用于特定设备的评估。

定量RBI分析需要设备大量的详细数据,包括设备的设计资料、操作条件、使用状况、物流数据、设备材质、保温防腐情况、设备中介质相态分界位置和历次检修记录等,大量数据收集的准确性直接影响RBI分析结果的可靠性和后续得出检验策略的有效性。

装置设备风险评估的主要程序为:准备阶段(包括资料收集和现场勘查);确定破坏机制及危险因素识别;定性或定量风险评估(包括划分评估单元和风险等级确定);提出安全控制对策和检验方案;形成评估结论和建议。

2. 风险评估实施过程及评估结果

(1)装置的基本情况

本次评估的某厂常减压装置建于1977年,并分别在1986年、1995年、1997年、2006年和2008年进行了5次扩能改造,从最初的设计加工能力为250万吨/年,设计加工油种为胜利原油,扩能到加工能力为800万吨/年,设计加工原油为伊朗轻质原油。装置共有设备92台、管道131条。

(2)装置设备的危险因素分析

本装置设计原油为伊朗轻质原油,主要控制指标为:原油硫含量小于等于3.0wt%,原油酸值(mgKOH/g)小于等于0.5,装置总体以加工高硫低酸原油为主。

① 硫化物腐蚀

硫化物在原油中有不同的组成与形态,环状结构属于噻吩类,在常减压装置操作温度下不会分解,也不腐蚀材料,其他低分子链状结构的硫化物在一定温度下,裂解成腐蚀性强的活性硫,如元素硫、聚硫化物、硫化氢、脂族硫化物和脂族二硫化物等。腐蚀速率与温度、浓度和流速成正比。硫化物在150℃以下含水环境有湿硫化氢腐蚀,204℃以上有高温硫腐蚀。

② 环烷酸和其他有机酸腐蚀

环烷酸是一类含有饱和环状结构和一个或多个羧基的有机酸的总称,通式为$R(CH_2)COOH$,环烷酸是石油中有机酸的主要组分,占有机酸总量的50%以上。设备工作温度在204℃以上有环烷酸的腐蚀,环烷酸腐蚀通常发生在加工酸值大于

0.5mgKOH/g原油,操作温度在200℃~400℃之间的设备中。环烷酸可与金属裸露表面直接反应生成环烷酸铁,而不需要水的参与。环烷酸铁盐可溶于油中,腐蚀表面不易形成膜。常减压装置中环烷酸腐蚀主要表现在减压环境的减压塔中,在减压过程中,最严重的腐蚀通常发生在288℃。环烷酸在沸点370℃~425℃范围内,减压过程可使降低沸点110℃~160℃。

③ 氯腐蚀

原油中存在一定量的氯元素,存在形式有氯化盐和有机氯,这些化合物在一定温度下会热分解或水解形成HCl,对设备造成腐蚀。

④ 保温层下腐蚀

保温层下腐蚀是外部腐蚀损伤中较为严重的一种破坏。它是由于保温层与金属表面间的空隙内水分聚集产生的,其来源于雨水积聚、浓缩以及蒸汽伴热管泄漏等。它主要发生在保温层穿透部位、可见的破损部位,以及法兰和其他管件的保温层端口等敏感部位。保温层下腐蚀常发生在−12℃~120℃温度范围内,在50℃~93℃区间尤为严重。保温层下腐蚀对于碳钢和低合金钢表现为腐蚀减薄,而对奥氏体不锈钢则表现为氯离子应力腐蚀开裂。

(3)装置的风险评估结果

对装置内所有压力容器的基础及检验数据进行汇总调研,利用RBI分析软件进行计算,得出整套设备的风险及其分布情况,具体如图1所示。

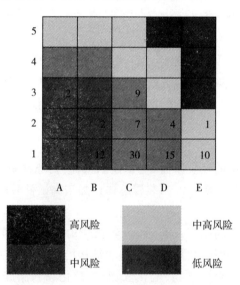

图1 设备风险矩阵图

装置压力容器具体风险统计见表1所列。

表 1　压力容器风险分布统计

类型	高风险	中高风险	中风险	低风险	合计
压力容器	0	11	65	16	92

根据风险评估结果可以得到该套常减压装置各台压力容器的风险。总体来看,中高风险为 11 台,占装置压力容器总数比例的 11.9%,无高风险压力容器。因此可知该装置压力容器的总体风险等级不高,存在的主要损伤机理为湿 H_2S 腐蚀和盐酸腐蚀,其中湿 H_2S 腐蚀主要集中在常顶换热器、常顶冷却器、常顶回流罐和常顶产品罐上。据此评估结果,为装置压力容器制定针对性的检验策略,检验单位可依据此检验策略制定检验方案后进行检验。

4. 风险评估后的检验

评估工作结束后,在装置停工时,对该套装置压力容器进行了定期检验。经过检验检测发现,设备总体情况良好,不存在严重腐蚀和开裂,失效可能性大于等于 3 的常顶换热器、常顶冷却器、常顶回流罐和常顶产品罐等压力容器壁厚测定和无损探伤均未发现超标缺陷,验证了该装置总体风险不高的评估结果。

另外,装置内的常压塔,评估结果见表 2。从表中可以看出该容器的总体风险较低,损伤机理主要为高温硫/环烷酸、盐酸腐蚀减薄。

表 2　常压塔损伤机理和风险等级

设备名称	设备部件	失效可能性	失效后果	损伤模式	主导损伤机理
常压塔	底部	2	E	减薄	高温硫/环烷酸腐蚀
	顶部	1	C	减薄	盐酸腐蚀
	筒体1	2	C	减薄	未知腐蚀
	筒体2	2	D	减薄	高温硫/环烷酸腐蚀
	筒体3	2	E	减薄	高温硫/环烷酸腐蚀

在装置停机检验发现,常压塔内部上段筒体环、纵焊缝开裂,环焊缝整圈均有裂纹分布,裂纹形态为横向和纵向交错,如图 2 所示。查阅资料得知,常压塔材质为 20R+321+2205。失效分析结果认为,该裂纹由氯化物应力腐蚀导致。设备的最初风险评估结果为腐蚀减薄,未考虑开裂机理。

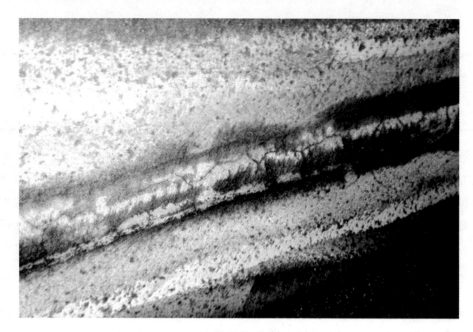

图 2　常压塔内部焊缝开裂

三、基于风险的检验存在的不足

采用基于风险的检验技术,对装置每一台设备进行风险评估,制定对应检验策略。对于低风险设备,减少检测比例乃至无需检验;如某些只需外观宏观检查和测厚的设备,可以在装置停工检修前完成,可以为装置大修节省一部分宝贵时间,也避免了过度检验和检验不足,在保证安全的前提下减少了工作量。然而通过本次在常减压装置中的实践,也发现了基于风险的检验技术在应用中的不足,例如基于风险的检验制定的检验策略具有普适原则,但是对某些结构复杂设备,策略的有效性就有所下降;基于风险的检验需要基于一定的损伤和失效模式进行风险计算,但是现有标准中的损伤机理和失效模式并不能完全覆盖生产实践中所有的损伤机理与失效可能性,还需不断完善和丰富数据库增加新的损伤机理、失效模式及更为可行的计算方法。

另外,还应提高评估系统的可靠性。例如,分析计算时,软件没有完全识别出常压塔内部存在任何开裂损伤机理,但在实际检验中却在常压塔内部发现了氯离子应力腐蚀开裂的裂纹。

四、结论

通过对常减压装置压力容器基于风险检验技术的应用与评价,根据评估结果对装置进行检验后,有以下几点体会和认识:

该常减压装置主要风险为设备在恶劣工作条件下的腐蚀失效,其中常顶与减顶冷凝系统、顶循系统、温度高于 240℃ 的高温部位和电脱盐含盐污水系统最有可能发生腐蚀。检验时经过对压力容器的宏观检查和壁厚检测,未发现这几个部位压力容器有明显的腐蚀减薄现象。

采用定量分析对该常减压装置的压力容器进行了风险评估,获得了该装置每台压力容器的具体风险值和主要损伤机理,据此有针对性地为每台压力容器制订了科学的检验策略,对低风险的压力容器,适当减少检验或者抽检一部分,从而节约大量的装置停机时间和检验维护费用;对于中高风险压力容器,有针对性地提出检验部位和检验项目,避免检验的盲目性和检验不足,从而降低失效风险,提高重要设备运行的可靠性,确保装置安全运行,而从检验结果来看,该评估结论与实际检验发现的问题也相吻合。风险评估的主要目标是降低危害,在此基础上才是节约成本,使设备的管理由以前的粗放式转向集约式。

当然,一个完整的 RBI 评估周期不单局限于本次风险评估和评估后的检验,还需要在本次风险评估及检验后,对检验发现的问题进行总结,进而实现装置的再次评估。

参考文献

[1] API 580—2009. Risk – Based Inspection [S]. Washington:American Petroleum Institute,2009.

[2] API 581—2008. Risk – Based Inspection Technology [S]. Washington:American Petroleum Institute,2008.

[3] 陈学东,艾志斌,寿比南,等. 压力容器风险评估技术在国家安全技术规范中的采用[J]. 压力容器,2008,25(12):1 – 4.

[4] 陈炜,吕运容,程四祥,等. 基于风险的石化装置长周期运行检验优化技术[J]. 压力容器,2015(2):69 – 74.

[5] 马磊,贾国栋,王辉. 成套装置承压设备完整性管理[J]. 中国特种设备安全,2014,30(10):1 – 3.

RBI 技术在厂际管线中的应用

唐崇晶[1],李晓威[2],史其岩[2],冯雪松[2]

(1. 山东科鲁尔化学有限公司,山东　东营　257200；

2. 中国特种设备检测研究院,北京　100029)

摘　要:厂际管线具有输送介质种类繁杂、途径地理环境复杂等特点,传统的定期检验方式不利于其管理及长周期运行。本文以某石化装置储运车间的 460 条厂际管线为例,应用 RBI 技术进行了风险预评估—降险检验—风险评估工作,分析得出厂际管线失效模式主要是内部腐蚀、外部损伤、应力腐蚀开裂及机械疲劳。通过执行基于风险的普查检测,完成了储运厂际管线的风险筛查,管线整体风险有了明显的降低,表明通过基于风险的检验方式管理储运厂际管道是可行有效的,为储运厂际管线执行基于风险的管理及装置的长周期运行提供支撑。

关键词:厂际管线;RBI;风险筛查;风险管理

一、引言

厂际管线是用来在上下游炼化装置间传输加工物料的管线。厂际管线不同于装置内管线,它具有输送介质种类繁杂、管线长度长、途径地理环境复杂(部分管线存在横跨居民区的情况)、使用管理单位多、日常维护管理难度大等特点。如果采用传统的定期检验方式,由于厂际管线的以上特点,会存在检验周期长、检验费用高、检验针对性差及难以保证下次检验时间的统一,不利于对厂际管线的管理及长周期运行。针对以上定期检验的弊端,可以通过进行 RBI 分析及评估,找出厂际管线中的薄弱环节,采用与损伤机理相对应的检测手段进行检验来达到隐患排查、降低装置运行风险的目的,为储运厂际管线的长周期安全运行提供保障。

二、厂际管线的失效模式

本次评估的某石化储运装置的 460 条管线有如下特点:投用时间久(时间跨度从 1969 年到 2004 年);介质复杂;外部环境复杂;原始资料不全;检验资料匮乏等。厂际管线的这些特点也决定了其失效模式是多种多样的。经现场调研及分析,本次评估厂际管线失效模式见表 1。

表 1　厂际管线失效模式

设备类型	失效模式	损伤机理
管道	内部腐蚀减薄	酸性水腐蚀（酸式酸性水）
		酸性水腐蚀（碱式酸性水）
		胺腐蚀
		冲蚀腐蚀
	应力腐蚀开裂	胺应力腐蚀开裂
		氨应力腐蚀开裂
		硫化物应力腐蚀开裂
		碱应力腐蚀开裂
	外部损伤	大气腐蚀（无隔热层）
		大气腐蚀（有隔热层）
	机械损伤	机械疲劳

从表 1 中可以看出厂际管线的失效模式多种多样，几乎涵盖了大部分的失效模式。

三、风险预评估

通过失效模式分析我们已经掌握了储运装置 460 条管线的损伤机理，接下来要进行风险预评估来对这批管道的整体风险水平进行一个摸底。由于此次评估管道投用年代久远，原始资料及相关检验资料比较匮乏，在进行预评估时设置腐蚀速率，根据介质、温度等条件采用偏保守的专家腐蚀速率进行风险分析计算，经与厂里协商，选取两个时间点的分别为现在时间点 2015 年 1 月 1 日和将来时间点 2018 年 12 月 31 日进行风险计算。风险评估结果如图 1 和图 2。

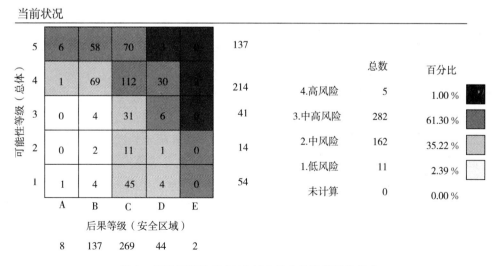

图 1　储运厂降险前 2015 年 1 月 1 日管道风险分布

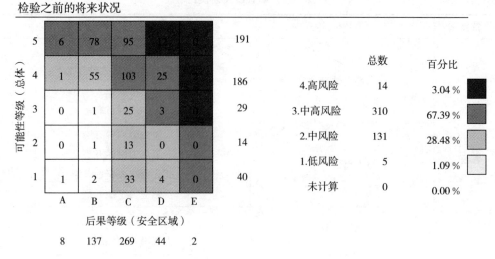

图2　储运厂降险前2018年12月31日管道风险分布

四、制定降险策略

RBI 评估的最终目的是指导和优化检验,合理的检验策略既要符合装置整体风险控制的要求,又必须与设备本身的特点相结合,同时还必须与装置的整体检维修计划相一致且具有可操作性。

1. 检验方法的确定

本次降险的设备类型为管道,失效模式主要是内部腐蚀、外部损伤、应力腐蚀开裂及机械疲劳。根据不同检测方法的有效性,本次降险主要采用宏观检查、壁厚测定、射线检测及导波检测。对没有应力腐蚀开裂及机械疲劳损伤机理的管道可通过在线检测的方法进行降险。

2. 检验比例的确定

在上述因素的检验方法确定后,检验比例的确定就要容易很多,在保证检验深度的前提下,检验比例应尽可能取下限,达到优化和节约检验资源的目的。检测实施过程中如果发现异常情况,比如裂纹缺陷或者减薄腐蚀严重、结构明显变形,或者材料劣化严重,应就近扩大抽查范围并增加检测比例,以查清缺陷的分布和性质。

针对本次评估的 460 条管道,主要根据失效可能性来确定检验比例,失效可能性高的管道要在现场具备条件的情况下尽量扩大抽查比例。对减薄失效可能性大于 3 的管道测厚抽查比例要大于 30%,减薄失效可能性在 1～3 的管道测厚比例大于 20%;对应力腐蚀开裂可能性大于 3 的管道 RT 抽查比例要大于 15%,应力腐蚀开裂可能性在 1～3 的管道 RT 抽查比例大于 10%。

五、降险结果统计汇总

储运厂际管道在 2015 年 2 月至 8 月执行了基于风险的降险策略,共计检测管线 460 条。其中进行宏观检查、壁厚测定管道 460 条,进行 RT 抽查管道 83 条,进行导波抽查管道 35 条。降险结果汇总见表 2 和表 3。

表 2　储运厂管道减薄量结果统计表

减薄比例	数量(条)	占总比(%)
未减薄	104	22.6
<10%	101	22.0
≥10%~<20%	110	23.9
≥20%~<30%	71	15.4
≥30%~<40%	46	10.0
≥40%~<50%	23	5.0
≥50%~<60%	5	1.0

从表 2 中可以看出,本次储运厂的部分管道减薄还是比较严重的。未见减薄的管道有 104 条,占比 22.6%;减薄小于 10% 的管道 101 条,占比 22.0%;减薄在 10%~20% 间的管道 110 条,占比 23.9%;减薄在 20%~30% 间的管道 71 条,占比 15.4%;减薄在 30%~40% 间的管道 46 条,占比 10.0%;减薄在 40%~50% 间的管道 23 条,占比 5.0%;减薄在 50%~60% 间的管道 5 条,占比 1.0%。减薄大于 20% 的管道有 145 条,约占总管道条数的三分之一。这主要是储运的管道大部分投用时间较久,部分管道是二十世纪七八十年代投用,管道减薄量随时间累积也逐渐增加导致总的减薄比例较大。

表 3　储运厂管道评级结果统计表

检测评级结果	数量(条)	占总比(%)
2 级 6 年	3	0.7
2 级 5 年	250	54.3
2 级 4 年	34	7.4
3 级 3 年	94	20.4
返修	79	17.2

从表 3 中可以看出,本次储运厂有 79 条管道需要进行返修处理,占比 17.2%。大部分管道还是能达到 3 级 3 年的使用要求。对于不能达到 3 级 3 年使用要求的管道,根据厂里的实际情况执行返修更换或安全评定等方法尽量保证装置整体的长周期运行。通过本次风险筛查,极大地降低了储运厂际管线的运行风险,保障了装置的安全平稳运行。

六、风险评估验证

将本次降险检测的结果汇总统计,在预评估数据库中增加相应的检验历史,并根据实测腐蚀速率调整专家腐蚀速率值。根据现场检验情况调整检验历史的有效性来修正预评估中对管道损伤机理、腐蚀速率等的分析设定偏差,调整完后进行风险评估。仍旧计算 2018 年 12 月 31 日风险,风险矩阵如图 3。

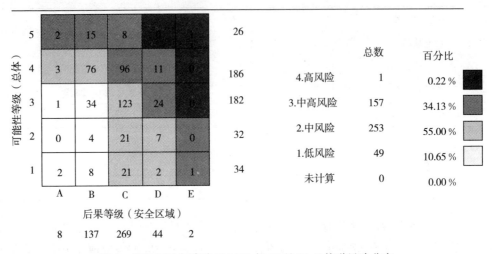

图 3　储运厂进行降险后 2018 年 12 月 31 日管道风险分布

从图 3 中可见,经过本次降险,储运厂际管道整体风险有较大幅度降低,高风险管道有 1 条,占比 0.22%;中高风险管道 157 条,占比 34.13%;中风险管道 253 条,占比 55.00%;低风险管道 49 条,占比 10.65%。对比图 2 未进行风险普查前的风险矩阵可以看出,高风险单元下降了 13 个,中高风险单元下降了 153 个,整体风险有了较大幅度的下降。

经过本次降险检验,仍有一条管道是高风险,需对此条管道单独进行分析来确定风险原因。

查询数据库得知高风险管道为 GBG0045,经过降险检验,管线 GBG0045 的失效可能性由 4 降为 3,后果等级为 E,风险等级仍为高风险。

管线 GBG0045 外径 108mm,公称壁厚 6mm,全长 1520 米,介质为异戊二烯,操作温度 40℃,工作压力 2.5MPa,材质 20♯钢,1996 年 9 月 1 日投用。

本次对 GBG0045 的降险检验共测厚抽查 11 个弯头,测厚比例 30%,公称壁厚 6mm,其中有 10 个弯头或弯头直管段壁厚减薄到 4.5mm 及以下,减薄最严重部位壁厚只有 4mm,减薄比达到 33.33%。该条管线 1996 年 9 月投用,至今使用 19 年,腐蚀速率约为 0.11mm/y。腐蚀速率较高,对减薄严重的弯头或直管段已下返修单,建议返修更换或者对整条管线进行应力分析安全评定来降低管线的运行风险,同时也应加强对该条管线的日常巡检维护。

七、结论

(1)储运厂际管道通过执行风险预评估—降险检验—风险评估的流程完成了对储运厂460条管线的风险评估的首轮循环,为今后储运厂际管线执行基于的风险管理奠定了基础。

(2)本次风险评估的460条厂际管线,其中GC1管道10条,GC2管道450条,如执行常规检验每条管线都需进行RT检测,而本次执行基于风险的检验,在进行了损伤机理分析和风险评估后,只对其中83条管道进行RT检测,为储运厂节约了大量的检测费用,同时也增加了检测的针对性及有效性。

(3)对比在执行风险普查前的2018年12月31日风险矩阵图及在执行风险普查后的2018年12月31日的风险矩阵图可以明显看出,在执行了基于风险的普查检测后储运厂际管线的整体风险有了明显的降低,说明通过风险评估和基于风险的检验方式管理储运厂际管道是可行有效的。

(4)厂际管线大部分存在投用时间久、铺设环境复杂、介质复杂且腐蚀介质多样、管线长度长等特点,这就对厂际管线的管理提出了更高的要求,传统的管理方法不仅耗费大量的人力、物力、财力,而且针对性较差。本次对厂际管线执行风险管理进行了尝试,在节约检验费用提高检验有效性方面的效果是很显著的。

参考文献

[1] 李景明,水丹萍,高扬,等.基于风险的检验(RBI)技术在厂际管网上的应用[J].全面腐蚀控制,2014(6):83-87.

[2]《基于风险的检验(RBI)实施手册》编写组.基于风险的检验(RBI)实施手册[M].北京:中国石化出版社,2008.

连续重整及苯抽提装置基于风险的检验

徐振江[1],刘文[2],赵宋清[1],李超[2],肖尧钱[2]

(1. 中国石油化工股份有限公司九江分公司,江西 九江 332004;

2. 中国特种设备检测研究院,北京 100029)

摘 要:本文对某厂120万吨/年连续重整和25万吨/苯抽提装置,进行了风险评估技术应用。根据装置的损伤机理和风险水平,制订了压力容器、压力管道和安全阀基于风险的检验策略。同时,根据该检验策略制订了相应的检验方案,并实施检验。实践证明,采用基于风险的检验策略,可在保障装置风险可控的同时,大大减少检验工作量,缩短检修时间,使安全性和经济性达到较好的平衡。

关键词:连续重整;苯抽提;基于风险的检验;压力容器;压力管道;安全阀

一、引言

根据大检修计划安排,某厂连续重整装置及下游的二甲苯装置定于2014年11月进行停车检验。在总检验成本有限的情况下,制订科学合理的检验策略,为降低开盖率及检验配合工作量,保障装置于检修后长周期运行四年提供技术支撑,特采用基于风险的检验方法。即于检修前进行风险评估,分析装置主要损伤机理并制定基于风险的检验策略,装置停车后,按照基于风险的检验策略进行检验,检验完成后实施再评估,在再评估报告中,根据风险状况,给出容器管道的下次检验时间。

二、基于风险的检验全过程

此次基于风险的检验全过程实施流程如下:①资料收集,主要包括容器和管道的竣工资料、使用维护资料、操作工艺参数等;②损伤机理分析,根据操作工况、材料、介质、腐蚀性介质成分等分析装置中可能存在的失效机理;③物流回路和腐蚀回路划分;④风险计算,计算装置中各容器管道单元的失效可能性等级和失效后果等级并确定风险等级;⑤检验策略制订,根据损伤机理和风险等,制定有针对性的检验策略,检验策略的制订原则为压力容器和压力管道在下个检验周期内风险处于可接受状态(4年);⑥实施在线和停车检验,对于能实施在线检验的管道,实施在线检验,对于必须要停车才能实施检验的项目,安排在停车时实施;⑦检验数据分析整理;⑧损伤机理及损伤速率验证分析;⑨风险再评估,根据风险状况等级给出下次检验周期。

三、损伤机理分析与验证

1. 损伤机理分析

根据连续重整装置投用以来腐蚀性介质的监检测数据,分析连续重整及苯抽提装置主要损伤机理。连续重整预加氢单元的损伤机理包括:高温硫化物腐蚀(氢气环境)、高温硫化物腐蚀(无氢气环境)、酸性水腐蚀(酸式酸性水)、酸性水腐蚀(碱式酸性水)、湿硫化氢破坏、高温氢腐蚀、衬里破坏(包括腐蚀减薄、应力腐蚀开裂等)、铬钼钢的回火脆化、连多硫酸应力腐蚀开裂等。连续重整装置重整单元损伤机理包括:高温硫化物腐蚀(氢气环境)、酸性水腐蚀(酸式酸性水)、湿硫化氢破坏、高温氢腐蚀、铬钼钢的回火脆化、球化等。连续重整装置催化剂再生单元的损伤机理包括:高温氧化腐蚀、球化、盐酸腐蚀、氯化物应力腐蚀开裂、高温氢腐蚀、冲刷。苯抽提装置损伤机理包括酸性水腐蚀(酸式酸性水)、环丁砜降解产物腐蚀、胺腐蚀、胺应力腐蚀开裂。还有容器管道全车间都有的大气腐蚀、保温层下大气腐蚀。

2. 损伤机理验证

本次连续重整和苯抽提装置停车检验共包括 184 台容器、1126 条管道,压力容器检验未发现由于腐蚀引起的超标缺陷。本次连续重整和苯抽提装置管道在线检验和停车检验管道共 1126 条,发现一条冷凝水管线从 5.5mm 减薄至 1.2mm,损伤机理为冷凝水腐蚀。其他管线未见严重腐蚀现象。从检验结果可以看到,风险评估预测的损伤机理并未导致大量严重的腐蚀现象。本次评估偏于保守,装置腐蚀速率在可控、允许的范围内,可以安全运行至下个大修周期。

四、风险分析与检验策略

1. 装置预评估风险分析

图 1 和图 2 中分别为装置预评估分析 2014 年 8 月 31 日时的风险和 2018 年 8 月 31 日时的风险。从图中可以看出,2018 年 8 月 31 日比 2014 年 8 月 31 日风险水平高,主要是装置失效可能性随时间而增加。同时可以看出,该厂连续重整和苯抽提装置整体风险水平不高。

2. 装置检验策略制定

根据风险评估结果制定基于风险的检验策略:

(1)首先是检验范围的筛选:本次检验为首检,所有压力容器和压力管道全部进行检验。

(2)检验方式的确定:检验方式的确定其目的是保证检验方案具有可行性和针对性,直接关系到现场检验实施的效率和质量,应结合装置整体的大修计划来安排,尽可能采

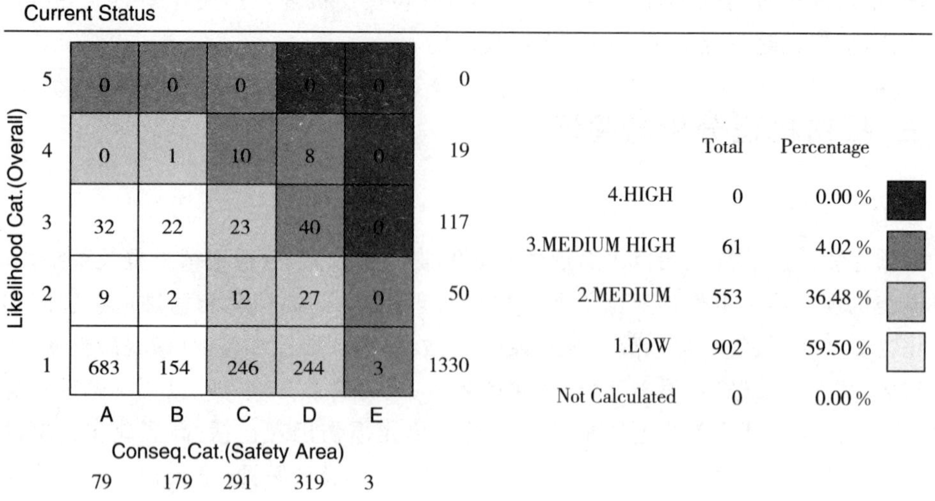

Current Status

图 1　装置风险预分析(2014 年 8 月 31 日)

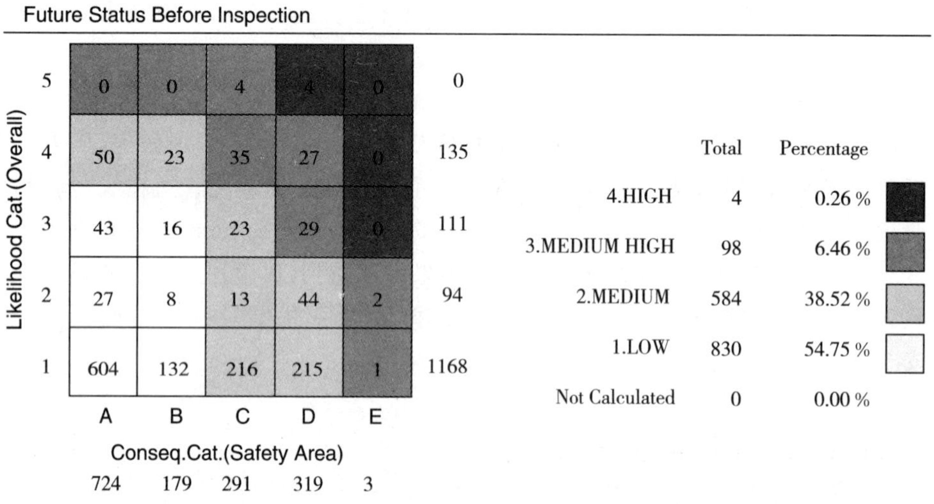

Future Status Before Inspection

图 2　装置风险预分析(2018 年 8 月 31 日)

用优化的检验策略,在满足现场降险要求的同时降低检验及辅助配合工作量。比如容器是否开罐,能否实施内检,或者哪些检验方法允许在容器内部实施,哪些只能在外部实施。

(3)检验方法的确定:本次检验对于容器主要以宏观检查、壁厚测定和表面无损检测为主,对于管道主要以宏观检查和壁厚测定为主。保证检验方法对相应的损伤机理具有针对性和有效性。

(4)检验比例的确定:在上述因素的检验方式和检验方法确定后,检验比例的确定就要容易很多,在保证检验深度的前提下,检验比例应尽可能取下限,达到优化和节约检验资源的目的。检测实施过程中如果发现异常情况,比如裂纹缺陷或者减薄腐蚀严重、结构明显变形,或者材料劣化严重,应就近扩大抽查范围并增加检测比例,以查清缺陷的分布和性质。

（5）检验过程控制卡的制订：检验过程控制卡给出检验计划中需要检验管道的检验明细，包括风险等级、失效模式和失效可能性、检验方式、检验方法和比例。检验项目实施完成后，主检验人员应进行核实，记录问题的发现和处理情况，并须签字确认。现场实施检验时未必能完全按照检验计划和检验方案执行，主检验人员在征得检验方案制订人员的同意后可以根据现场情况做出针对性的调整。

（6）管道大修前进行在线检验：由于本次制定的基于风险的检验策略，管道主要以宏观检查和壁厚测定为主，只有少部分管线需要进行射线检测或超声波检测，大部分管道在停车检修前就可在线进行基于风险的检验工作。

3. 装置再评估风险分析

在进行停车检验和在线检验后，根据检验结果及检验有效性调整损伤速率及损伤敏感性后进行风险再评估工作，再评估后设备单元风险分布如图3和图4。从图中可以看出，在相同的时间点2018年8月31日，经过基于风险的检验后风险水平比检验前大大降低，甚至检验后2022年8月31日的风险也比检验前计算的2018年8月31日风险低。

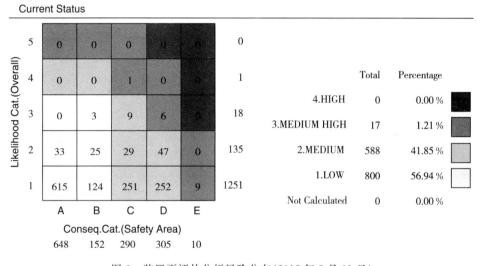

图 3　装置再评估分析风险分布（2018 年 8 月 31 日）

五、工程效益分析

（1）设备不开盖检验带来的效益分析：该连续重整装置的重整反应器、再生器内部都有大量的催化剂，按照基于风险的检验策略，可以不开盖进行检验，可节省大量的催化剂装卸费用；该连续重整和苯抽提装置按照基于风险的检验策略，开盖率为 30% 左右，可节省大量检验配合费用。

（2）容器检验及检验配合工作量减少带来的效益：本次基于风险的检验，只有 30% 左右的容器进行了埋藏缺陷检验，节省了大量的检验及检验配合费用。

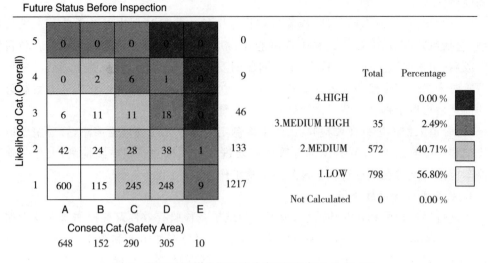

图 4　装置再评估分析风险分布(2022 年 8 月 31 日)

(3)管道检验及检验配合量减少带来的效益:由于连续重整和苯抽提装置评估整体风险较低,管道测厚及埋藏缺陷检验比例大大降低,其中射线拍片就从传统检验的一万张片左右降低至基于风险的检验的一千张片左右。由于检验工作量降低使得检验配合量大大降低可节省大量的管道检验配合工作量。

(4)检验工作量减少及在线检验实施缩短检验时间带来的效益:本次采用基于风险的检验方法,停车前的在线检验就可以完成大量的管道检验工作,可以分散停车时的检验和检验配合力量,大大减少停车检验时间。

(5)压力容器和压力管道下次检验时间延长带来的效益:按照传统的检验方法,大部分设备拟定检验周期为 3 年或 6 年,而采用基于风险的检验方法,本次容器管道定的周期大部分为 4 年或 8 年,满足装置运行一个或两个完整周期的要求,节省大量检修及检修配合工作量。

(6)实施 RBI 风险评估带来的安全效益:从前文可以看出,实施基于风险的检验后,安全风险大大降低,带来了可观的安全效益。

六、结论及建议

(1)连续重整和苯抽提装置实施基于风险的检验全过程后,大大降低了装置整体风险。

(2)经检验验证,该套连续重整和苯抽提装置整体风险较低,经过基于风险的检验后,根据风险状况等级,所有压力容器和压力管道的检验周期都定位 4 年或 8 年,分别满足一个检验周期或两个检验周期的要求。

(3)采用基于风险的检验的全套解决方案,通过降低开盖率、降低压力容器和压力管道检验配合工作量,缩短检验时间,延长下次检验周期等,可带来大量经济效益。

（4）采用基于风险的检验策略，大部分管道检验工作可以提前到在线进行；停车检验的管道，射线检测工作量大大降低，使装置管理人员停车时工作量大大减少，降低装置基层设备管理人员的工作量和工作压力。

参考文献

［1］中华人民共和国国家质量监督检验检疫总局，中国国家标准化管理委员会．GB/T 26610.1—2011 承压设备系统基于风险的检验实施导则［S］．北京：中国质检出版社，2011．

［2］中华人民共和国国家质量监督检验检疫总局，中国国家标准化管理委员会．GB/T 26610.2～5—2014 承压设备系统基于风险的检验实施导则［S］．北京：中国质检出版社，2014．

［3］中华人民共和国国家质量监督检验检疫总局，中国国家标准化管理委员会．GB/T 30579—2014 承压设备损伤模式识别［S］．北京：中国质检出版社，2014．

某芳烃装置的风险分析及检验验证

何宁[1]，胡笠[2]，刘文[2]，胡振龙[2]

（1. 大庆油田有限责任公司天然气公司，黑龙江　大庆　163457；

2. 中国特种设备检测研究院，北京　100029）

摘　要:本文针对某石化厂芳烃车间的对二甲苯和芳烃抽提装置中的压力容器，进行 RBI 风险评估及检验验证。根据每台容器的运行条件，分析其损伤机理，进行定量风险计算，并制订相应的检验策略及检验方案。在设备运行一个周期后，按照方案对每台容器进行检验检测，并将检测结果与其风险评估结果进行比较。结果表明，压力容器的风险评估结果与实际检验检测结果基本吻合，风险评估结果对容器的后期运行管理提供了有效的技术支撑和安全保障。

关键词:芳烃；风险分析；检验检测

一、芳烃装置简介

芳烃联合装置由 PSA 制氢装置、芳烃抽提装置、苯抽提蒸馏装置、对二甲苯（PX）装置等部分组成。本文从芳烃抽提和对二甲苯这两个装置来进行风险分析的说明。

1. 芳烃抽提装置

芳烃抽提装置[1]采用美国 UOP 环丁砜工艺技术[2]，以炼油厂重整生成油为原料，主要产品为苯、甲苯、6#溶剂油、橡胶工业用溶剂油。它包括重整生成油预分馏单元、环丁砜抽提单元、B/T 精馏单元、溶剂油加氢单元四部分。

重整油中的 C_6、C_7 馏分进入抽提塔中部，与塔顶流下的溶剂（第一溶剂）进行逆向接触，抽提溶剂经抽提段和返洗段从塔底部排出，此时溶剂中已经将进料中的芳烃和少量非芳烃溶解下来（该溶剂称为富溶剂）。为了将溶解在富溶剂中的非芳烃除去，设置了汽提塔，利用组分间相对挥发度不同，非芳烃在汽提塔顶部蒸出，并循环回到抽提塔返洗段进行返洗，以除去溶解在溶剂中的重质非芳烃，减轻在后面芳烃与非芳烃的分离难度，因此可以提高产品纯度。为了保证芳烃的纯度，在汽提塔顶部引入了一股补充溶剂（第二溶剂），由于这股溶剂在较高温度下进入汽提塔，因此在塔内不消耗热量，这种方法提高了相对挥发度，也提高了芳烃与非芳烃分离的效果。

2. 对二甲苯装置

对二甲苯装置采用美国 UOP 的专利工艺技术,主要生产纯度为 99.8% 的对二甲苯 (PX)产品,并富产苯、邻二甲苯(OX)、重芳烃等。它包括甲苯歧化-烷基转移单元、二甲苯异构化单元、二甲苯精馏单元、吸附分离单元四部分。

甲苯歧化-烷基转移单元采用 UOP 的 TATORAY 工艺,选用活性、选择性及稳定性较高的新一代 TA-4 催化剂,在高温作用下,甲苯和 C_9A 发生歧化和烷基转移反应,生成目的产品苯和二甲苯。可以通过调整甲苯和 C_9A 的比例来实现苯和二甲苯产品的分布。2003 年催化剂进行了国产化,使用上海石油化工科学研究院自主开发的 HAT-97 催化剂,该催化剂最大的特点是可以加工 3%~5% 的 $C_{10}A$,并且具有更高的选择性和转化率。

二甲苯异构化单元采用 UOP 的 ISOMAR 工艺,选用乙苯异构型 I-9K 催化剂,在反应过程中建立限定性平衡,通过环烷烃中间体将乙苯最大限度地转化为二甲苯,采用这种催化剂可以从混合二甲苯中获取最高产率的对二甲苯。该催化剂稳定性好,反应压力和氢油比低,不需注氯,减少了系统腐蚀,改善了操作环境。

吸附分离单元采用 UOP 的 PAREX 工艺,通过多通道旋转阀实现连续逆流接触,利用分子筛选择吸附 PX,再用解吸剂对二乙基苯将 PX 置换解吸,从而达到分离 PX 的目的。选用最新分子筛吸附剂 ADS-27,改进吸附系统设备和优化工艺参数,增大了吸附塔的处理能力,对二甲苯单程收率可提高到 97%,纯度达到 99.80%。

二甲苯精馏单元采用精密分馏工艺,将混合芳烃中的 C_8A、C_9A 分离出来,分别作为原料提供给吸附分离和歧化单元,从而将联合装置各单元有机地联合起来。二甲苯塔采用加压操作,操作压力为 1.0MPa(a),利用塔顶和塔底高温物流分别作为其他单元集中供热热源,多余的塔顶汽相通过蒸汽发生器发生 1.0MPa 蒸汽,全塔的热量均被利用,节能效果显著。

二、芳烃装置潜在的损伤机理

根据 GB/T 30579《承压设备损伤模式识别》,损伤模式可分为腐蚀减薄、环境开裂、材质劣化、机械损伤和其他损伤五大类。芳烃联合装置中主要的潜在损伤机理见表 1。

表 1　芳烃联合装置主要潜在损伤机理

单元	损伤模式	损伤机理
芳烃抽提	腐蚀减薄	环丁砜降解产物腐蚀
		胺腐蚀
		酸式酸性水腐蚀
	环境开裂	胺应力腐蚀开裂

（续表）

单元	损伤模式	损伤机理
对二甲苯分馏	其他损伤	高温氢腐蚀
	材质劣化	铬钼钢的回火脆

1. 酸式酸性水腐蚀

腐蚀机理：含有硫化氢且 pH 值介于 4.5～7.0 之间的酸性水引起的金属腐蚀，介质中也可能含有二氧化碳。阳极反应：$Fe \rightarrow Fe^{2+} + 2e$；阴极反应：$2H^+ + 2e \rightarrow H_2$。预加氢反应时有机卤化物被氢置换出来，以及催化剂中的氯接触后生成 HCl，卤化氢（主要是 HCl）- H_2O 形成酸性水环境，$H_2S - H_2O$ 和酸性水环境互相促进，加速腐蚀。

2. 胺腐蚀

腐蚀机理：胺处理工艺中碳钢发生的全面腐蚀或局部腐蚀或是两者的结合，胺腐蚀并非胺本身直接产生腐蚀，而是由胺液中溶解的酸性气体（二氧化碳和硫化氢）、胺降解产物、耐热胺盐（HSAS）和其他腐蚀性杂质引起的。

在抽提单元，由于抽提溶剂环丁砜在高温下降解，尤其存在氧化性氛围时，降解加速进行，产物呈酸性，会导致碳钢或低合金钢的腐蚀，为了提高溶液的 pH 值，减缓环丁砜的降解，需要注入单乙醇胺（MEA）。但胺本身对碳钢和低合金钢也是有一定的腐蚀性的。

其主要影响因素有：胺处理工艺中的碳钢腐蚀与许多因素有关，其中主要因素有胺液的浓度、溶液中酸性气体的含量（浓度）和温度。温度增加会加快腐蚀速率。

流速或湍流也会影响胺腐蚀。在没有高速流体和湍流时，胺腐蚀通常是均匀的。而流速增加和在湍流情况下，会从溶液中产生酸性气体，特别是在弯头和压力突然降低的地方如阀门，从而引起更多的局部腐蚀。高速流体和湍流会破坏保护层硫化铁。当流速产生影响后，可能出现点蚀或槽状腐蚀。对于碳钢，流速一般限制在 5fps（浓胺）和 20fps（稀胺）。

3. 环丁砜降解产物腐蚀

腐蚀机理：环丁砜在无氧条件下，200℃时热分解几乎可忽略，不会有酸生成。但在抽提塔进料中如果含有 20ppm 的氧气，10 个小时就可以使贫溶剂的 pH 值下降 1 个单位。其反应过程为：环丁砜与氧气作用生成氧化物，然后开环生成磺酸基醛，再分解形成二氧化硫和羟基醛。二氧化硫遇水成亚硫酸。羰基硫脱水生成不饱和醛，不饱和醛在氧气作用下可进一步氧化成有机酸，使系统变成酸性，对设备产生腐蚀。不饱和醛也可进一步聚合成高分子聚合物，在环丁砜溶剂中不易溶解，浓度高时形成固体颗粒。

主要腐蚀部位为汽提、回收和溶剂再生工段，尤其是这些工段的重沸器部位。形成的高聚物固体颗粒会造成抽提塔堵塞，严重破坏生产操作。

4. 回火脆化

低合金钢长期在 343℃～593℃ 范围内使用时，操作温度下材料韧性没有明显降低，但材料组织微观结构已变化，降低温度后（如停工检修期间）发生脆性开裂的过程。

损伤形态：目视检测不易发现回火脆化损伤；采用夏比 V 型缺口冲击试验测试，回火脆化材料的韧脆转变温度较非脆化材料升高。

加氢反应器和馏出物换热器由于抗氢要求，采用了较高铬含量的铬钼钢。如果材料为 1.25Cr-0.5Mo 钢或 2.25Cr-0.5Mo 钢或 3Cr-1Mo 钢，并且操作温度为 343℃～576℃，则可能发生回火脆。

5. 高温氢腐蚀

碳钢和合金钢在高温临氢环境中，氢进入钢材中并与碳反应生成甲烷气体，甲烷进入晶界或夹杂界面的缝隙形成气泡，随气泡压力的增大，靠近钢材表面的气泡会发生形变而鼓凸成为甲烷鼓泡，相邻晶界内气泡会长大并连接形成裂纹，腐蚀部位的钢材同时出现脱碳。

$$C+2H_2 \rightarrow CH_4$$

损伤形态：

(1)氢腐蚀大致分为三个阶段：

孕育期——氢与碳反应会使钢材表面脱碳，若碳向表面扩散速度慢，脱碳就会向内部发展，在晶界，或夹杂界面的缝隙形成甲烷鼓包。可通过扫描电镜观察到鼓泡。

腐蚀期——快速发展期——鼓泡长大到某一临界点后沿晶界连接起来形成微裂纹，钢的体积膨胀，强度和塑性迅速下降，超声波测厚时可能会表现为异常"增厚"。

饱和期——在显微镜下观察试样，可看到脱碳和/或裂纹，有时现场金相分析也能观察到。裂纹彼此连接，钢材力学性能和体积变化渐趋停止。

(2)碳钢的裂纹呈沿晶扩展，并靠近珠光体组织。

(3)分子氢或甲烷在钢材中的夹层处聚集，形成的鼓包有些通过目视检查就能发现。

6. 胺应力腐蚀开裂

钢铁在拉伸应力和碱性有机胺溶液联合作用下发生的开裂，是碱应力腐蚀开裂的一种特殊形式。

损伤形态：裂纹起源于与胺液接触处的表面，多发生在设备和管线的焊接接头热影响区，焊缝和热影响区附近高应力区也可能发生；热影响区发生的开裂通常平行于焊缝，在焊缝上发生的开裂既可能平行于焊缝，也可能垂直于焊缝；表面裂纹的形貌和湿硫化氢破坏引发的开裂相似；胺应力腐蚀裂纹一般为沿晶型，有若干分支，在一些分支中充满氧化物。

在抽提单元，由于抽提溶剂环丁砜在高温下降解，尤其存在氧化性氛围时，降解加速进行，产物呈酸性，会导致碳钢或低合金钢的腐蚀。为了提高溶液的 pH 值，减缓环丁砜的降解，需要注入单乙醇胺(MEA)，但胺本身对碳钢和低合金钢也会造成应力腐蚀开裂。

三、芳烃装置风险分析及结果

为了指导后期容器的停车检验，针对芳烃车间芳烃抽提、对二甲苯等装置的 215 台容器 344 个评估单元进行 RBI 评估，并以 2015 年 10 月份为评估时间点。根据分析结果，按照风险程度高低分为高风险、中等程度风险(中高、中)和低风险。评估结果风险矩阵如图 1 所示。

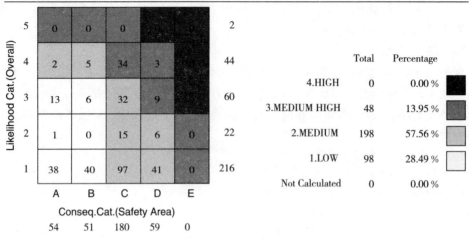

图 1 2015 年 10 月容器单元安全风险

2015 年 10 月芳烃装置的 215 台压力容器 344 个评估单元,有 48 个单元为中高风险,198 个单元为中风险,98 个单元为低风险。2 个单元的失效可能性等级为 5 级,44 个单元的失效可能性为 4 级,60 个单元的失效可能性等级为 3 级,22 个单元失效可能性为 2 级,216 个单元失效可能性为 1 级;失效后果等级中 59 台为 D 级,180 台为 C 级,51 台为 B 级,54 台为 A 级。

四、实际检验结果验证

在实际的现场检验当中,按照风险评估所拟定的检验计划对芳烃装置的容器进行定期检验。在检验检测结果当中存在着腐蚀、开裂等现象,图 2、图 3、图 4 列举了其中几种不同介质、工作压力和温度的情况下,设备所出现的一些问题,结果如图所示。

图 2 应力腐蚀开裂

图 3 局部点蚀

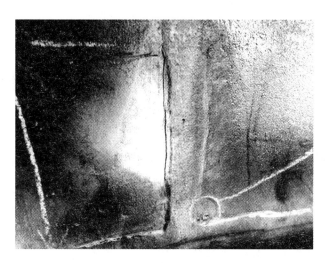

图4　腐蚀开裂

五、结论

通过对某芳烃装置进行风险评估分析,确定了在用设备的风险等级,便于对设备的运行状态进行管理和监控,同时也规划了后期的检修时期,为石化企业芳烃装置的正常运转和经济生产提供了极有力的保障。

参考文献

[1] 马晓亮. 芳烃联合装置污染源调查分析及控制治理措施[J]. 石油化工安全环保技术,2009,25(4):54-56.

[2] 黄国弘. 环丁砜抽提工艺简介[J]. 南练科技,1997,4(8):52-56.

RBI 技术在天然气管道中的应用

李武荣[1],辛艳超[2],史进[2],程欣[2],刘文[2],袁军[2]

(1. 中国石油化工股份有限公司洛阳分公司,河南　洛阳　471012;

2. 中国特种设备检测研究院,北京　100029)

摘　要:由于天然气的易燃、易爆等特性,管道的安全运行非常重要。本文应用 RBI 技术,分析了一条厂际天然气管道的常见失效模式,评估其风险等级。分析发现该管道失效可能性较高,主要与腐蚀减薄有关。根据管道的风险等级和失效模式制定了检验策略,建议全面检验以宏观检查和壁厚测定为主,考虑到管道采用螺旋焊接方式,应采用射线或超声波检测等手段对焊缝进行抽查检测。同时,建议企业在日常管理中做好定点测厚工作,加强巡视检查,防止防腐层发生破损,并避免操作压力、温度剧烈波动,以防发生疲劳失效。

关键词:RBI;天然气管道;风险评估

一、概况

基于风险的检验技术(Risk Based Inspection,RBI)是在追求特种设备安全性与经济性统一的基础上建立起来的一种优化检验方案的方法。依据对系统中固有的和潜在的危险发生的可能性与后果进行科学分析,给出风险排序,找出其中的薄弱环节。该项技术在国内外石油、化工等生产企业中已被广泛应用[1]。

管道是天然气输送方式中最经济、最合理的方式之一。由于天然气的易燃、易爆等特性,管道的安全运行非常重要。近年来,随着世界上天然气管道的迅速发展,管道的风险管理成为国内外天然气管道工业中倍受关注的重要领域[2]。本文以一条厂际天然气管道为研究对象,分析其投用不同时间后的风险情况,通过对天然气管道应用 RBI 技术,为天然气管道的日常维护和管理工作提供必要的依据。

表 1　天然气管道的主要参数

敷设方式	规格	材质	设计压力	操作压力	建造时间	投用时间
管廊架空	Φ273.1×6mm	Q235 - B	1.6MPa	0.85MPa	2004.7	2004.7

敷设方式	规格	材质	设计压力	操作压力	建造时间	投用时间
长度	实测最小壁厚	防腐层状况	设计温度	操作温度	绝热层材质	介质
1.3km	5.0mm	良好	常温	常温	无	天然气

二、天然气管道损伤机理分析

根据天然气管道的材料数据、介质成分、操作压力、操作温度、介质流速等原始数据确定该管道潜在的失效机理。该段天然气管道以螺旋焊接成型，依据厂方提供的气体分析材料，其介质成分中（体积百分比）：氮气占 0.64%，甲烷占 91.76%，二氧化碳占 1.17%，乙烷占 4.69%，丙烷占 1.06，主要的潜在失效机理有：腐蚀减薄、环境开裂和机械损伤等。

1. 腐蚀减薄

（1）硫化氢腐蚀

天然气管道其介质中不可避免地会含有少量的水蒸气和硫化氢，当水蒸气冷凝形成液态水时，会溶解少量的硫化氢气，形成酸性环境，使碳钢与硫化氢水溶液接触时发生腐蚀。硫化氢对该段管道的腐蚀比较轻微，主要表现为内部均匀腐蚀或是局部腐蚀。

（2）二氧化碳腐蚀

损伤描述及损伤机理：金属在潮湿的二氧化碳环境（碳酸）中遭受的腐蚀。

$$H_2O+CO_2+Fe \rightarrow FeCO_3+H_2$$

腐蚀多发生于气液相界面和液相系统内，以及可能产生冷凝液的气相系统冷凝液部位；腐蚀区域壁厚局部减薄，可能形成蚀坑或蚀孔。由于天然气管道不可避免地会存在少量的水分，当水蒸气发生冷凝时，在存在凝结水的部位则存在发生二氧化碳腐蚀的可能。

（3）大气腐蚀

损伤描述及损伤机理：未敷设隔热层等覆盖层的金属在大气中发生的腐蚀。

阳极反应：　　　　　　　　$Fe \rightarrow Fe^{2+}+2e$

　　　　　　　　　　　　　$Fe^{2+} \rightarrow Fe^{3+}+e$

阴极反应：　　　　　　　　$O_2+2H_2O+4e \rightarrow 4OH^-$（中性或碱性溶液）

　　　　　　　　　　　　　$O_2+4H^++4e \rightarrow 2H_2O$（酸性溶液）

碳钢和低合金钢遭受腐蚀时主要表现为均匀减薄或局部减薄。

在本分析中，该段管道外防腐层状态良好，存在外部大气腐蚀的可能性较低。由于该段管道处于石油化工企业附近，在大气中会夹杂有大量的工厂废弃，且成分复杂，一旦该管道的外部防腐层发生脱落，则外部大气腐蚀则会显著发生，在企业的日常管理中，应做好日常巡查工作，一旦发现防腐层脱落现象，应尽快进行防腐处理。

2. 环境开裂

湿硫化氢破坏:在含水和硫化氢环境中碳钢和低合金钢所发生的损伤,该管道存在发生硫化物应力腐蚀开裂的可能。

硫化物应力腐蚀开裂:由于金属表面硫化物腐蚀过程中产生的原子氢吸附造成的一种开裂,表现为在焊缝热影响区和高硬度区表面起裂,并沿厚度方向扩展。

由于天然气管道其介质中含有少量的硫化氢气体和水蒸气,当水蒸气发生冷凝时,会形成湿硫化氢环境,进而存在发生湿硫化氢破坏的可能性。在本分析中,发生湿硫化氢破坏的可能性相对较低。

3. 机械损伤

冲刷,指固体、液体、气体或其任意之间组合发生冲击或相对运动,造成材料表面层机械剥落加速的过程。

冲刷可以在很短的时间内造成材料局部严重损失,典型情况有冲刷形成的坑、沟、锐槽、孔和波纹状形貌,且具有一定的方向性,易发生于管道系统多见于弯管、弯头、三通和异径管部位,以及调节阀和限流孔板的下游部位。该管道中应尽量减少介质中可能存在的固体颗粒和水蒸气,以降低存在气液或气固状态的介质的可能性,减轻发生冲刷的可能性。

三、风险分析结果

在进行定量风险分析时,从安全性方面给出装置的风险状况,结果以安全风险的形式表征。安全风险是指在失效后果方面分析压力管道中介质的特性,以及泄放速率和泄放量等参数,以介质泄漏导致的破坏面积为指标来衡量后果。

本评估中由于管道各部位压力、温度、介质组分相同,且管道中没有自动截止阀,故仅将本条管道划分为一个单独的评价单元进行评估。

1. 安全风险分析结果

根据分析结果,按照风险程度高低分为高风险、中等程度风险(中高、中)和低风险。天然气管道的评估结果风险矩阵如图1和图2所示。天然气管道的失效可能性见表2和表3所列。

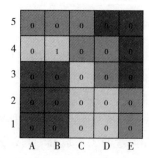

图1　2015年8月天然气管道单元安全风险

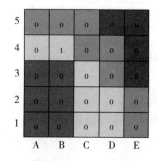

图2　2016年12月天然气单元安全风险

2015 年 8 月的天然气管道单元为中风险。失效可能性等级为 4,失效后果等级为 B。2016 年 12 月天然气管道单元为中风险。

从表 2 和表 3 可知,腐蚀减薄等级较高是其失效可能性较高的主导因素。该天然气管道失效后果等级则较低,为 B 级。

表 2　2015 年 8 月该管道单元风险

单元名称	减薄等级	外部损伤等级	环境开裂等级	失效可能性等级	失效后果等级	风险等级
管道	4	1	2	4	B	2 中风险

表 3　2016 年 12 月 31 日该管道单元风险

单元名称	减薄等级	外部损伤等级	环境开裂等级	失效可能性等级	失效后果等级	风险等级
管道	4	1	2	4	B	2 中风险

四、天然气管道风险评估结论与建议

(1)以 2015 年 8 月为终止时间进行风险分析,该天然气管道处于中等风险水平,风险水平相对较低。2016 年 12 月在未经检验的情况下其整体风险水平为中风险。

(2)该天然气管道失效后果较低,但是其失效可能性则较高,而失效可能性较高则主要与腐蚀减薄有关。在企业日常管理中应做好管道的定点测厚工作。

(3)对该天然气管道的全面检验,建议以宏观检查和壁厚测定为主,同时因为采用螺旋焊接的方式进行焊接,应采用射线或超声波检测等手段对其焊缝进行抽查检测。如发现超标缺陷,应扩大检测范围。

(4)建议使用单位在该管道未来的运行期间加强巡视检查,防止防腐层发生破损,同时避免操作压力、温度剧烈波动,避免疲劳失效的发生。

参考文献

[1] 姜海一,张晓熙,贾国栋,等．基于风险的检验(RBI)在国内合成氨装置中的应用[J]．中国安全科学学报,2007(11):41 - 48.

[2] 石凯,姜海一．基于 RBI 的天然气装置管道系统风险分析[J]．安全与环境评价,2014,3(30):37 - 41.

制氢装置基于风险的检验技术应用

李超[1]，王宁辉[2]，李国辉[2]，吕凌云[2]

（1. 中国特种设备检测研究院，北京　100029；

2. 中国石油天然气股份有限公司华北油田分公司，北京　102500）

摘　要：对某设计产能为 $50000Nm^3/h$ 的制氢装置进行了 RBI 技术应用，分析了装置潜在损伤模式及风险水平。分析结果表明，装置的主要损伤机理为腐蚀减薄、环境开裂、材质劣化、高温氢腐蚀、机械疲劳等。设备整体风险水平较低，主要风险由较少的设备承担，根据设备的风险水平及失效可能性制定了装置停工检验策略，以指导使用单位保障装置的长周期运行。

关键词：基于风险的检验；制氢装置；损伤模式；风险水平

一、引言

氢气是石油化工的基本原料，随着加氢技术的发展，对氢气的需求量日益增加，如今绝大多数大型炼油厂均建有专门的制氢装置。某石化公司致力于构建基于风险的完整性设备管理体系，解决承压设备依据风险水平实施检验、管理与维护等问题，选择设计产能为 $50000Nm^3/h$ 的天然气变压吸附制氢装置在全面检验实施前，对装置进行 RBI 风险评估，根据风险水平制订检验计划，优化检验策略，为装置长周期运行和加氢炼油系统稳定运行打下基础。

二、水蒸气转化制氢工艺

以天然气为原料，加入少量氧气，使部分甲烷燃烧为 CO_2 和 H_2O 并放出大量的热。在高温及水蒸气存在下，CO_2 及水蒸气可与未燃烧的 CH_4 反应，得到主要产物 CO 及 H_2，燃烧所得 CO_2 不多，反应为强吸热反应。再经 PSA 变压吸附系统进行物理吸附，吸附罐顶出终产品氢气送出装置。

装置主要由原料升压部分、原料精制脱硫部分、反应部分、中变气换热冷却部分、PSA 提纯部分、酸性水汽提处理及公用工程等部分组成。

三、潜在损伤模式分析

根据生产工艺流程和近年来类似装置发生的失效案例，分析制氢装置主要失效模式或潜在失效模式包括：内部腐蚀减薄（包括均匀腐蚀减薄和局部腐蚀减薄）、外部腐蚀（大气腐蚀和保温层下腐蚀），从工艺介质操作条件方面考虑还可能存在应力腐蚀开裂（碳酸盐和氯化物应力腐蚀开裂）、氢脆、机械疲劳损伤模式，从温度对材料的影响考虑可能存在球化、渗碳、回火脆化损伤模式。制氢装置设备和管道的损伤机理分布见表1所列：

表 1　制氢装置设备和管道的损伤机理分布表

失效模式	损伤机理	制氢装置易发生部位
内部腐蚀减薄	CO_2 腐蚀	转化气低于 150℃ 的中变气冷凝单元、中变气分液单元、CO_2 酸性水处理单元、锅炉给水和冷凝单元
	氢气环境下高温硫化物腐蚀	原料精制（脱硫）单元内的设备管道
	锅炉冷凝水腐蚀	锅炉给水回水单元中的设备，以除氧器水箱、除氧头、蒸汽分水罐为主
外部腐蚀	大气腐蚀	设备和管道防腐层破损处，系统低点积液处
	保温层下腐蚀	保温层破损处，法兰、调节阀等管件保温层端口处
环境开裂	碳酸盐应力腐蚀开裂	二氧化碳脱除系统的设备和管道
	氯化物应力腐蚀开裂	铺设了保温层的奥氏体不锈钢管线，保温层破损造成局部积液位置
	氢脆	氢气减温分离工段、PSA 变压吸附单元设备及管线
材质劣化	球化	原料精制单元、转化炉及中变气单元、蒸汽系统
	石墨化	中变气单元、高温蒸汽管道
	渗碳	转化炉单元、中变气单元
	回火脆化	原料精制单元、中变反应单元、蒸汽系统中的高温铬钼钢的设备及管线
其他损伤	高温氢腐蚀	原料加氢反应器及制氢炉后续工段中温度超过 260℃，介质以中变气、产品气为主的设备及管道
	机械疲劳	PSA 变压吸附单元设备

四、风险分析

图 1 给出了评估时间点制氢装置的风险矩阵图,由图可见装置高风险评价单元共 8 个,占整个装置评价单元总数的 3.19%;中高风险的评价单元共有 6 个,占整个装置评价单元总数的 2.39%;其余为中风险和低风险的评价单元,占整个装置评价单元总数的 94.42%。

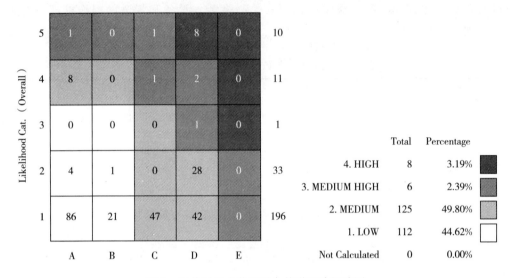

图 1 评估时间点装置设备管道风险矩阵图

装置风险集中在少数设备或管道,部分高风险及中高风险的设备见表 2。

表 2 部分高风险及中高风险设备列表

序号	设备位号	设备名称	可能性等级	后果等级	安全风险等级
1	R-4103	中变反应器	5	D	4. 高风险
2	D-4107	中变气分液罐	3	D	3. 中高风险
3	E-4002-TUBE	放空冷却器管束	4	C	3. 中高风险
4	E-4101	中变气原料气换热器	5	D	4. 高风险
5	E-4101-TUBE	中变气原料气换热器管束	5	A	3. 中高风险
6	E-4102	中变气脱氧水换热器	5	D	4. 高风险
7	E-4103-TUBE	中变气除盐水换热器管束	4	D	3. 中高风险
8	E-4107-TUBE	原料油蒸发器管束	4	D	3. 中高风险
9	管道	转化气管道	5	D	4. 高风险
10	管道	中变气管道	5	D	4. 高风险

制氢装置计划于 4 年后进行停工检修，根据安全运行的要求，对装置 4 年后的风险水平进行了评估，设备风险矩阵如图 2。由图可见，装置中设备的高风险评价单元仍为 8 个，占整个装置评价单元总数的 3.19%；中高风险评价单元上升到 10 个，占整个装置评价单元总数的 3.98%；其余为中风险和低风险的评价单元，占整个装置评价单元总数的 92.82%。

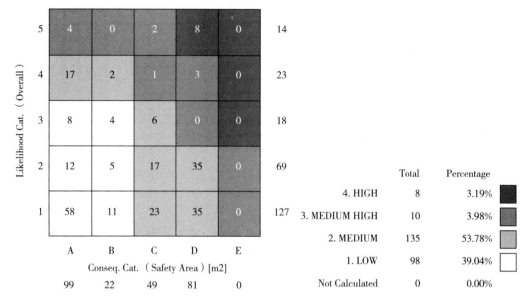

图 2　计划停车检修时间点装置设备管道风险矩阵图

在计划停车检修时间点分析共有 4 个评价单元上升到中高风险，其中 3 个为换热器管束，1 个为管道，均为可能性等级上升导致风险水平等级升高，上升原因是：风险是时间累积的函数，随设备管道服役时间的增加风险逐渐上升。风险等级升高单元详见表 3。

表 3　风险等级升高单元列表

序号	设备位号	设备名称	可能性等级	后果等级	安全风险等级
1	E - 4001 - TUBE	瓦斯加热器管束	5	A	3. MEDIUM HIGH
2	E - 4102A - TUBE	中变气脱氧水换热器管束	5	A	3. MEDIUM HIGH
3	E - 4102B - TUBE	中变气脱氧水换热器管束	5	A	3. MEDIUM HIGH
4	管道	轻污油管道	4	C	3. MEDIUM HIGH

五、检验策略

RBI 评估的最终目的是指导和优化检验，合理的检验计划和检验方案既要符合装置整体风险控制的要求，又必须与单元本身的特点相结合，同时还必须与装置的整体维修计划相一致且具有可操作性。

1. 检验范围

容器检验范围:根据评估结果,中高风险和高风险的单元一般都须纳入检验计划,而中风险单元可按失效可能性等级进行筛选。低风险单元一般不要求实施检验,但按有关国家规定中要求的到期应进行检验和企业自身认为有必要检验的容器不包括在内。

管道检验范围:中风险、中高风险和高风险的管道要求基本与容器相同。低风险单元一般不要求实施检验,但不包括企业自身认为有必要检验的管道。

2. 检验方式的确定

确定检验方式目的是保证检验方案具有可行性和针对性,直接关系到现场检验实施的效率和质量。如是失效可能发生在内壁且需要实施检验,条件允许的情况下应实施内部检验;如果条件部分允许,也要尽可能多地实施内部检验,做到内外结合;如果条件不允许,也应通过外部检验手段实施有效检验,检验抽查的比例可以按照检验有效性的要求适当提高。

对于需要纳入检验计划的管道,由于管道直径的限制,通常无法实施内部检验,故检验以外部检验方式为主。

3. 检验方法的确定

对于纳入检验计划的容器和管道,宏观检查和壁厚测定是最基本的检验方法,还应根据失效形式选择有针对性的检测方法,特别是装置中高温工段大部分的损伤模式为材质劣化,应根据装置运行记录了解是否存在高负荷超温情况,以便采用相对有效的材料理化检测手段进行检验判断材质损伤情况。

4. 检验比例的确定

在保证检验有效性的前提下,检验比例应尽可能取下限,达到优化和节约检验资源的目的。检测实施过程中如果发现异常情况,比如裂纹缺陷或者减薄腐蚀严重、结构明显变形,或者材质劣化严重,应就近扩大抽查范围并增加检测比例,以查清缺陷的分布和性质。

六、结论

对某制氢装置进行了 RBI 技术应用,分析了该装置潜在损伤模式及当前和预计下次停工检修前的风险水平。经分析制氢装置设备整体风险水平较低,且风险水平变化不大,部分评价单元处于高风险和中高风险的原因是失效可能性较高。根据风险水平、失效可能性、损伤模式等因素制定了预计下次停工检修期间的检验策略,用以指导停工检修工作,帮助使用单位实现装置的长周期安全运行。

参考文献

[1] 司朝侠,高传礼. 制氢装置安全技术[M]. 北京:中国石化出版社,2009.

［2］中华人民共和国国家质量监督检验检疫总局,中国国家标准化管理委员会.GB/T 26610.1—2011 承压设备系统基于风险的检验实施导则［S］.北京:中国质检出版社,2011.

［3］中华人民共和国国家质量监督检验检疫总局,中国国家标准化管理委员会.GB/T 30579—2014 承压设备损伤模式识别［S］.北京:中国质检出版社,2014.

［4］API 581—2008. Risk - Based Inspection Technology［S］. Washington:American Petroleum Institute,2008.

［5］韩建宇,高金吉,陈国华.石油化工生产装置长周期运行设备风险评价［J］.压力容器,2006,23(8):45－48.

炼油厂安全阀 RBI 技术应用

刘雪梅，赵攀，胡足

（兰州石化公司研究院，甘肃　兰州　730060）

摘　要：本文对兰州石化公司炼油厂 600 台安全阀应用 RBI 技术进行了评估，分别得到 2015 年、2016 年及 2019 年的风险水平，给出了安全阀基于风险评估的校验周期，为企业提供了科学的安全阀校验及管理策略。

关键词：安全阀；RBI；风险

一、前言

2015 年兰州石化分公司计划对其炼油厂合计 600 台安全阀进行 RBI 技术应用，以此来确定安全阀的失效机理，分别计算 2015 年、2016 年及 2019 年的风险水平，通过对安全阀当前和未来时间的风险水平分析，给出这 600 台安全阀推荐的基于风险评估的检验策略，包括校验周期等。整体上提高安全阀运行的安全性和经济性，为企业提供了科学的安全阀校验及管理策略。

二、安全阀失效模式分析

安全阀为一种自动阀门，它不借助任何外力而只需利用介质本身的压力来排出一定量的流体，以防止压力超过额定的安全值。当压力恢复正常后，阀门再行关闭并阻止介质继续流出。安全阀应具备的基本功能包括：必要的密封性、可靠的开启、及时稳定的排放、适时地关闭、关闭后的密封。通常在实际生产中，安全阀的工作状态不满足以上五个基本工作要求即认为发生功能失效，即常见的安全阀失效模式主要有密封失效、不能及时开启、不能稳定及时地排放、排放后不能及时关闭和关闭后的密封失效。

从安全阀开启准确性方面来看，安全阀在使用中，存在着三种可能的失效模式[1]：

（1）安全阀由于运动件粘死，或进出腔堵塞无法开启；

（2）安全阀超压开启——介质压力达到安全阀整定压力而安全阀未开启，超过整定压力一定值后才开启；

（3）安全阀提前开启——安全阀开启压力低于整定压力。

从安全阀动作后及时关闭性能来看，安全阀存在着弹簧断裂，不能回座这一失效模式。从安全阀可靠密封性能来看,安全阀在使用中存在着泄漏这一失效模式。

可把上述安全阀在使用中可能的失效模式简化为 6 种形式[2]:

(1)安全阀粘死不能开启;

(2)安全阀堵塞不能开启;

(3)安全阀超压开启;

(4)安全阀提前开启;

(5)安全阀启跳后弹簧断裂无法关闭;

(6)安全阀泄漏。

安全阀各失效模式的比率见表 1 所列:

表 1　安全阀各失效模式的比率

项目	失效率(%)
开启压力降低	9.5
开启压力升高	4.7
严重泄露	3.7
粘死	0.6
堵塞	0.4
无法关阀	0.16

对石化企业近年安全阀失效模式的统计见表 1 所列,由表中可以看出安全阀不能准确开启在安全阀失效模式中占很大比率。本次所需评估的安全阀类型主要为弹簧式安全阀,造成弹簧式安全阀不能准确开启的原因总结为以下几条:①因介质原因对安全阀造成堵塞、黏结或腐蚀;②弹簧质量有问题,例如弹力不足、工艺粗糙受热后易产生塑性变形、长短不一和端面不平等;③校验存在误差;④弹簧压力级别选定错误。除安全阀本身质量、维修和校验等非运行原因,弹簧安全阀的失效主要与介质的物性、腐蚀性、工况条件有关;本次评估安全阀涉及装置数多,介质参数广,介质压力从低压到高压,温度从低温到常温再到高温将近 500℃;介质物性差异大,有腐蚀介质、非腐蚀介质,有环境温度下可自流介质,也有不可自流介质;有环境温度下易结晶、结焦、含杂质介质,也有洁净介质。因此本次评估会针对安全阀环境中的介质进行综合分析,并结合评估结果确定合理的安全阀延期检验年限。

依据多年的使用经验,在介质温度不超过 200℃时安全阀弹簧性能在 3～5 年的使用周期内是稳定的;在介质温度不超过 200℃且开启压力不超过 4.0MPa 的安全阀密封性在 3～5 年的使用周期内是稳定的。基于此,本次评估对安全阀的操作温度和开启压力进行综合考虑。

三、安全阀安全后果等级计算

安全阀的安全后果等级直接采用受保护设备或管道的安全后果等级。(采用由 DNV 开发的 ORBIT ONSHORE 软件计算)

四、安全阀风险等级计算

安全阀是一种用来防止受压设备中压力超过允许值的安全保护装置。安全阀的失效主要是功能失效。在定量 RBI 评估中，按照下式确定风险[3]：

$$Risk^{prd} = Risk_1^{prd} + Risk_2^{prd}$$

式中，$Risk^{prd}$——安全阀总风险。

  $Risk_1^{prd}$——安全阀开启失效的风险。开启失效是指当进口压力达到预定整定的压力值时，安全阀未能及时开启。开启压力对整定值的偏差在规定的范围内。开启失效主要有三种形式：未开启、部分开启或超过整定压力开启。

  $Risk_2^{prd}$——安全阀失效泄漏的风险。被保护设备处于正常运行压力的时候，关闭状态的安全阀应具有必要的密封性。安全阀密封性失效引起的泄漏会影响到设备或系统的正常工作，若介质具有毒性或腐蚀性，则泄漏还会造成严重的后果。压力容器用安全阀的密封性要求通常在相应的规范或标准中加以规定。

本次风险分析的内容为评估安全阀的 2015 年 8 月 20 日以及 2016 年 9 月 30 日的安全风险。

五、安全阀风险分析结果

1. 安全阀 2015 年风险等级

600 台安全阀共划分 600 个评价单元，2015 年 8 月 20 日的风险水平如图 1 所示。

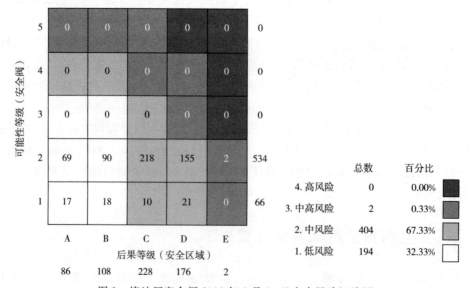

图 1　炼油厂安全阀 2015 年 8 月 20 日安全风险矩阵图

可以看出目前时间点该600台安全阀中,无高风险的评价单元,2个评价单元处于中高风险,404个评价单元处于中风险,194个评价单元处于低风险。

2. 安全阀2016年风险等级

至2016年9月30日,该600台安全阀风险水平如图2所示。

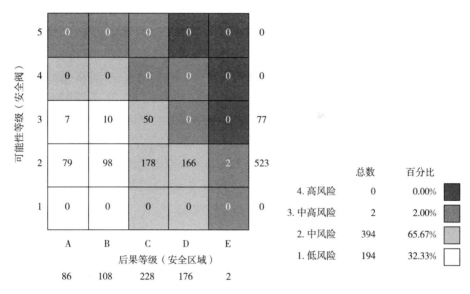

图2 炼油厂安全阀2016年9月30日安全风险矩阵图

可以看出,至2016年,安全阀仍无高风险的评价单元,12个评价单元处于中高风险,394个评价单元处于中风险,194个评价单元处于低风险,安全阀整体风险略有增高。

3. 安全阀2019年风险等级

至2019年7月30日,该600台安全阀风险水平如图3所示。

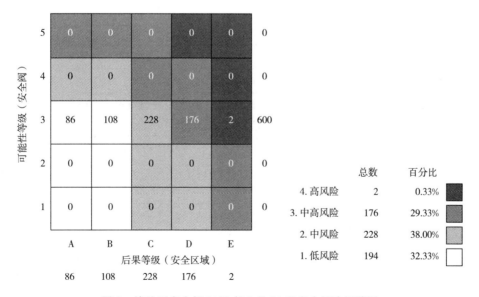

图3 炼油厂安全阀2019年7月30日安全风险矩阵图

可以看出,如较长时间不进行安全阀校验,至 2019 年 7 月,安全阀失效可能性等级升高。该 600 台安全阀中,高风险的评价单元 2 个,176 个评价单元处于中高风险,228 个评价单元处于中风险,194 个评价单元处于低风险,整体风险明显升高。

六、安全阀校验计划

根据《安全阀安全技术监察规程》的要求,安全阀应当定期进行校验,一般每年至少校验一次。对生产需要长周期连续运转时间超过一年以上的设备,可以根据同类设备的实际应用情况和设备制造质量的可靠性以及生产操作采取的安全可靠措施等条件适当延长校验周期,但需要经过上级主管部门审查、批准、备案,延长校验周期最长不得超过 5 年。

根据 GB/T 26610.1—2011《承压设备系统基于风险的检验实施导则 第 1 部分:基本要求和实施程序》,安全阀等安全泄放装置以纳入基于风险的检验范围中。可根据风险评估结果,给出更合理的安全阀校验周期。

1. 安全阀校验日期制定

安全阀下次校验日期,按如下原则确定:

(1)600 台安全阀中,部分安全阀(77 台)上次校验日期为 2013 年,安全阀校验周期最长不得超过 5 年,该 77 台安全阀需在 2016 年 9 月 30 日之前进行校验。

(2)其余安全阀均于 2014 年或 2015 年进行过校验,仍为低风险,且后果等级较低的,校验周期定为 5 年,将 2014 年及 2015 年进行过校验的低风险安全阀下次校验时间统一定为 2019 年 7 月(79 台)。

(3)其余安全阀(合计 444 台),由于装置 2017 年、2018 年无停车检修计划,校验时间均定于 2016 年 9 月 30 日。安全阀校验日期分布见表 2。

表 2 安全阀校验日期分布表

下次校验日期	台数	备注
2016 年 9 月 30 日	77	上次校验时间为 2013 年,应在 2016 年 9 月 30 日前校验
2016 年 9 月 30 日	444	上次校验时间为 2014 年,校验周期不足 5 年,统一于 2016 年 9 月 30 日校验
2019 年 7 月 30 日	79	上次校验时间为 2014 年或 2015 年,校验周期为 5 年,下次校验时间为 2019 年
合计	600 台	

2. 较高风险安全阀校验计划

根据风险评估的结果,对安全阀中风险较高或上次校验时间较早,需要在 2016 年 9 月 30 日进行校验的安全阀合计 521 台,其余安全阀下次校验时间为 2019 年。出现的两台高风险安全阀如下:

表 3　高风险安全阀

序号	所在车间	所属装置	安全阀编号	安装部位	操作条件			连接设备容积(m³)	安全阀材质
					最高工作压力(Mpa)	最高工作温度(℃)	介质		
36	催化二联合车间	300万吨/年催化	PSV505/1	C504顶	1.85	48.7	丙烯	864.7	WCB
37			PSV505/2	C504顶	1.85	48.7	丙烯	864.7	WCB

两台安全阀风险等级较高,主要因为两台安全阀计算后果等级为 E,两台安全阀所保护设备容积较大,均盛装易燃易爆介质。

原则上低风险安全阀的校验周期为 4～5 年,中风险为 2～3 年,中高风险为 1～2 年,高风险安全阀为 1 年。同时根据风险评估结果制定安全阀校验周期。对校验周期满足不了生产周期要求的安全阀,特别是高风险的安全阀,可以通过设置双阀并联、一开一备的方式,解决校验周期和生产周期不协调的问题。如果暂时无法进行改造,也需要通过在线校验等方法降低高风险安全阀的风险状态。

七、结论

(1)识别了常见的安全阀失效模式,主要有密封失效、不能及时开启、不能稳定及时地排放、排放后不能及时关闭和关闭后的密封失效。

(2)影响安全阀失效的主要因素为温度、压力、介质的黏度和腐蚀性。

(3)分别计算了 2015 年 8 月 20 日、2016 年 9 月 30 日的安全阀风险,得到了安全阀的风险等级,所有安全阀风险等级均为低风险、中风险、中高风险,未出现高风险等级设备。

(4)结合安全阀风险等级及兰州石化装置停车检修计划,制订安全阀校验计划。79 台低风险安全阀,可推迟至 2019 年 7 月 30 日进行校验。其余 521 台安全阀,需在 2016 年 9 月 30 日前进行校验。

(5)根据安全阀的风险等级,给出了安全阀的建议校验周期。对校验周期满足不了生产周期要求的安全阀,特别是高风险的安全阀,可以通过设置双阀并联、一开一备的方式,解决校验周期和生产周期不协调的问题。如果暂时无法进行改造,也需要通过在线校验等方法降低高风险安全阀的风险状态。

(6)考虑到本次 RBI 技术分析主要针对安全阀的功能失效,并未覆盖所有可能发生的失效,如阀体本身的腐蚀、开裂、使用过程中密封失效泄漏、非正常工艺及制造过程中遗留下来的缺陷等,这给安全阀运行造成一定的不确定性。为避免因此类问题造成安全事故,降低运行风险,建议车间做好日常巡检,运行过程中应严格控制运行参数,降低工艺波动幅度,严禁超温超压运行;为应对突发事故,应制订好完整的应急预案与抢险措施。

参考文献

[1] 郭磊. 安全阀 RBI 评估技术的应用[J]. 中国设备工程,2015(3):38—40.

[2] 刘扬. 石化装置在用安全阀风险评估技术研究[J]. 流体机械,2008(4):34—37.

[3] API 581—2008. Risk - Based Inspection Technology[S]. Washington:American Petroleum Institude,2008.

PTA 装置静设备损伤机理及对策探讨

史进[1],李武荣[2],李竞超[2],程前进[2],叶国庆[2],李敏[3],皮伟[3],魏冬[3]

(1. 中国特种设备检测研究院,北京　100029;
2. 中国石油化工股份有限公司洛阳分公司,河南　洛阳　471012;
3. 中国石油化工股份有限公司天津分公司,天津　300271)

摘　要:PTA 装置的静设备面临含溴醋酸等介质的腐蚀,即使采用了大量奥氏体不锈钢,腐蚀失效仍频繁发生。本文结合设备现场多次腐蚀检查结果,分析 PTA 装置静设备损伤机理,给出了一些检验检测和使用维护对策的建议。

关键词:PTA;损伤;静设备;对策

一、背景

PTA 即精对苯二甲酸,是对二甲苯(PX)经氧化反应,并提纯后得到的一种极为重要的化工原料,在聚酯纤维领域有着极为广泛的用途。目前仅我国的 PTA 实际产能已约 4000 万吨/年,据估计 2016 年还要攀新高。目前大多数生产装置采用高温氧化法生产 PTA,首先在对苯二甲酸(TA)单元以 PX 为原料,以醋酸为溶剂,以醋酸钴和醋酸锰为催化剂,以四溴乙烷/氢溴酸为促进剂,生成 TA 反应液,产物进行分离、真空过滤和干燥,就得到干燥的 TA。然后在 PTA 单元将前述得到的 TA 在高温下溶解于水,经过催化加氢反应还原其中的杂质,使其转变成易溶于水的物质,反应产物经结晶、离心分离、真空过滤和干燥等一系列精制过程后,得到高纯度的精对苯二甲酸(PTA)产品。

TA 单元的氧化反应过程如下:

$$\text{(COOH-C}_6\text{H}_4\text{-CHO)} + 3O_2 \xrightarrow{\text{醋酸钴、醋酸锰}} \text{(COOH-C}_6\text{H}_4\text{-COOH)} + 2H_2O$$

PTA 单元的加氢反应如下：

PTA 装置原料 PX 属于无色透明液体，可燃低毒，化学性质稳定，蒸气在空气中的爆炸极限为 $1.1\%\sim7.0\%$（体积分数），几乎无腐蚀性。

PTA 的中间产品 TA 及目标产品 PTA 在常温下是白色晶体或粉末，低毒易燃，自燃点 680℃，燃点 384℃～421℃，在 PTA 粉料包装处理工段可能发生粉尘爆炸，但在反应生产装置内的氧化单元和加氢反应单元多以溶液或浆料输运，即使因腐蚀或开裂等引起介质泄漏，发生燃烧爆炸等严重后果的可能性不高。

二、PTA 装置静设备损伤机理分析

从氧化反应开始，之后接触反应产物系统的静设备（主要是容器和管道），几乎都面临含溴醋酸的腐蚀问题。此外工艺碱洗所用 NaOH 溶液中总会含有少量的 Cl^-，换热器管束腐蚀穿孔也会导致含 Cl^- 冷却水串入工艺系统中，引起点蚀和应力腐蚀开裂等。部分 TA 及 PTA 物料以浆料方式输运，冲刷比较剧烈，加上介质的腐蚀作用，形成冲蚀。

尽管 PTA 装置的许多静设备已经整体采用 304L、316L、317L、2205、904L 等较耐蚀的不锈钢材料建造，或上述材料的复合钢板建造，甚至部分构件采用钛材或哈氏合金，但事实证明腐蚀失效仍频繁发生，轻则减产，重则装置停车，影响较大。了解和掌握 PTA 装置静设备的关键损伤机理，制订维护使用的应对策略，有利于装置服役的可靠性。

1. 卤素离子引起的点蚀和缝隙腐蚀

因工艺需要，TA 反应过程采用四溴乙烷或氢溴酸作为促进剂，Br^- 浓度可高达 700～900ppm，加上工艺碱洗混入的少量 Cl^-，以及换热器管束泄漏串入的 Cl^- 等，这些卤素离子可破坏奥氏体不锈钢表面一层极薄的氧化物膜，使其耐蚀性急剧降低。且一旦因腐蚀等产生表面不连续，如局部点蚀坑，在电泳的作用下负价态的卤素离子将向不连续处的坑底聚集，使坑内与坑周边形成小阳极与大阴极的活化/钝化电池结构，促使腐蚀向坑底方向发展，从而加速腐蚀，该现象又称为"自催化"。即使介质中 Br^-、Cl^- 浓度较低，但由于水分蒸发、PTA 粉料沉积等，Br^-、Cl^- 易在垢下、物料沉积处、缝隙、焊缝缺陷、干湿交替处、气液交界面以及露点以下部位发生积聚浓缩，形成局部高含 Br^-/Cl^- 的酸性环境。该腐蚀过程易形成常见的圆形坑状局部腐蚀，坑口直径多为毫米级，但会向壁厚方向快速扩张形成深坑或穿孔。在法兰密封面缝隙处的狭小局部空间，介质流动相对静止，形成"自催化"的天然温床，法兰密封面局部腐蚀加速，严重时密封面腐蚀穿透而导致介质泄漏。

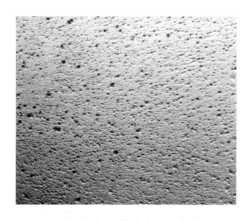

图1　不锈钢容器内壁的点蚀

图2　不锈钢容器接管法兰密封面缝隙腐蚀

2. 电偶腐蚀

出于经济性的考虑,在介质腐蚀性不同的部位,PTA装置的静设备也选用了不同类别的金属材料进行建造。在碳钢和不锈钢连接部位,以及碳钢/不锈钢与钛材的连接部位,如果没有设置良好的绝缘措施,很容易在工艺介质的作用下发生电偶腐蚀,与不锈钢连接的碳钢侧、与钛材连接的碳钢/不锈钢侧,因电极电位较低,成为电偶腐蚀的阳极,容易失去电子成为金属离子而"溶解",腐蚀速率极高。

比如PTA装置中的加氢反应器,如果采用钛制内构件(如约翰逊管),与其连接处部位的奥氏体不锈钢容易发生腐蚀[1]。某用户试验采用熔覆高硬度耐腐蚀的合金,来提高PTA结晶器进料口处器壁内表面的耐冲刷能力,但使用一段时间后发现在熔覆金属的周边以及不连续处,由于基材小面积暴露出来,与周围耐腐蚀的熔覆金属形成了小阳极与大阴极的结构,基材腐蚀最严重处年均腐蚀速率大于20mm/年,如图3。

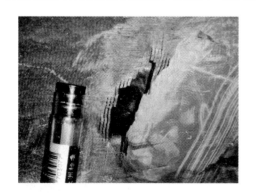

图3　熔覆金属下的腐蚀

图4　加氢产物冷却器接管弯头冲蚀

3. 冲蚀与汽蚀

PTA装置反应过程中部分物料为浆液,会形成液-固两相流,在其他腐蚀介质的共同作用下形成冲蚀环境,对硬度不高的奥氏体不锈钢影响尤为明显。有些PTA装置在服役期间历经扩能改造,处理量增加,但部分容器和管道并未相应增容,流体流动速率升高,冲蚀也更严重。装设有搅拌轴的部分容器,须强制搅动浆料使其混合均匀,同样会引起冲蚀。

扩能改造在加剧冲蚀的同时,还可能会引起流场变化,部分位置物料剧烈翻腾或发生严重湍流,形成汽蚀环境,例如容器的进料口附近、汽液相界面剧烈翻腾处,以及管道中流场方向急剧改变的位置(如弯头/弯管、三通、异径管等)。

4. 应力腐蚀开裂

一些碳元素含量较高的奥氏体不锈钢(如 304、316 等),在制造及安装过程中需要采用焊接连接,特别是在 425℃～850℃ 范围内受热时,固溶在奥氏体晶粒中的碳元素会向晶界迁移,析出富 Cr 的 $Cr_{23}C_6$,导致晶界附近区域 Cr 元素含量降低(该过程称作"敏化"),形成腐蚀原电池,使贫铬区的腐蚀加速。一般焊接接头的热影响区受此影响最为显著,由于存在焊接残余应力,在腐蚀介质的共同作用下容易发生应力腐蚀开裂。

如前所述,PTA 装置的反应物料中含有 Br^-、Cl^-,不仅造成不锈钢的腐蚀,在焊接接头等拉伸应力较高的部位,还容易引起奥氏体不锈钢的应力腐蚀开裂。Cl^- 的浓度即使极低(最低甚至可达 1ppm),在介质蒸发浓缩的部位,也可能发生应力腐蚀开裂。氯化物应力腐蚀裂纹多呈现为典型的穿晶特征,金相显微镜下可观察到明显的"树枝"状形貌,对应着裂纹的扩张过程。在奥氏体不锈钢焊接接头的热影响区,若已发生敏化,也可能会出现沿晶开裂的情况。[2]

PTA 装置的加氢反应器,多需定期进行碱洗提高催化剂活性,但在拉应力和高温氢氧化钠腐蚀的联合作用下,碳钢和奥氏体不锈钢都有可能发生应力腐蚀开裂,前者裂纹主要位于晶间,形成蜘蛛网状细微裂纹,后者则为穿晶的应力腐蚀开裂。使用经验表明,PTA 工艺热碱洗采用的是低浓度碱液(质量百分比约为 3%),浓度不高,开裂敏感性较低,但在高温高蒸发条件下(如接近沸点)可能产生局部浓缩,开裂敏感性增加。

奥氏体不锈钢在固溶热处理后内部组织为均一奥氏体相,碳元素以固态溶解在奥氏体相中,材料具有较好的耐腐蚀能力。但如果在建造过程中经历较大的冷加工变形,例如封头压制成形,容易在变形大的部位产生形变马氏体,使材料耐腐蚀能力下降。冷加工变形时还会产生较大的残余应力,在腐蚀介质的共同作用下易发生应力腐蚀开裂,严重影响静设备的运行安全。

图 5　换热器管箱隔板焊缝处的应力腐蚀开裂　　图 6　结晶器下封头过渡段的应力腐蚀开裂

5. 钛氢化

得益于表面一层极薄的氧化物膜,钛材具有极好的耐腐蚀性能。在氧化性氛围中,其钝化膜坚固,即使发生损伤也能很快修复。但在精制单元中,与奥氏体不锈钢偶接连接处的钛材,在使不锈钢发生电偶腐蚀的同时,钛材成为阴极析出氢,在氢浓度梯度作用下,这些氢容易被钛材吸附并向钛材内部扩散。氢在钛中的固溶限很小,进入钛材内部的氢主要形成氢化物(TiH_2)而在钛晶面上析出,TiH_2的比容比钛基体大近20％,因此产生较大的相变应力,易在界面上形成微裂纹,降低晶粒间的结合程度,使钛材的冲击韧性值降低,此过程称作钛氢化。渗入钛材内部的氢越多,钛材内的 TiH_2 含量越高,则脆性越大。如果钛材内氢含量大于 10ppm 时,钛材的冲击韧性值急剧降低。

三、检验检测和使用维护策略

1. 点蚀和缝隙腐蚀

点蚀的单个面积小,分布零散,检测有一定的困难,一般应近距离目视检测,借助于手电筒等侧向光源的成影可有助于发现点蚀坑。发现点蚀坑后,应用细尖的针状物探测其深度,了解其对继续服役的影响。如果存在大面积的点蚀,还可以用渗透的方法来帮助确定点蚀相对严重的区域。发生点蚀的压力管道,一般只能从外部进行检测,目前缺乏既快速又精确的检测技术,超声波 C 扫描可对整个点蚀区域进行"密集阵"式测量,但其效率比较低。如果换热器管束发生了点蚀,可采用旋转超声检测技术(IRIS)进行检测,精度较高,但效率也不高。

容器内壁的零星点蚀,如果不影响继续使用,可不予处理,否则应打磨消除;如果减薄严重,应堆焊补肉或者整体更换。打磨后应经渗透确认无缺陷,如果补焊在焊后同样应进行表面渗透检测,304、316 等碳含量较高的不锈钢须注意补焊区域附近或更换部位焊接接头的敏化问题,这些材料在补焊后应适当缩短下次检测周期。如果采取临时保运措施,内壁或者外壁贴板也是可考虑的处理方式,内壁一般贴同材质板并进行密封焊,目的是将点蚀区域与介质隔离开;外壁贴板以强度为主要考虑因素,即点蚀部位一旦穿孔,外壁贴板可承受介质的压力,贴板同样需要密封焊,且贴板的搭接/角接焊缝应有专门的焊接工艺评定,一般外贴板还应设有检漏设施监控泄漏,如采用压力计检漏时外贴板内压力数值明显升高时,应立即停车进行彻底检验。如果对压力容器的主要承压元件按上述方法处理时,用户与检验机构还应就处理措施的有效性和合规性沟通协商,必要时还应报当地质量技术监督部门。无论是内贴板,还是外贴板处理,处理完后均须缩短检验周期。

对可能发生缝隙腐蚀的部位,应拆卸开后进行目视检测,借助焊缝尺等工具对腐蚀深度进行测量。考虑到大量拆卸和回装的成本非常高,且经此过程的密封可靠性也无法得到良好的保障,一般应选择有代表性的部位先进行抽查,发现严重的缝隙腐蚀后就近扩检。如果泄漏部位允许快速切停,也可以在出现泄漏后再停车处理。

容易发生缝隙腐蚀的法兰密封面、塔板与塔体接触部位选用合适材质(如钛钯合金),或者在接触部位增加合适的镀层(铂或金,Co‐Mo[3])。在役过程中发现的严重缝隙腐蚀,如果不具有修复价值或修复可行性,应整体更换;其他缝隙腐蚀应视情况进行修复处理,在打磨去除表面层并经无损检测方法确认无表面裂纹等缺陷后,堆焊补肉,然后精磨或者机加工至尺寸和精度要求,无损检测确认无超标缺陷后可继续服役。

为预防点蚀和缝隙腐蚀,在建造选材时可按不锈钢的抗点蚀指数 PRE(经验式 PRE=Cr%+3.3Mo%+16N%)选材,PRE 越高材料耐点蚀性能越好,添加 Cr、Mo、N 的不锈钢均有优良的抗 Cl^-、Br^- 的点蚀、缝隙腐蚀能力,也可按下列材料 PRE 值的排列顺序来择优选材:304L<316L<317L<904L<2205<2507<254SMO<654SMO。此外,为减少 Cl^- 的来源,PTA 装置碱洗用的 NaOH 应选用氯含量低的产品。

图 7   衬里打磨消除点蚀

图 8   衬里内贴板

2. 电偶腐蚀

检测电偶腐蚀时主要关注异种金属连接的部位,重点为碳钢和不锈钢连接部位的碳钢一侧,以及碳钢/不锈钢与钛材的连接部位的碳钢/不锈钢一侧。一般应进行近距离目视检测,如果位置受限,可借助内窥镜进行检测,仔细查看表面可能出现的槽、裂纹、坑、孔等缺陷,必要时还应清理掉表面积垢,并用尖锐探针对疑似存在上述缺陷的部位进行检测。

发生电偶腐蚀的部位,一般采用打磨去除缺陷后堆焊补肉的方式来处理。如果条件允许,异种金属连接应选用电气绝缘连接的方式,或者采用电极电位差较小的结构,例如钛制的加氢反应器内的约翰逊管改为哈氏合金 C276。

3. 冲蚀与汽蚀

冲蚀和汽蚀多形成局部减薄,但其尺寸比点蚀要大得多,在近距离目视检测时也比较容易发现,但如果减薄区过渡比较圆滑,必须通过测厚才能确定。对于管道发生的内壁冲蚀,如果仅从外部进行检测,也需要密集测厚或者超声波 C 扫描才确定减薄区及减薄程度。冲蚀和汽蚀多发生在物料的高流速区,特别是流场急剧变化的部位,因此浆料流经的容器进料口对面器壁、反应器气液相翻腾的界面处,以及浆料管线的弯头/弯管、三通、异径管,或者其阀门或者流量计的下游管段、物料混合点下游的管段等处,都是冲蚀和汽蚀检测的重点部位。搅拌式容器的搅拌桨叶虽然不属于承压壳体,但检验时也应注意其减薄和扭曲变形程度。浆料管线中阀门或者流量计的下游管段、物料混合点下游的管段等处,可用导波/漏磁检测方法查找可疑部位,再利用超声检测或者脉冲涡流检测等方法确定剩余壁厚情况。

在相应部位设置导流板、防冲板或敷设耐冲/耐蚀衬里,均可减缓或避免冲蚀。已经产生的冲蚀减薄,可按局部减薄来确定继续服役的可靠性,必要时可进行合于使用评价;如不能通过,应进行堆焊补肉或者整体更换减薄严重部位。对存在冲蚀或汽蚀的管道,可增大管道公称直径,或者增大弯管/弯头曲率半径,来减缓冲蚀和(或)汽蚀损伤。用于含残渣颗粒的高温醋酸环境中的钛材,如果已经发现明显减薄,应选用哈氏合金等耐腐蚀性和抗磨性更好的材质。

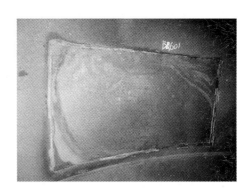

图9　近距离目视检测　　　　　　　　图10　防冲板

4. 应力腐蚀开裂

奥氏体不锈钢的焊接接头热影响区,因敏化和焊接残余应力而容易发生氯化物应力腐蚀开裂等开裂,检测时应优先采用渗透检测或者涡流检测等方法。碱应力腐蚀开裂有些裂纹极为细微,需要去除表面的沉积物后进行金相分析才能发现。奥氏体不锈钢建造的容器凸形封头,优先选择变形最大的区域(如封头过渡段和弯头侧/外弯)和管道弯头,可用永磁铁等进行磁性筛选,对磁性响应较明显的部位可进行硬度测定和金相分析,必要时采用渗透检测确定开裂区域和裂纹尺寸。

如果容器开裂区域不大,一般应打磨确定裂纹的最大深度,并按局部减薄分析其继续服役的可能性,如可接受则打磨掉所有裂纹并圆滑过渡打磨凹坑,最后渗透检测确认裂纹已彻底清除。对于面积较大的应力腐蚀开裂,一般应予以整体更换。如须临时采取保运措施,按前文所述的内贴板或外贴板方式处理。管道焊接接头处的开裂应采用打磨或气刨(气刨后仍须打磨刨口表面)的方式去除裂纹,然后按焊接返修的方式进行修复处理;管道非焊接接头区域的开裂一般应整体更换。PTA装置中用奥氏体不锈钢建造的静设备,应尽量采用低碳的奥氏体不锈钢(如304L、316L等),或者含稳定化元素的奥氏体不锈钢(如321、347等),来代替碳含量较高的普通奥氏体不锈钢(如304、316等),以避免焊接过程敏化引起的开裂。奥氏体不锈钢的新封头和管道弯头,在使用前也应进行磁性筛选,对磁性响应较明显的部件应进行硬度测定和金相分析,如发现马氏体组织应重新固溶热处理或不予使用。

5. 钛氢化

渗透检测可发现钛氢化形成的宏观裂纹,而现场金相分析还能有效辨别钛氢化的早期损伤。对于钛制的换热器管束,一般用特殊涡流检测法,检测效率比较高;条件允许时可截取出涡流信号显示较明显的管子,在实验室进行弯曲或压扁等力学性能测试,判断钛氢化损伤的程度。

渗透检测若已发现钛氢化开裂,开裂部位一般应整体更换;涡流检测/金相检测如发现钛材出现开裂,裂纹尺寸较大的应整体更换,其他应缩短检验周期。设备建造选材时注意钛材不能用于还原性的氢化环境,其对含残渣颗粒的高温醋酸耐腐蚀性能也有限,尽量不要与不锈钢等材料直接连接。钛制静设备在制造过程中,应有专用的厂房和设备,防止铁屑意外黏附在钛合金表面。检修搭设钢质脚手架时,应在接触钛材的部位垫敷木板或用橡胶垫,禁用铁器或钢制检修工具直接接触钛材表面。对可能发生钛氢化损伤的场合,设备选材时可用哈氏合金(如 C276)代替钛材。

四、结语

PTA 装置静设备大量采用奥氏体不锈钢、钛材等耐腐蚀能力比较强的材料。但在介质的苛刻腐蚀下,这些耐蚀材料仍会遭遇腐蚀和开裂等损伤,比如不锈钢出现点蚀、缝隙腐蚀,钛材出现钛氢化,等等。通过分析 PTA 装置静设备的损伤机理,了解和掌握容易发生损伤的部位,采用有针对性的方法可有效检测出损伤,根据损伤程度采取相应的使用和维护策略,可提高装置服役的可靠性。

本文得到了质检公益课题(项目代号:201410024;课题名称:基于损伤模式的承压设备合于使用评价技术研究及应用)的支持,在此表示感谢!

参考文献

[1] 余存烨. 腐蚀基本知识(二)石油化纤设备中的电偶腐蚀[J],石油化工腐蚀与防护,1992,2(9):53-57.

[2] 中华人民共和国国家质量监督检验检疫总局,中国国家标准化管理委员会. GB/T 30579—2014 承压设备损伤模式识别[S]. 北京:中国质检出版社,2014.

[3] 丁丙华,李顺龙,余存烨. 不锈钢密封面在醋酸中的缝隙腐蚀及对策[J]. 石油化工腐蚀与防护,2005,22(6):7-9.

催化裂化装置中湿法洗涤烟气运行中存在的问题及分析

任日菊，陈浩，程伟，杨军

（合肥通用机械研究院，安徽 合肥 230031）

摘　要：湿法洗涤烟气已被广泛地应用于催化裂化装置中，但是在运行过程中仍出现了一些问题。针对这些问题，本文结合相关的腐蚀机理知识和脱硫脱硝工艺操作规程进行了分析，并提出可能有效的措施，从而为湿法洗涤烟气系统的故障排除及长周期运行提供了思路。

关键词：催化裂化；湿法洗涤烟气；脱硫脱硝技术；问题及分析

一、引言

催化裂化装置中的再生烟气中含有大量的 SO_x、NO_x 和颗粒物等，是大气的重要污染源。以 SO_2 的排放为例，据统计炼油厂排放的 SO_x 约占其总污染物排放量的 6% ～ 7%，而催化裂化装置的所排放的 SO_x 等就占到了 5% 左右。近年来，随着加工高硫原油、劣质原油的比例不断增大，以及国家环境保护"十三五"规划纲的预期污染物排放量的要求的不断提高，催化裂化装置中 SO_x、NO_x 和颗粒物的排放受到前所未有的关注[1-3]。尽管湿法洗涤烟气已被广泛地应用于催化裂化装置中，但是在运行过程中仍出现了一些问题。本文旨在阐述湿法洗涤烟气在运行中出现的问题，并进行分析总结，这对排除系统故障，实现装置的长周期运行是极为必要的。

二、工艺介绍

某石化分公司烟气脱硫脱硝装置采用了 Belco 公司的 EDV 湿法洗涤、Lotox 低温氧化技术，该工艺主要由烟气冷却吸收单元和排液处理单元两部分组成。洗涤塔是烟气脱硫脱硝技术的核心设备，主要包括烟气急冷区、反应吸收区、过滤模组、水珠分离器和烟囱等部分[4,5]，其详细结构如图 1 所示。以本文所述的洗涤塔为例，其规格为：7400mm/

3200mm/3200mm；标高：89.7m；烟囱部分筒体材质：Q345R＋S30403；塔体部分筒体及过渡段材质：Q345R＋S31603。

　　装置设计处理能力为 $30×10^4 Nm^3/h$，废液处理单元（PTU）为 $13m^3/hr$。其中 SO_x 的脱除，是通过洗涤塔内的吸收区设置的3层喷淋系统，通过喷嘴喷出的含有 NaOH 的洗涤液能够形成非雾化的泡沫均匀液滴，与逆行的烟气接触反应从而脱除烟气中的 SO_2。臭氧发生器产生的臭氧与 NO_x 反应，将 NO_x 氧化为 N_2O_5，被洗涤液吸收，满足催化裂化装置清除 NO_x 的要求。催化剂颗粒脱除，是通过在急冷区的3个液体喷嘴，喷出的液体形成高密度水幕，烟气通过水幕时得到急冷并饱和，同时洗涤下来大部分的催化剂颗粒，其余的微小颗粒随烟气进入水雾脱除区域，脱除烟气中夹带的微小颗粒和液滴[6-8]。

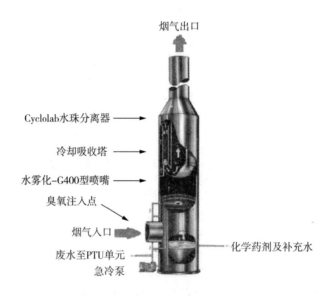

图1　EDV＋LOTO 湿法烟气脱硫脱硝技术洗涤塔详图

三、运行存在问题

　　装置自开工以来，在运行过程中逐渐出现了一系列问题，以下分为设备腐蚀和工艺指标两方面来进行说明。

　　1. 设备腐蚀方面

　　该装置中存在的设备腐蚀方面的问题主要有：①洗涤塔壁变径处焊缝腐蚀严重；②烟囱上部筒体内衬腐蚀严重，局部母材已腐蚀，如图2和图3；③烟囱预留口的封板内壁有氧化层，点状腐蚀，部分氧化层脱落，如图4；④洗涤塔塔底循环泵叶轮，不锈钢阀门腐蚀严重，如图5。

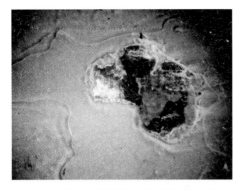

图 2 烟囱上部筒体内衬腐蚀未穿孔

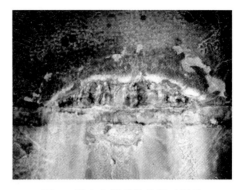

图 3 烟囱上部筒体母材已腐蚀

图 4 筒体预留口封板内壁点状腐蚀

图 5 洗涤塔底循环泵叶轮腐蚀

2. 重要的工艺指标问题

该装置中存在的重要的工艺指标问题有:

(1)在设备刚投入阶段,洗涤塔塔底循环液和滤清模块循环液的 pH 值和氯离子含量波动比较大:pH 的控制范围设定为 6.9～7.2。但是如图 6 所示,采样分析值最高达到了 8.67,最低值达到 5.02;氯离子的内控浓度为小于等于 100ppm,采样分析数据多次高于 150ppm,最高值可达 1157ppm(如图 7)。

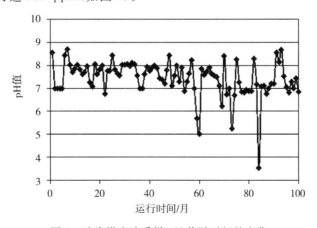

图 6 洗涤塔底液采样 pH 值随时间的变化

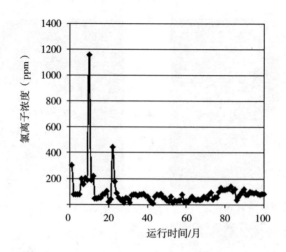

图 7 洗涤塔底液采样氯离子含量随时间的变化

(2)硫酸盐结晶效果差,浆液分离效果差,渣浆含水量高,耗水量增加。

四、问题分析

针对运行过程中出现的两类问题,考虑从腐蚀机理以及工艺技术规程两方面分别进行分析。

1. 腐蚀机理方面

(1)硫酸/亚硫酸露点腐蚀

催化烟气中的 SO_2,有 1‰~2‰ 的 SO_2 会受烟灰和金属氧化物等催化作用,生成 SO_3,进而与烟气中的水分(5%~10%)结合生成硫酸,并在烟气露点温度附近或以下,于金属表面凝结成硫酸溶液,腐蚀金属。

另外,在湿法烟气脱硫过程中,当气态 SO_3/H_2SO_4 的烟气通过脱硫脱硝系统时,烟气被急速冷却到露点以下,此时的冷却速率比 SO_3/H_2SO_4 被吸收剂吸收的速率要大得多,这就使得 SO_3/H_2SO_4 不仅不能有效脱除,反而会以亚微米级的酸雾形式与残存的催化剂粉尘颗粒形成气溶胶,黏附于设备表面进行腐蚀[9]。

洗涤塔烟气出口温度约为 60℃,温度较低,容易结露从而形成低温酸性腐蚀环境。尤其是洗涤塔和烟囱相连接的变径处,硫酸容易聚集,使腐蚀加剧。

根据烟气脱硫腐蚀介质特点,脱硫脱硝装置一般选择耐化学腐蚀的不锈钢,如 316 或 317 不锈钢,既能耐氧化性介质腐蚀,也能抗还原性介质腐蚀;同时由于 Mo 和 Ti 的加入,还增加了其抗孔蚀和晶间腐蚀的能力。尽管如此使用效果并不十分理想,有些也发生了点蚀、缝隙腐蚀和冲刷腐蚀等现象。

整体采用耐腐蚀材料的价格昂贵或者性能达不到要求时,可以用碳钢作基体附加非金属耐腐蚀材料作衬里,如文中所述,洗涤塔即选用复合板 Q345R+S30403 和整体采用 304L 不锈钢。考虑到硫酸/亚硫酸露点腐蚀的特点,当选用复合钢板时,在烟囱和变径处塔壁可考虑内衬玻璃钢,或内刷防腐蚀涂层来抑制腐蚀。同时需严格控制焊接工艺,对预制筒与塔体的焊接处,必须按照复合板和不锈钢板焊接进行工艺评定,制定焊接工艺规程,检测合格,表面焊缝必须磨平[4]。

(2)氯离子的腐蚀

氯离子半径小,穿透能力强,具有很强的能够被金属吸附的能力,对于过渡金属的 Fe、Ni 等,氯离子比氧原子更容易吸附在金属表面上,并将氧从金属表面排挤掉,使金属的钝态遭到局部破坏。对于奥氏体不锈钢来说,其表面将会发生点蚀。氯离子浓度越高,水溶液的导电性越强,电解质的电阻就越小,氯离子越容易到达金属表面,从而加快局部腐蚀的进程[5]。

在脱硫脱硝装置中,为了降低悬浮颗粒、可溶物如硫酸盐和亚硫酸盐及氯离子的含量,一部分循环液中的水需要取出,同时需加入适当量的补充水,以补充排液和冷却蒸发时的水损失。这就使得循环吸收液中的氯离子不断富集,逐步地对洗涤塔底循环泵叶轮以及塔底循环管线上的不锈钢阀门造成腐蚀。因此需控制循环吸收液中的氯离子含量,严格监控循环液中氯离子的浓度,合理调控循环水循环比例,若循环液氯离子含量升高,应适当提高循环液外排流量。

(3)固体颗粒的冲刷

在烟气脱硫系统装置中,大量的设备和构件都处于与高速流体接触的环境中。待净化的烟气中含有一定量的催化剂颗粒或者粉尘,加之吸收剂吸收烟气后形成的浆液(如用 NaOH 为吸收剂,浆液为亚硫酸钠浆液)浓度可以达到 25%～30%,在饱和状态会析出固态盐结晶,所有这些都会对系统中的泵叶轮、换热器、阀门风机叶片等造成严重的腐蚀,从而影响设备的正常运行。目前该类设备中的泵和管线管件大多使用 316L 材质,以增加耐腐蚀效果[10,11]。

2.工艺技术规程方面

(1)pH 值

影响洗涤塔底循环液和滤清模块循环液 pH 值的因素主要有以下几点:①催化烟气中的 SO_x、NO_x 等酸性气体的含量及流量:当酸性气体的含量升高或者烟气流量增加时,循环液 pH 值降低。②洗涤塔补充碱液的浓度及流量:碱液流量或者浓度增加时,pH 值增加。③设备故障,如负责将 NO 和 NO_2 充分氧化成 N_2O_5 的臭氧发生器发生故障时,相当于降低了烟气中 NO_x 的吸收量,相同碱液注入量的情况下,一部分碱液就会富余从而使 pH 值升高;另外如碱液泵损坏或者管线发生堵塞内漏等,碱液补充量会大大降低,烟气与循环液无法充分接触,pH 值也会升高。

综上所述,要注意观察催化烟气 SO_x、NO_x 含量和循环液 pH 值(尤其是当催化装置原料性质或生产方案发生变化时),定期检查或者校验设备管道部件,及时调整碱液量,保证脱硫脱硝装置的正常长周期运行。

(2)氯离子含量

如前文所述,氯离子腐蚀给出了可能导致氯离子含量上升的原因,根据工艺操作规程,当循环液氯离子含量升高,可以适当提高循环液外排流量。另外,考虑到滤清模块的结构,应在检查检修时,考察其顶部的喷淋嘴的实际尺寸,喷嘴是否在模块中央、安装高度是否达到设计要求,以及检查整个模块系统有无短路和堵塞现象,以避免造成偏流,加重氯离子局部腐蚀。

(3)硫酸盐结晶效果

以吸收剂为 NaOH 为例,当吸收剂吸收烟气中的 SO_x、NO_x 后,外排的盐主要成分为亚硫酸钠,后经氧化降低假性 COD 后,以无害的硫酸钠水溶液排放。外排硫酸盐结晶效果好坏,将直接导致浆液分离效果的好坏。硫酸盐结晶效果差,将会使渣浆含水量高,从而导致耗水量增加。

当洗涤塔中的除尘效果降低或者洗涤塔防腐涂层剥落时,部分粉尘颗粒或者剥离物会进入到后期的水处理单元,影响硫酸盐的结晶效果。从结晶成核的角度考虑,这些外界杂质将影响硫酸盐的成核,并阻碍硫酸盐分子向晶核扩散靠拢,减缓晶核的生长,导致硫酸盐晶体过小,从而影响滤清沉淀或达不到离心机分离所需的结晶最小尺寸。另外当系统 pH 值过大或者过小时,也会影响硫酸盐的结晶[10]。

五、结束语

本文针对烟气脱硫脱硝装置运行过程中出现的设备腐蚀和工艺指标两类问题,从腐蚀机理以及工艺技术规程两方面进行阐述和分析,给出了运行问题出现的可能原因,以及应该采取的措施。鉴于石化行业烟气治理中,很多装置均采用了 EDV+LOTO 湿法烟气脱硫脱硝技术,设备或者工艺参数也极为相似,因此本文所述运行问题及原因具有较强的借鉴意义,为烟气脱硫脱硝装置的故障排除及长周期运行提供了思路。

参考文献

[1] 胡敏,郭宏昶,胡永龙,等. 催化裂化可再生湿法烟气脱硫工艺应关注的工程问题[J]. 炼油技术与工程,2012,42(5):1-7.

[2] 彭国峰,王瑞,黄富,等. 烟气脱硫脱硝技术在催化裂化装置中的应用分析[J]. 石油炼制与化工,2015,13(3):43-46.

[3] 胡松伟. 炼油厂催化裂化装置烟气污染物的治理与建议[J]. 石油化工安全环保技术,2011,27(2):47-51.

[4] 陈忠基,曹丰. 催化裂化装置烟气洗涤塔腐蚀原因分析[J]. 石油化工腐蚀与防护,2014,31(6):25-29.

[5] 李守信,赵毅,王德宏. 烟气脱硫系统的防腐蚀问题[J]. 华北电力大学学报,2000,27(4):70-74.

[6] 刘发强,齐国庆,刘光利. 国内引进催化裂化再生烟气脱硫装置存在问题及对策[J]. 工业安全与环保,2012,38(6):25.

[7] 汤红年. 几种催化裂化装置湿法烟气脱硫技术浅析[J]. 炼油技术与工程,

2012,42(3):1-5.

[8] 尹卫萍. 催化裂化装置烟气脱硫脱氮技术的选择[J]. 石油化工技术与经济,2012,28(5):42-46.

[9] 陈亚非,陈新超,熊建国. 湿法烟气脱硫系统中 SO_3 脱除效率等问题的讨论[J]. 工程建设与设计,2004(9):41-42.

[10] 门小勇. 锅炉烟气脱硫脱硝系统运行问题及处理措施[J]. 中国新技术新产品,2016(5):58-59.

[11] 张文武,沙志强,朱忠益,等. 氨法脱硫工艺参数对气溶胶排放特性的影响[J]. 热能动力工程,2013,28(3):281-287.

加工高硫原油设备湿硫化氢腐蚀防护措施研究

李洪亮

（中国石油化工股份有限公司云南分公司，云南 安宁 650300）

摘 要：本文简要介绍湿 H_2S 腐蚀环境的分类，分析了湿 H_2S 腐蚀的机理及影响因素；湿 H_2S 对容器钢材不仅存在酸性化学腐蚀，一定条件下还会产生延迟脆性断裂的应力腐蚀，压力容器在湿 H_2S 环境中一旦发生应力腐蚀开裂，将直接导致压力容器的失效、爆炸，后果非常严重。本文从设备设计、制造、检验、使用及维护等环节入手，规定进行热处理，降低焊缝硬度，控制湿硫化氢的腐蚀风险；规范工艺操作及检维修过程，加强在线腐蚀监测等工作，以防止云南石化设备发生湿硫化氢应力腐蚀事故。

关键词：湿 H_2S；压力容器；腐蚀与防护

近些年来，随着原油中硫含量的不断提高，越来越多的设备面临着湿 H_2S 腐蚀环境。湿 H_2S 对容器钢材不仅存在酸性化学腐蚀，一定条件下还会产生应力腐蚀，导致延迟脆性断裂。压力容器在湿 H_2S 环境中一旦发生失效，后果非常严重。1982 年，德国北部一条输送脱水酸性气体高压管道由于应力诱导的氢致开裂导致开裂，经济损失惨重；1984年，芝加哥 Lemont 炼油厂，一个液化气球罐氢致开裂导致 15 人丧生，22 人重伤；同年，墨西哥城一大型炼油厂液化气储罐由于硫化物应力腐蚀开裂而导致泄漏，造成 500 人死亡，厂区周围 7000 人受伤。

云南石化加工的原油全部来自中东，含硫量较高，虽然脱硫工艺可能降低材料应力腐蚀破坏的概率，但是要完全避免湿 H_2S 腐蚀是不可能的。因此我们应该高度关注此类失效，从而避免由此造成的事故和损失。

一、湿 H_2S 腐蚀环境分类

容器接触的介质在液相中存在游离水，且具备下列条件之一时为湿 H_2S 腐蚀环境：

(1)游离水中溶解的 H_2S 浓度大于 50mg/L；

(2)游离水的 pH 值小于 4.0，且溶有 H_2S；

(3)游离水中氰氢酸（HCN）含量大于 20mg/L，并溶有 H_2S；

(4)气相中的 H_2S 分压大于 0.3kPa。

根据腐蚀机理不同,湿 H_2S 腐蚀环境可以分为 I 类和 II 类。当容器的工作温度为室温至 150°C,并符合下列其中任何一条时为 II 类湿 H_2S 腐蚀环境:

(1)H_2S 在水中的浓度大于 2000mg/L,且 pH 值大于 7.6;

(2)H_2S 在水中的浓度大于 50mg/L,且 pH 值小于 4.0;

(3)游离水的 pH 值大于 7.6,且水中 HCN 或氰化物含量大于 20mg/L,并溶有 H_2S。

若湿 H_2S 腐蚀环境不符合 II 类的即称为 I 类湿 H_2S 腐蚀环境。

二、H_2S 腐蚀机理

H_2S 是一种无色、有毒、易燃、易爆并具有腐蚀性的酸性气体。干燥的 H_2S 气体对金属材料没有腐蚀,H_2S 只有溶解在水中才会具有腐蚀性。H_2S 一旦溶解在水中便立即会发生电离,使水具有酸性,对金属材料产生严重的腐蚀。

H_2S 在水中的离解反应可表示为:

$$H_2S \rightarrow H^+ + HS^-$$

$$HS^- \rightarrow H^+ + S^{2-}$$

钢铁在 H_2S 的水溶液中发生的电化学反应过程可以表示为:

阳极过程: $$Fe \rightarrow Fe^{2+} + 2e$$

阴极过程: $$2H^+ + 2e \rightarrow H_{ad} + H_{ad} \rightarrow H_2 \uparrow$$

阳极反应的产物: $$Fe^{2+} + S^{2-} \rightarrow FeS$$

当生成的 FeS 致密且与基体结合良好时,能减缓腐蚀;但当生成的 FeS 不致密时,可与金属基体形成强电偶,反而促进基体金属的腐蚀。H_2S 离解产物 HS^-、S^{2-} 等离子吸附在金属表面,可加速氢的产生及铁的溶解,使金属电化学失重腐蚀速度加快;同时,放出的氢原子聚集在金属表面,遇到裂缝、空隙等,就渗入其内部,结合成氢分子发生氢鼓泡,在金属内部引起微裂纹,使金属变脆,即氢脆;在应力的作用下,引起钢材断裂,即发生应力腐蚀。

H_2S 在常温到 80°C 的范围内与不同程度的水共存时,在容器的某一部位会形成 H_2S 与水的湿 H_2S 腐蚀环境,使焊接结构及材料在压力促使下,造成在役压力容器及管道出现损伤。H_2S 腐蚀破坏与材料强度、硬度、金相组织等有着密切关系,材料强度愈高愈容易发生破坏。虽然采用不锈钢可以防止大部分设备腐蚀破坏,但不经济,故许多装置仍采用碳钢与低合金钢。这些材料在 H_2S 中破坏形式有许多种,对碳钢和低合金钢的破坏形式及机理,可归纳为四类。

(1)氢鼓泡(HB)

H_2S 腐蚀过程中析出的氢原子向钢中渗透,在钢中某些关键部位形成氢分子并聚集,随着氢分子数量的增加,形成的压力不断提高,引起界面开裂,形成氢鼓泡(如图1)。氢鼓泡常发生于钢中夹杂物与其他冶金不连续处,其分布于钢板表面。

（2）氢致开裂（HIC）

在钢的内部发生氢鼓泡区域,当氢的压力继续增高时,不同层面上的相邻的氢鼓泡裂纹相互连接,形成阶梯状特征的内部裂纹称为氢致开裂。氢致开裂的裂纹也可扩展到其金属表面,HIC与钢材内部的夹杂物或合金元素在钢中的不规则微观组织密切相关,而与钢材中的应力无关。因此焊后热处理不能改善钢材抗HIC的能力。

（3）硫化物应力腐蚀开裂（SSCC）

湿 H_2S 环境中腐蚀产生的氢原子渗入钢的内部,溶解于晶格中使钢的脆性增强,在外加拉应力或残余应力作用下形成开裂,称为硫化物应力腐蚀开裂。

SSCC通常发生在焊缝或热影响区中高强度、低韧性显微组织存在的部位,这些部位具有高硬度值。SSCC与钢材的化学成分、力学性能、显微组织以及焊接工艺等均有密切关系。

（4）应力导向氢致开裂（SOHIC）

应力导向氢致开裂是由于应力引导下,在夹杂物与缺陷处因氢聚集而形成的成排的小裂纹沿垂直于应力的方向发展,即向压力容器与管道的壁厚方向发展(如图2)。SOHIC常发生在焊接接头的热影响区及高应力集中区,因此低杂质含量及进行过焊后热处理的钢材对SOHIC有较好的抗力。

图1　氢鼓泡

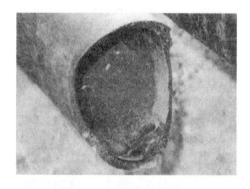

图2　应力导向氢致开裂

三、湿 H_2S 腐蚀的影响因素

（1） H_2S 的含量: H_2S 含量越高,产生氢致开裂的敏感性也越高、断裂时间越短。当钢材自身强度级别越高、焊接接头的硬度偏高时,氢致开裂的速度更快。高强度钢氢致裂纹检出率大大高于低强钢。

（2）湿 H_2S 环境中的pH值:溶液呈中性时,均匀腐蚀速率最低,HB、SSCC、HIC和SOHIC的敏感性也较低。溶液呈酸性时均匀腐蚀及SSCC、HB、HIC和SOHIC的敏感性都较高;溶液呈碱性时,均匀腐蚀速率相对于中性时较高,但低于酸性情况,而此时

SSCC、HB、HIC 和 SOHIC 的敏感性则随碱性介质的不同而变化,甚至腐蚀形态也发生变化。

(3)介质温度:温度升高,均匀腐蚀速率加快,HB、HIC 和 SOHIC 的敏感性也增加,但 SSCC 的敏感性下降。SSCC 发生在常温下的概率最大,而在 65℃ 以上则较少发生。这与 H_2S 在水中的溶解度有关,温度升高降低了 H_2S 在水中的溶解度,所以不易发生开裂。试验表明在 24℃ 左右断裂的敏性最大;在 24℃～65℃ 范围内,硫化物应力腐蚀开裂敏感性随温度增加而明显下降。

(4)其他腐蚀介质的影响:其他介质如氯离子和氢氰离子等,这些离子即使含量很少,也会产生较大的影响。一般情况下,氯离子主要加速均匀腐蚀速率,而氢氰根离子则易引起 SSCC、HB、HIC 和 SOHIC。

(5)材料的硬度及焊后热处理:材料的硬度,尤其是焊缝及其热影响区的硬度较高,或焊后不进行热处理,易引起湿 H_2S 应力腐蚀开裂的发生。按照行业惯例,炼油厂常用的低强度碳钢应控制焊缝硬度低于 200HB。

四、湿 H_2S 腐蚀的防护措施

从上述分析可以看出,湿 H_2S 腐蚀受诸多因素影响,所以防止或减缓腐蚀就有诸多方法。可以采取措施直接避开腐蚀环境,也可采取间接措施降低相关指标。然而容器设计总是服务于工艺过程的,改善腐蚀环境往往受到介质组分、产品质量和操作工况等工艺参数的限制,加之有的措施可行性低或效果不确定。容器设计者需要针对具体情况,根据可行性、有效性和经济性综合考虑,在本专业力所能及的技术领域内加以选择。防止压力容器的应力腐蚀不能单纯依靠腐蚀裕量来满足设计寿命,湿 H_2S 腐蚀结果会使钢材在应力远低于屈服极限的情况下,引起没有征兆的突发性破坏,因此应从以下几方面考虑湿 H_2S 腐蚀的防护措施。

1. 结构设计

结构设计的不合理易引起该部位的应力集中,产生局部拉应力,在含 H_2S 介质作用下诱发应力腐蚀。设计时应尽量采用连续结构,焊接件之间的焊缝应圆滑过渡,避免形状突变,减小应力集中。对应力可能集中的关键部位,可适当增加部件的厚度。设备的连接处与支承处也是容易造成缝隙与死角的地方,故设计时也应给予充分考虑。

2. 选材要求

(1)在Ⅰ类湿 H_2S 腐蚀环境中选材要求

① 如果选材为碳素钢或低合金钢,必须是镇静钢。

② 接触湿 H_2S 环境碳素钢螺栓的硬度应不大于 HB200,合金钢螺栓的硬度应不大于 225HB。

③ 铬钼钢制设备和管道热处理后母材和焊接接头的硬度应不大于 225HB(1Cr - 0.5Mo、1.25Cr - 0.5Mo)、235HB(2.25Cr - 1Mo、5Cr - 1Mo)和 248HB(9Cr - 1Mo)。

④ 铁素体不锈钢、马氏体不锈钢和奥氏体不锈钢的母材和焊接接头的硬度应不大于

22HRC,其中奥氏体不锈钢的碳含量不大于 0.10%,且经过固溶处理或稳定化处理。

⑤ 双相不锈钢的母材和焊接接头的硬度应不大于 28HRC,其铁素体含量应在 35%~65%的范围内。

⑥ 容器内焊接接头两侧 50mm 范围内的表面应进行防护,可在表面喷锌、喷铝并用非金属涂料封闭的方法。

⑦ 尽量不要选用承插焊形式的管件,结构上应尽量避免应力集中。

⑧ 材料的强度和使用状态按下列要求:

一是材料标准规定的屈服强度 ReL≤355MPa;

二是材料实测的抗拉强度 Rm≤630MPa;

三是材料使用状态应至少为正火＋回火、正火或退火。

⑨ 低碳钢和碳锰钢的碳当量 CE 按板厚限制如下:

一是小于等于 38mm,CE=0.43;

二是 39mm~64mm,CE=0.45;

三是 65mm~102mm,CE=0.46;

四是大于 102mm,CE=0.48。

[注:CE=C+Mn/6+(Cr+Mo+V)/5+(Ni+Cu)/15]

⑩ 壳体用钢板厚度大于 12mm 时,应进行超声检测,应符合 II 级要求。

(2)在 II 类湿 H_2S 腐蚀环境中选材要求

在 II 类湿 H_2S 腐蚀环境中工作的压力容器用钢除满足 I 类环境中的要求外,还应符合下列要求。

① 钢材化学成分:S≤0.002%,P≤0.010%,Mn≤1.35%;

② 板厚方向断面收缩率 Z≥35%(三个试样平均值)和 25%(单个试样最低值);

③ 抗氢诱导裂纹(HIC)试验:试验方法按 NACE TM 0284—2003,A 溶液,要求:CLR≤5%,CTR≤1.5%,CSR≤0.5%。

针对炼油装置中可能出现的不同类型湿 H_2S 腐蚀机理,结合生产实践并经过多次修订,工信部发布了 SH/T 3096—2012《高硫原油加工装置设备和管道设计选材导则》,导则对每一种设备、管道的选材做了明确规定。

3. 消除应力热处理

多数容器的应力腐蚀断裂事故并不是由于工作应力,而是由于容器在制造过程中的成型,组焊产生的内部残余应力所引起,其中焊接残余应力起主导作用。因此设计者常采用整体消除应力的热处理以降低残余应力,并降低焊接接头的硬度,达到避免或减缓应力腐蚀开裂的目的。

(1)HG/T 20581—2011《钢制化工容器》规定,对非焊接件或焊后经正火或回火处理的材料,硬度限值如下:低碳钢 HV(10)≤220(单个值);低合金钢 HV(10)≤245(单个值)。

(2)应尽量减少焊接。如采取焊接,原则上应进行焊后热处理,热处理温度应按标准要求取上限。热处理后碳素钢或碳锰钢焊接接头的硬度应不大于 200HB,其他低合金钢母材和焊接接头的硬度应不大于 237HB。

（3）热加工成形的碳素钢或低合金钢制管道元件，成形后应进行恢复力学性能热处理，且其硬度不大于 225HB。

（4）冷加工成型的碳素钢或低合金钢设备和管道元件，当冷变形量大于 5％时，成型后应进行焊后热处理，且其硬度不大于 200HB。但对于冷变形量大于 15％且硬度不大于 190HB 时，可不进行消除应力热处理。

五、中石化云南分公司的相应措施

1. 设计过程中已经采取的措施

（1）设备选材严格按照 SH/T 3096—2012《高硫原油加工装置设备和管道设计选材导则》执行。

（2）处于湿 H_2S 严重腐蚀环境中的容器，选用抗 HIC 钢。

（3）对设备制造环节进行了控制。控制焊缝硬度，对设备进行焊后热处理，进行了超声波和射线探伤检查，保证设备几何尺寸符合标准规定，避免强力组装。

（4）在关键部位加注相应的缓蚀剂。

2. 生产运行过程中应该采取的措施

（1）工艺操作过程中，严格控制 H_2S 含量。材质为 16MnR 等低强钢，应控制 H_2S 含量小于 100mg/L；材质为 CF62 等高强钢，应控制在 20mg/L 以内。

（2）按照工艺操作规程做好与防腐有关的指标测定、加碱和缓蚀剂等工作。

（3）依托云南石化腐蚀在线监测系统，对重点部位腐蚀情况进行监测。

（4）对压力容器进行检验时，除仔细观察设备表面状况及结构外，还应进行测厚、里氏硬度检测、内表面荧光磁粉或溶剂去除型渗透检测、X 射线及超声波探伤等项目。在检验和检测中如发现缺陷，应根据缺陷形态、发生部位、数量，结合检测结果分析判断，必要时增加厚度、硬度检测和无损探伤的比例，也可以通过金相检测或者其他检测试验手段确认缺陷的性质，彻底查明设备质量情况，消除隐患，保证设备在安全的前提下投用。

（5）制订完善的检维修方案，防止工艺处理及检维修过程中的次生腐蚀。

（6）做好重点部位腐蚀泄漏的应急预案及演练。

六、结论

影响湿 H_2S 对石油化工设备发生腐蚀作用的因素比较多，情况也比较复杂。我们必须从设备设计、制造、检验、使用及维护等环节入手，按照国家标准《高硫原油加工装置设备和管道设计选材导则》选材，按照规定进行热处理，控制湿 H_2S 的腐蚀风险，控制工艺操作及检维修过程质量，加强在线腐蚀监测工作，从而避免云南石化设备发生湿 H_2S 应力腐蚀事故。

参考文献

[1] 徐翔,唐懿. 压力容器用调质钢的 H_2S 应力腐蚀行为[J]. 石油化工设备,2009,38(3):10-15.

[2] 郭志军,陈东风,李亚军,等. 油气田含 H_2S、CO_2 和 Cl^- 环境下压力容器腐蚀机理研究进展[J]. 石油化工设备,2008,37(5):53-58.

[3] 张清玉. 油气田工程实用防腐技术[M]. 北京:中国石化出版社,2009.

[4] 姚艾. 石油化工设备在硫化氢环境中的腐蚀与防护[J]. 石油化工设备,2008,37(5):96-97.

[5] 李明,李晓刚,陈华. 在湿 H_2S 环境中金属腐蚀行为和机理研究概述[J]. 腐蚀科学与防护技术,2005,17(2):107-111.

[6] 王勇,李崇刚. 液化石油气储罐氢鼓包分析[J]. 石油化工设备,2009,38(4):95-96.

[7] NACE MRO175/ISO 15156. Petroleum and Natural Gas Industries—materials for Use in H_2S—containing Environments in Oil and Gas Production[S]. Houston:NACE,2003.

[8] 2007 ASME Boiler & Pressure Vessel Code,Ⅷ. Division Ⅰ, Rules for Construction of Pressure Vessels[S]. New York:The American Society of Mechanical Engineers,2007.

[9] NACE SP 0472—2010(formerly RP0472). Methods and Controls to Prevent In-Service Environmental Cracking of Carbon Steel Weldments in Corrosive Petroleum Refining Environments[S]. Houston:NACE,2010.

加氢装置高压空冷系统的
铵盐腐蚀规律与控制

余进，胡久韶，蒋金玉，王刚

（合肥通用机械研究院　国家压力容器与管道安全工程技术研究中心，

安徽　合肥　230088）

摘　要：近年来原油品质持续劣化，含硫、含氮和含氯原油的加工比例不断上升，引发了大量腐蚀事故，威胁着炼油企业的员工生命安全和经济效益。碳钢、不锈钢等材质的设备均存在不同类型的腐蚀机理，其中铵盐腐蚀难以预测和控制，由此导致的安全事故也严重制约了石化装置的长周期运行。加氢装置在炼油工业中的地位举足轻重，高压空冷系统经常遭受铵盐腐蚀而发生失效。本文针对加氢装置中的高压空冷系统腐蚀案例，以热力学计算方法推导了两类铵盐结晶化学平衡的表征公式，用数学模型分析了铵盐形成的机理，明确了铵盐结垢的临界参数范围，揭示了铵盐腐蚀的规律，并从材质升级和关键工艺参数监控等多个角度出发，为腐蚀控制提供了切实可行的解决方案。

关键词：加氢装置；铵盐腐蚀；热力学计算；关键工艺参数；腐蚀控制

一、引言

石油炼制工业中，加氢是一种重要的二次加工技术，可将重油组分切割成轻质产品。加氢装置包括加氢裂化、汽柴油加氢、重油加氢等类型；产品有精制石脑油、轻柴油等。装置按工艺流程可分为反应、分馏和吸收稳定等单元。反应单元中，产物温度较高，应尽可能回收这部分热量并使介质冷却，为此反应单元设有高压空冷系统。高压空冷系统涉及的工况苛刻，介质环境复杂，经常遭受铵盐腐蚀[1,2]。

石化企业加工劣质原油的比例不断上升，随之而来的是大量腐蚀事故。国内外专家、学者和工程技术人员都已对加氢装置的腐蚀和防护开展了一些工作，但铵盐腐蚀造成的设备失效一直没有得到足够重视，引发的事故还时有发生[3-6]，常见防腐措施，如工艺防腐蚀和材质升级的收效也不够理想。加氢装置重点设备的铵盐腐蚀问题亟待进一步研究，以确保装置的长周期安全运行。

二、典型案例

2013 年,合肥通用机械研究院特种设备检验站在某南方沿海炼油企业全厂停工检修期间对加氢裂化装置开展了腐蚀调查。装置 2006 年投用,设计产能 120 万吨/年,加工原料油为减一、减二、减三线混合蜡油,所需氢气来自全厂氢气管网和渣油加氢装置 PSA部分。受原油杂质影响,装置原料油含硫含酸,还有氮和氯等杂质。

装置内高压空冷器的位号为 A101A～H,共 8 台。最高工作压力 15Mpa,进口温度 200℃,出口温度 65℃。工艺介质主要包括循环氢、反应流出物和水,油气中含 2% 的 H_2S 和少量 NH_3;管箱材质 16MnR(HIC)、换热管材质 10# 钢。

在检查 8 台高压空冷器时发现出口接管有一定程度减薄。原始资料显示,接管公称壁厚为 45mm,但测厚值为 39.4～42.3mm;从空冷器管束的内窥镜抽查的情况看,管束内不同程度地存在结垢。检修结束后进行水压试验时,空冷器 A101E 发生了泄漏,管束出口 20mm 处已出现腐蚀穿孔,减薄处面积达 8mm×20mm。腐蚀情况如图 1 和图 2。随后进行隐患排查,8 台空冷器管束中 A101A、B 情况较好,A101D、E、F 管束存在腐蚀,说明介质存在偏流。

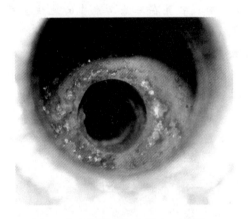

图 1 发生泄漏的空冷器 A101E 管口

图 2 发生泄漏的空冷器 A101E 管束

三、腐蚀环境介绍

加氢装置在将原料精炼为目标产品的同时又需要除去硫、氮、氯等杂质,因此会有 H_2S、NH_3、HCl 等生成,继而产生 NH_4Cl、NH_4HS 等铵盐。由于操作条件和介质环境的差别,各装置高压空冷系统的损伤机理不尽相同[7-12]。以下对产生不同机理的原因作简要说明:

(1)当反应流出物温度低于水的露点时,腐蚀环境为 $H_2S+NH_3+H_2O$,可能发生湿硫化氢腐蚀和 NH_4HS 腐蚀;若反应流出物中含有氯,还会在一定温度下形成 NH_4Cl 结晶,发生堵塞,或在其后的低温部位吸收 H_2O 形成 NH_4Cl 溶液,严重腐蚀设备。

（2）当反应流出物中无水的时候,腐蚀环境为干的 H_2S+NH_3,对空冷系统的腐蚀轻微。若原料中含氯,含氯杂质进入介质时,空冷器及下游管线将在一定温度下形成 NH_4Cl 结晶,发生堵塞。

高压空冷器 A101E 出口温度为 65℃,低于露点,就是在（1）中所述的 NH_4Cl+NH_4HS 环境中发生腐蚀直至泄漏的。

四、铵盐腐蚀的讨论

1. 铵盐生成反应与平衡

原料油中的氮与氢会生成氨气,氨气与氯化氢、硫化氢接触将生成 NH_4Cl 与 NH_4HS,满足相应条件的时候,铵盐将发生结晶。生成铵盐的过程是一个动态可逆的化学反应,反应在气相中达到动态平衡[13-15]。反应式如下:

$$NH_{3(g)} + HCl_{(g)} \rightleftharpoons NH_4Cl_{(s)} \tag{1}$$

$$NH_{3(g)} + H_2S_{(g)} \rightleftharpoons NH_4HS_{(s)} \tag{2}$$

平衡主要受温度和各反应物分压影响,用平衡常数 K_p 表示反应物分压的乘积。对反应（1）NH_4Cl 的 K_p 值为 NH_3 分压与 HCl 分压乘积,即:

$$K_{p1} = [NH_{3pp}] \times [HCl_{pp}] \tag{3}$$

同样的,NH_4HS 的 K_p 值为:

$$K_{p2} = [NH_{3pp}] \times [H_2S_{pp}] \tag{4}$$

其中:pp 为物质的量分压。

$X_{pp} =$（组分 X 气相时物质的量）·（操作压力－绝对压力)/（气相总物质的量)（量纲为 kPa)

2. 铵盐腐蚀机制

根据热力学中的吉布斯函数判据[16],在等温、等压且不存在非体积功时,自发的化学反应总是向系统吉布斯自由能降低的方向进行。只有当吉布斯自由能为零时,化学反应才能达到平衡。

真实状态下反应（1）、（2）的吉布斯函数可表示为[17]:

$$\Delta_r G_m = \Delta_r G_m^\theta + RT \ln \prod_B (\widetilde{P_B}/P_\theta) V_B \tag{5}$$

其中组分 B 的逸度可表示为逸度系数与分压的乘积,即:

$$\widetilde{P_B} = \varphi_B \cdot P_B \tag{6}$$

$\Delta_r G_m^\theta$ 为 25℃,100kPa 压力下化学反应标准吉布斯自能函数,R 为阿伏伽德罗常数 8.314,T 为反应系统的温度,P^θ 为标准压强 100kPa,P_B 为 B 组分的分压,φ_B 为 B 组分

在给定压力、温度下的逸度系数。

$\Delta_r G_m^\theta$ 可以用标准熵和标准焓的函数来表示：

$$\Delta_r G_m^\theta = \sum_B V_B \Delta_f H_m^\theta(B) - T \sum_B \Delta_f S_m^\theta(B) \qquad (7)$$

V_B 是组分 B 的体积，T 是组分 B 的温度。

以案例中 15MPa 为加氢反应压力，各反应物逸度系数 φ、临界温度 T_c、临界分压 P_c 和反应系统中各物质的标准熵 $\Delta_f S_m^\theta$、标准焓 $\Delta_f H_m^\theta$ 等参数[18]，见表 1 所列。

表 1　反应体系中各物质的热力学参数

	$NH_{3(g)}$	$H_2S_{(g)}$	$HCl_{(g)}$	$NH_4Cl_{(s)}$	$NH_4HS_{(s)}$
P_c(MPa)	11.2	8.94	8.31		
T_c(K)	405.6	373.2	324.6		
φ	0.83	0.74	0.9		
$\Delta_f S_m^\theta$(J/mol·K)	192.3	205.8	186.8	94.5	113.4
$\Delta_f H_m^\theta$(kJ/mol)	−46.1	−20.2	−92.3	−314.3	−156.9

当反应达到平衡的时候，令标准吉布斯自由能＝0，即可得到此时温度与反应平衡常数 K_p 的关系式：

对反应(1)有：

$$0 = -180 + 0.3046T - 0.008314T \cdot \ln 0.75K_{p1} \qquad (8)$$

对反应(2)有：

$$0 = -90.6 + 0.2957T - 0.008314T \cdot \ln 0.61K_{p2} \qquad (9)$$

两种铵盐的结晶反应平衡曲线，如图 3 和图 4：

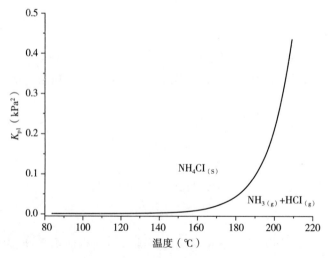

图 3　氯化铵反应平衡曲线

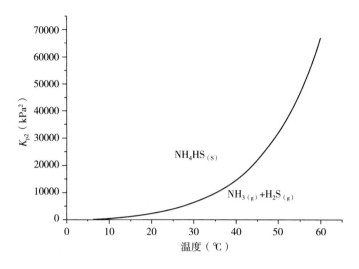

图 4　硫氢化铵反应平衡曲线

从图 3 和图 4 中可知,随着温度 T 升高,平衡常数 K_p 值也将升高。介质温度较高的时候铵盐不会结晶,只有介质温度降低,使得气相反应物分压乘积超过平衡常数时,才会有铵盐生成,直至分压再次低于平衡常数。铵盐颗粒容易在设备中沉淀堵塞并降低介质温度和流速。随着温度和流速的下降,铵盐结垢又会加剧,结垢和温度、流速下降互为因果形成并恶性循环,直至设备失效。再对(8)、(9)求微分:

$$\frac{\mathrm{d}K_{p1}}{\mathrm{d}T} = \frac{180}{0.75} \cdot \frac{1}{0008314 T^2} \cdot \exp\left(\frac{0.3046 T - 180}{0.008314 T}\right) \tag{10}$$

$$\frac{\mathrm{d}K_{p2}}{\mathrm{d}T} = \frac{90.6}{0.61} \cdot \frac{1}{0.008314 T^2} \cdot \exp\left(\frac{0.2957 T - 90.6}{0.008314 T}\right) \tag{11}$$

从(10)、(11)中可知,反应(1)即生成 NH_4Cl 的结晶趋势明显高于反应(2),一般工况下,NH_4Cl 的结晶温度高于 NH_4HS。在水、油、汽等多种介质环境中,NH_4HS 的结晶温度不高于 70℃,NH_4Cl 的结晶温度则在 177℃～232℃之间。设备出现 NH_4Cl 结垢的时候不一定会生成 NH_4HS 结晶,但是发生 NH_4HS 腐蚀的时候一定伴随 NH_4Cl 腐蚀。

NH_4Cl 与 NH_4HS 不但结晶条件不相同,腐蚀机理也不一样。干燥 NH_4Cl 不会腐蚀设备,只会造成堵塞。只有液态水出现时,NH_4Cl 吸水在设备内壁形成高浓度的溶液,从而形成腐蚀。NH_4Cl 垢下腐蚀的机理在于金属与铵盐结垢之间存在酸性的腐蚀环境而造成金属的不断腐蚀,直到失效。

NH_4HS 为含水的 H_2S 和 NH_3 形成的腐蚀。在水中 NH_4HS 比 H_2S 更易溶解,故此对设备的腐蚀性比 H_2S 强。但 NH_4HS 溶液性质不稳定,容易发生水解,水解后的溶液为酸性水,呈现碱性,腐蚀机理基本等同于湿硫化氢腐蚀,会出现硫化氢应力腐蚀(SSC)、氢致开裂(HIC)、应力导向氢致开裂(SOHIC)等失效。

五、铵盐防腐措施

高压空冷系统的铵盐腐蚀问题需要企业中设备管理、生产工艺和运行维护等多部门协同配合加以解决。下面针对典型问题,提供一些思路[19,20]。

1. 工艺防腐

(1)增设脱氮、脱氯设备:铵盐由氨气与氯化氢、硫化氢生成,加氢装置中硫化氢的含量通常比氨气高,氨气含量又比氯化氢高,因而最终决定 NH_4HS 生成量的主要是氮含量,而决定 NH_4Cl 生成量的是氯含量。原料油中不可避免地存在氮、氯杂质。可增设脱氮、脱氯设备,控制杂质含量。

(2)注水:铵盐腐蚀程度与浓度有关,按平衡常数与温度关系公式(8)、(9)分别在曲线上找到相应的结晶温度,在温度点对应设备的上游注水。若腐蚀杂质含量超过设计值,结晶点会前移,注水点也应前移。

(3)注缓蚀剂:缓蚀剂注入后的防腐效果很难控制,这给企业造成了很大困扰,如果选用缓蚀剂控制铵盐腐蚀应在注入点选取和注入量控制上格外慎重。

2. 材质升级

根据平衡常数 K_p 确定腐蚀环境,$K_p<0.5$ 时,腐蚀情况较为复杂,应根据氯离子浓度、硫化氢分压、操作温度和介质流速等具体情况选用碳钢或高合金钢。由于反应流出物富含硫化氢,对于高压空冷器,应进行焊后热处理提高抗 SCC/SOHIC 性能;当 $K_p>0.5$ 时,铵盐腐蚀将十分严重,应选用双相不锈钢 2205 或 Incoloy825 等高合金钢,但 Incoloy825 抗氯离子腐蚀性能有限,如果氯离子浓度较高,应考虑 Incoloy625 等材质。

3. 关键工艺参数控制

关键工艺参数(Critical Process Variables,简称 CPV)控制是目前国际上先进的腐蚀管理方法。在使用这种腐蚀管理方法时,需要预先设定并建立操作条件和工艺参数临界值,限定工艺波动范围,一旦参数超限,管理平台将发出报警,从而提高设备可靠性[21-23]。参数边界分为三个等级,三级边界的意义各不相同,详情如图5。

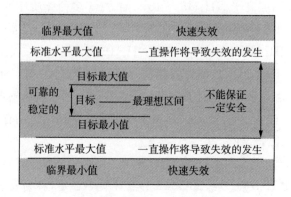

图5　关键工艺参数边界等级划分

设备管理人员可以根据企业实际情况和设备失效后果,针对不同目标,制定应急预案。高压空冷器中的关键参数包括介质流速、原料氯离子浓度、NH_4HS 浓度和空冷入口温度等,针对 A101 的关键工艺参数可进行如下监控,详情见表 2。

表 2　A101A~H 关键工艺参数及控制范围

介质名称	需要控制参数	控制范围	控制频率
RACE(反应流出物)	流速($m \cdot s^{-1}$)	3.3~6.0	一直
RACE	H_2S 分压(MPa)	≤0.15	一直
RACE	NH_4HS 浓度(wt%)	≤3	每日
原料氯离子浓度	氯离子浓度(ppm)	≤4	每日
RACE	空冷器入口温度(℃)	≤130	一直
酸性水	排污水 pH 值	7.2~8.1	每日

另外,由于铵盐堵塞位置没有规律可循,可在高压空冷器入口管线前后的位置使用导波检测,辅助工艺参数监控,确保设备安全运行。

六、结束语

文中结合加氢装置中高压空冷器的典型失效案例,运用热力学计算方法明确了铵盐结晶和腐蚀的规律,提出了采取工艺防腐、材质升级和关键工艺参数监控等多种策略防范铵盐腐蚀。高压空冷系统存在汽、液、水等多种相态介质,实际腐蚀情况要比文中讨论的复杂。设计、制造和误操作等因素也会导致设备失效,必须综合运用检验检测、关键工艺参数控制与材质升级等多种方法系统性地确保设备平稳运行。

参考文献

[1] 宋光雄,张晓庆,常彦衍,等. 压力设备腐蚀失效案例统计分析[J]. 材料工程,2004,36(2):6-9.

[2] Sun A,Fan D. Prediction, monitoring, and control of ammonium chloride corrosion in refining processes [C]//CORROSION,2010.

[3] 龚敏. 金属腐蚀理论及腐蚀控制[M]. 北京:化学工业出版社,2009:151-156.

[4] 艾志斌,陈学东,杨铁成,等. 复杂介质环境下承压设备主导损伤机制的判定与失效可能性分析[J]. 压力容器,2010,27(6):52-56.

[5] Philip R P,Arthur D J,William F,et al. Impact of ammonium chloride salt deposition on refinery operations [J]. Corrosion,2011,45(10):1540-1547.

[6] Dion M,Payne B,Grotewold D. Operating philosophy can reduce overhead corrosion Boost refinery reliability by controlling potential amine recycle loops[J]. Hy-

drocarbon Processing,2012,91(3):45 - 47.

[7] 乔光谱,陈炜. 加氢装置反应系统的氯盐腐蚀分析及风险管理[J]. 腐蚀与防护,2012,(7):618 - 622.

[8] 郭其新,莫少明. 重油加氢装置高压空冷器管束的腐蚀与防护[J]. 石油化工腐蚀与防护,2002,19(6):14 - 17.

[9] Pandey R K. Failure analysis of refinery tubes of overhead condenser [J]. Engineering Failure Analysis,2006,13(5):739 - 746.

[10] 偶国富,王宽心,谢浩平,等. 加氢空冷系统硫氢化铵结晶规律的数值模拟[J]. 高校化学工程学报,2013,27(2):354 - 359.

[11] 杨秀娜,齐慧敏,高景山,等. 加氢反应流出物腐蚀案例分析[J]. 炼油与化工,2011,22(5):42 - 44.

[12] 顾望平. 石化厂常见的腐蚀失效与对策[C]//石油和化工设备管道防腐技术与对策专题研讨会文集. 合肥:合肥工业大学出版社,2011:1 - 7.

[13] Cathy Shargay. Design considerations to minimize ammonium chloride corrosion in hydrotreacter REAC's[C] //NACE,2001,No. 01543.

[14] API Publication 932 - A. A Study of Corrosion in Hydro - process Reactor Effluent Air Cooler Systems[S]. Washington:API,2002.

[15] API Recommended Practice 932 - B. Design,Materials,Fabrication,Operation and Inspection Guidelines for Corrosion Control in Hydro-process Reactor Effluent Air Cooler(REAC)Systems[S]. Washington:API,2012.

[16] 陈钟秀,顾飞燕,胡望明. 化工热力学[M]. 北京:化学工业出版社,2001.

[17] 王正烈,周亚平. 物理化学[M]. 北京:高等教育出版社,2001.

[18] 刘光启,马连湘,刘杰主. 化学化工物性数据手册[M]. 北京:化学工业出版社,2002.

[19] 张国信. 加氢高压空冷系统腐蚀原因分析与对策[J]. 炼油技术与程,2007,37(5):18 - 22.

[20] Hu D W,Chen J M,Ye X N,et al. Hygroscopicity and evaporation of ammonium chloride and ammonium nitrate:Relative humidity and size effects on the growth factor[J]. Atmospheric Environment,2011,45(14):2349 - 2355.

[21] API 584. Integrity Operating Windows Base Resource Document [S]. Washington:API,2014.

[22] Azrul Hilmi,Tim Illson,Janardhan Rao Saithala,et al. Management of integrity operating windows (IOW) for a gas processing plant as part of corrosion management strategy of an aging asset[C]//CORROSION,2016.

[23] 陈炜,陈学东,顾望平,等. 石化装置设备操作完整性平台(IOW)技术及应用[J]. 压力容器,2010,27(12):53 - 58.

催化分馏塔低温段腐蚀与原因分析

古华山,王刚,程伟,陆秀群

(合肥通用机械研究院特种设备检验站,安徽 合肥 230031)

摘 要:本文介绍了某炼油厂催化裂化装置分馏塔低温段发生的严重腐蚀案例,并通过理论分析和腐蚀产物分析,对腐蚀原因进行了总结,指出分馏塔低温段腐蚀主要是由 $HCl+H_2S+H_2O$ 环境造成的。

关键词:催化裂化;分馏塔;低温;腐蚀

一、引言

近年来,随着高硫、高酸原油掺炼比例的增多,催化裂化装置的设备腐蚀问题逐渐地暴露出来[1]。分馏塔是催化裂化装置的关键设备,对分馏塔进行腐蚀控制是保障整个催化装置安全运行的重要一环[2]。为了了解装置腐蚀状况,某炼油厂委托合肥通用机械研究院特种设备检验站对该厂催化裂化装置进行了腐蚀调查。该装置 1993 年投产,2009 年升级改造,年处理量 90 万吨,原料为减压渣油。调查发现,该装置分馏塔低温段存在较为严重的腐蚀。

二、腐蚀调查结果

通过腐蚀调查,发现分馏塔腐蚀最严重的部位位于第 2 人孔(自上往下数,下同)、第 5 层塔盘附近,主要腐蚀问题如下:

① 受液盘、降液板腐蚀穿孔(图 1);

② 溢流堰腐蚀严重,已成刀片状(图 2);

③ 内回流管大面积腐蚀穿透(图 3);

④ 升气管相连的大底板多处焊缝腐蚀穿透,底板本身密布蚀坑,且局部有腐蚀穿孔(图 4);

⑤ 第 2 人孔短节对接焊缝腐蚀出深约 3mm、长约 100mm 的沟槽(图 5);

⑥ 塔壁存在局部腐蚀坑(图 6)。

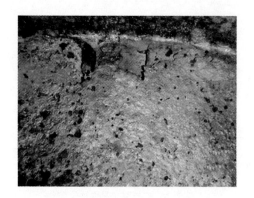

图 1 受液盘腐蚀穿透

图 2 溢流堰腐蚀

图 3 内回流管大面积腐蚀穿透

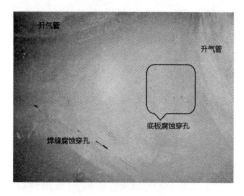

图 4 底板腐蚀穿孔及焊缝穿孔

图 5 第 2 人孔短节对接焊缝腐蚀沟槽

图 6 第 2 人孔处塔壁局部腐蚀坑

二、腐蚀原因分析

催化分馏塔顶低温部位处于 $H_2S - HCl - NH_3 - CO_2 - H_2O$ 的腐蚀环境中,主要腐蚀机理为盐酸腐蚀、酸性水腐蚀和铵盐垢下腐蚀,以及湿硫化氢应力腐蚀开裂和碳酸盐应力腐蚀开裂。腐蚀性介质多为原料中自带和裂化反应时生成,然后随油气进入分馏系统。其中,H_2S 来自于原料中的硫化物(如硫醚、噻吩等)在高温条件下发生的分解反应[3];HCl 来自于原料中无机盐(如 $CaCl_2$、$MgCl_2$ 等)的水解[4]:

$$MgCl_2 + 2H_2O \rightarrow Mg(OH)_2 + 2HCl$$

$$CaCl_2 + 2H_2O \rightarrow Ca(OH)_2 + 2HCl$$

本次腐蚀调查发现分馏塔低温段内件发生了较为严重的腐蚀。为了分析塔顶低温段的腐蚀机理,对腐蚀产物进行 XRD 分析,结果如图 7 所示。

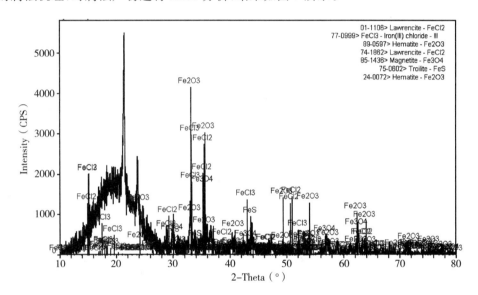

图 7　催化分馏塔低温段腐蚀产物 XRD 分析

从 XRD 分析结果来看,腐蚀产物主要由 Fe_2O_3、$FeCl_x$、FeS 等组成,说明该部位发生了 H_2S-HCl-H_2O 环境下的腐蚀。腐蚀过程如下[5]:

$$H_2S + Fe \rightarrow FeS + H_2$$

$$2HCl + Fe \rightarrow FeCl_2 + H_2$$

$$2HCl + FeS \rightarrow FeCl_2 + H_2S$$

H_2S 和铁生成的 FeS,在 pH 值大于 6 时,能覆盖在钢的表面,形成保护膜,腐蚀速率随着时间的推移而有所下降,但是,HCl 和 H_2S 的协同作用可使金属发生严重腐蚀[6]。另外,原料油中的部分氮化物会在裂化反应中发生裂解,生成 CN^- 进入分馏系统中。当介质中存在 CN^- 时,FeS 保护膜会溶解,生成络合离子 $[Fe(CN)]_6^{4-}$,加速了腐蚀反应的进行[7]:

$$FeS + 6CN^- \rightarrow [Fe(CN)]_6^{4-} + S^{2-}$$

$[Fe(CN)]_6^{4-}$ 与铁继续反应生成亚铁氰化亚铁:

$$2Fe + [Fe(CN)]_6^{4-} \rightarrow Fe_2[Fe(CN)_6]$$

铵盐垢下腐蚀是造成分馏塔低温段腐蚀的重要原因[8]。介质中的 H_2S、HCl 等与 NH_3 反应生成 NH_4HS、NH_4Cl 等铵盐。铵盐溶解在局部的水相中,在随内回流下降,温度逐渐升高,铵盐逐步失水而成为一种黏度很高的半流体。这种半流体最终和铁锈、催化剂粉末等混合在一起,在降液管、受液盘处沉积[9,10]。铵盐水解时可能在局部浓缩形成强酸性的 $HCl + H_2S + H_2O$ 环境,造成严重的腐蚀减薄。另外,结盐现象会影响分馏效果,严重时可能造成冲塔和淹塔[11]。

三、结论

本次腐蚀调查发现分馏塔低温段的腐蚀,主要是 $HCl + H_2S + H_2O$ 环境下的腐蚀,CN^- 的存在促进了腐蚀的进行。除了介质本身存在 HCl、H_2S 形成此腐蚀环境外,铵盐沉积后水解形成局部强酸性的 $HCl + H_2S + H_2O$ 环境,是造成腐蚀的重要原因。

装置在运行过程中,可采用以下措施来减缓腐蚀:保证原油电脱盐效果,控制原料中氯离子的含量[12-14];通过在顶循返塔处注入除盐水,对分馏塔进行在线洗涤[15-18],防止铵盐沉积;注入缓蚀剂[19,20]。通过以上措施,改善分馏塔的腐蚀状况。

参考文献

[1] 张林. 催化裂化装置设备腐蚀与防护[J]. 石油化工腐蚀与防护,2009,26(增刊):125-128.

[2] 杜三旺,温鹏翔,刘文风. 催化分馏塔结盐原因分析及解决方案[J]. 现代化工,2011,31(8):63-68.

[3] 陶兴,齐万松,张广建. 催化裂化分馏塔顶循环热器泄漏原因分析[J]. 石油化工腐蚀与防护,2003,20(2):30-31.

[4] 关晓珍. 催化分馏塔塔顶结盐原因浅析[J]. 腐蚀与防护,1999,20(1):31-33.

[5] 关晓珍,张广清. 催化裂化系统设备腐蚀原因探讨[J]. 腐蚀与防护,2000,21(3):137-139.

[6] 金聚慧,张扬,杨志刚,李重. 催化裂化分馏塔塔顶循环回流线线腐蚀原因分析[J]. 石油化工腐蚀与防护,2006,23(6):50-52.

[7] 中国石油化工设备管理协会. 石油化工装置设备腐蚀与防护手册[M]. 北京:中国石化出版社,1996.

[8] 于昱音. 催化装置分馏塔顶循环线腐蚀分析及对策[J]. 石油和化工设备,2011,14(10):75-77.

[9] 韩红亮. 催化分馏塔结盐原因分析与处理措施[J]. 齐鲁石油化工,2010,38(1):59-61.

[10] 刘香兰,莫正波. 重油催化裂化装置分馏塔结盐原因分析及对策[J]. 化工生

产与技术,2004,11(5):44-46.

[11] 高永地,王盛林,李海龙,等. 重油催化裂化分馏塔结盐原因分析及对策[J]. 石化技术与应用,2010,28(2):139-142.

[12] 于红霞,盖金祥,刘昕光,等. 防止催化裂化分馏塔结盐研究[J]. 北京化工大学学报,2003,30(3):99-101.

[13] 刘襄. 催化裂化分馏系统的腐蚀及腐蚀控制调查[J]. 石油化工腐蚀与防护,1993(4):12-16.

[14] 格宁,邱东华,楚桂花,等. 催化分馏塔结盐原因及处理方法[J]. 当代化工,2004,33(4):205-210.

[15] 李宁. 原油中氯对催化分馏塔的危害及解决措施[J]. 天然气与石油,2005,23(3):52-54.

[16] 范宝明. 催化分馏塔顶循环换热器腐蚀及对策[J]. 石油化工腐蚀与防护,1997,14(3):23-25.

[17] 武雄飞,孙玲,荀绍馨. 分馏塔结盐的原因分析、处理及预防[J]. 辽宁化工,2007,36(7):472-473.

[18] 王新华,袁存昱,张海莹. 焦化分馏塔结盐分析及可行性处理的探索[J]. 安徽化工,2007,33(5):46-48.

[19] 肖岷,霍成,闫军红. 重油催化装置分馏塔防腐技术应用总结[J]. 石油化工应用,2010,29(11):94-96.

[20] 张林. 催化裂化装置分馏塔顶及其冷却系统腐蚀控制[C]. 第二届(2011年)全国石油和化工行业腐蚀与防护技术交流会文集,2011:223-228.

催化裂化装置的腐蚀调查与腐蚀分析

程伟，任日菊，杨军，陈浩，古华山，袁文彬

（合肥通用机械研究院　国家压力容器与管道安全工程技术研究中心，
安徽　合肥　230031）

摘　要：对六套催化裂化装置的 577 台设备进行腐蚀调查，并对调查结果进行汇总分析。按设备类型进行统计，反应器、塔器、锅炉、换热器、容器的腐蚀比例依次为：91.67％、47.37％、40.00％、32.40％、14.41％；按所处工段进行统计，反应再生系统、分馏系统、吸收稳定系统、能量回收系统的腐蚀比例依次为：52.54％、32.85％、27.96％、17.24％。催化裂化装置的主要腐蚀有：冲刷腐蚀、循环水/垢下腐蚀、$H_2S+HCl+NH_3+CO_2+H_2O$ 型腐蚀、高温硫腐蚀等。

关键词：催化裂化；腐蚀调查；腐蚀分析

催化裂化是在热和催化剂的作用下使重质油发生裂化反应，转变为裂化气、汽油和柴油等轻质油的过程，是炼油厂核心装置之一。然而，近年来，伴随原油的劣质化、设备的老化，催化裂化装置的腐蚀问题日益突出[1-3]，严重影响了石化装置的安全长周期运行。自 2012 年 4 月起，先后对国内六套催化裂化装置的 577 台设备进行腐蚀调查，并对调查结果进行汇总分析，得到了催化裂化装置比较详细的腐蚀情况。

一、装置介绍

1. 原料情况

进行腐蚀调查的六套催化装置基本情况见表 1，这六套催化装置的原料硫含量都不高，均小于 1％。

表 1　六套催化裂化装置的基本情况

石化厂	装置	投用时间	原料组成	硫含量 wt（％）	腐蚀调查时间	设备（台）
厂一	100 万吨/年催化装置	1992 年	60％蜡油＋40％减压渣油	0.07	2012 年 4 月	120
厂二	140 万吨/年催化装置	2000 年	40％蜡油＋60％减压渣油	0.07	2012 年 4 月	131
厂三	140 万吨/年催化装置	2000 年	40％蜡油＋60％减压渣油	0.07	2015 年 8 月	108

（续表）

石化厂	装置	投用时间	原料组成	硫含量 wt（%）	腐蚀调查时间	设备（台）
厂四	160 万吨/年催化装置	2010 年	100％常压渣油	0.17	2015 年 7 月	49
厂五	90 万吨/年催化装置	1993 年	100％减压渣油	0.63	2014 年 8 月	109
厂六	140 万吨/年催化装置	1999 年	50％蜡油＋50％减压渣油	0.70	2012 年 8 月	60

2. 选材情况

以厂三为例，来简要说明这六套催化裂化装置的选材情况，详见表2。从表2中可以看出，催化裂化装置的主要设备选材与高硫原油加工装置设备和管道设计选材导致SH/T 3096基本一致，不同之处在于：分馏塔和稳定塔缺少内衬。考虑厂三原料油硫含量为0.07％，比较低，选材可以满足生产需求。

表2　厂三主要设备选材情况

位号	设备名称	介质	操作温度（℃）	操作压力（Mpa）	材质	SH/T 3096 推荐用材
C101	沉降器	催化剂、油气	490	0.25	20R＋隔热耐磨衬里	碳钢＋隔热耐磨衬里
C102	第一再生器	催化剂、烟气	660	0.26	20R＋隔热耐磨衬里	碳钢＋隔热耐磨衬里
C103	第二再生器	催化剂、烟气	700	0.28	20R＋隔热耐磨衬里	碳钢＋隔热耐磨衬里
C201	分馏塔	裂解油气	顶 108/底 375	0.27	20R	顶部封头/顶部筒体：碳钢＋06Cr13；其他筒体/底部封头：碳钢＋022Cr19Ni10（介质温度＞350℃）、碳钢＋06Cr13（介质温度≤350℃）
D201	分馏塔顶油气分离器	分馏塔顶油气	40	0.12	20R	碳钢
C202	轻柴油汽提塔	轻柴油	210	0.25	20R	碳钢
C301	吸收塔	贫气、吸收油	44	1.97	20R	碳钢＋06Cr13
C302	解吸塔	吸收油、脱乙烷汽油	77.7	2.05	20R	碳钢＋06Cr13
C303	稳定塔	稳定汽油、液化气	67	1.62	20R	顶部封头/顶部筒体：碳钢＋06Cr13；其他筒体/底部封头：碳钢

（续表）

位号	设备名称	介质	操作温度（℃）	操作压力（Mpa）	材质	SH/T 3096 推荐用材
C304	再吸收塔	汽油、轻柴油、干气	43	1.9	20R	碳钢

二、腐蚀统计

1. 按设备类型统计

将进行腐蚀调查的设备分为五类：塔器、反应器、换热器（含空冷器）、容器（含过滤器）、锅炉。表3中给出了各个厂进行腐蚀调查的五类容器的数量和发现问题的五类设备的数量。腐蚀比例是经腐蚀调查发现存在问题的设备数量占该装置腐蚀调查的设备数量的百分比。

表3　催化裂化装置按设备类型统计表

石化厂	塔器 数量（台）	塔器 问题（台）	反应器 数量（台）	反应器 问题（台）	换热器 数量（台）	换热器 问题（台）	容器 数量（台）	容器 问题（台）	锅炉 数量（台）	锅炉 问题（台）	汇总 设备总数（台）	汇总 问题总数（台）
厂一	6	2	4	4	85	8	24	2	1	0	120	16
厂二	7	5	3	3	93	16	26	4	2	0	131	28
厂三	7	1	3	3	75	35	23	3	0	0	108	42
厂四	6	5	4	4	29	14	8	0	2	2	49	25
厂五	6	4	6	4	83	46	14	6	0	0	109	60
厂六	6	1	4	4	27	8	23	2	0	0	60	15
汇总	38	18	24	22	392	127	118	17	5	2	577	186
腐蚀比例		47.37%		91.67%		32.40%		14.41%		40.00%		32.24%

注：表中"问题（台）"，不仅包含在腐蚀调查中发现存在腐蚀的设备数量，还包括在腐蚀调查中发现存在原始缺陷或机械损伤的设备数量。

从表3中可以看出，在五类设备中，反应器发生腐蚀的概率最高，为91.67%；其次为塔器，为47.37%；容器发生腐蚀的概率最低，为14.41%。五类设备的平均腐蚀比例为32.24%，也就是说约有1/3的设备会发生或大或小的腐蚀。

2. 按所处工段统计

一般情况下，催化裂化装置可分为反应再生系统、分馏系统、吸收稳定系统、能量回收系统这四个部分。从表4中可以看出，反应再生系统、分馏系统、吸收稳定系统、能量回收系统这四个部分的设备的腐蚀比例分别为 52.54％、32.85％、27.96％、17.24％,也就是反应再生系统是催化装置最易发生腐蚀的位置,其次是分馏系统。

表 4　催化裂化装置设备按所处工段统计表

	反应再生		分馏		吸收稳定		能量回收		汇总	
	设备(台)	问题(台)	设备(台)	问题(台)	设备(台)	问题(台)	设备(台)	问题(台)	设备总数(台)	问题总数(台)
厂一	13	4	61	5	40	5	6	2	120	16
厂二	11	5	69	14	41	7	10	2	131	28
厂三	10	5	55	26	37	10	6	1	108	42
厂四	6	6	24	10	19	9	0	0	49	25
厂五	9	6	47	27	51	27	2	0	109	60
厂六	10	5	21	9	23	1	6	0	60	15
汇总	59	31	277	91	211	59	30	5	577	186
腐蚀比例		52.54％		32.85％		27.96％		17.24％		32.24％

三、腐蚀分析

根据腐蚀调查结果,结合各个系统的操作条件、介质、材质,对各个系统的腐蚀情况进行分析。

1. 反应再生系统

六套催化裂化装置的反应再生系统共检查设备 59 台,包括 24 台反应器、3 台辅助燃烧炉、1 台外取热器、31 台容器。发现的腐蚀主要有:冲刷腐蚀、内衬损伤、酸性水腐蚀、保温层下腐蚀、高温气体氧化、硫化物应力腐蚀开裂,详见表 5。

表 5　反应再生系统腐蚀机理统计

腐蚀机理	发生腐蚀的设备数(台)	损伤比例(％)
冲刷腐蚀	24	40.68
内衬损伤	6	10.17
酸性水腐蚀	2	3.39
高温气体腐蚀	1	1.69
硫化物应力腐蚀开裂	1	1.69
保温层下腐蚀	1	1.69

（1）冲刷腐蚀

冲刷腐蚀是反应再生系统的主要腐蚀，主要是由催化剂引起的[4]。随反应油气和再生烟气流动的催化剂，不断冲刷构件的表面，使构件大面积减薄，甚至局部穿孔。在检查的 59 台设备中，24 台设备发现有冲刷腐蚀，包括反应器、再生器、沉降器、旋风分离器、外取热器（图 1）、催化剂细粉储罐、辅助燃烧炉（图 2）。

图 1　外取热器下出口接管冲刷腐蚀　　　　图 2　辅助燃烧炉喷火嘴冲刷腐蚀

（2）内衬损伤

反应再生系统的操作温度较高，为了防止母材的热疲劳、石墨化，通常会在设备内壁添加隔热耐磨衬里。但是催化剂、预提升蒸汽等会对衬里产生冲刷或者磨损[5]，导致了内衬损伤。在检查的 59 台设备中，有 6 台设备出现了内衬损伤，包括反应器（图 3）、再生器、沉降器、旋风分离器（图 4）。

图 3　提升管反应器底部封头盘管内衬损伤　　　　图 4　旋风分离器内衬损伤

（3）其他

除了冲刷腐蚀、内衬损伤，还发现以下腐蚀：

① 烟气水封罐筒体内壁存在腐蚀坑（图 5）、瓦斯汽化器（给辅助燃烧炉提供燃料，图 6）筒体内壁存在腐蚀坑，属于酸性水腐蚀；

② 沉降器顶大油气线上的放空线第一弯头、第二弯头减薄，属于高温气体腐蚀[6]；

③ 外取热器烟气返回管线人孔处发现纵向焊缝已经开裂（图 7），属于硫化物应力腐

蚀开裂;

④ 废催化剂罐的热催化剂入口接管(DN150)防腐油漆疏松、脱落,造成严重的外部腐蚀(图8),接管表面布满深 1～2mm 的腐蚀坑,属于保温层下腐蚀。

图 5　烟气水封罐内壁腐蚀坑

图 6　瓦斯汽化器内壁腐蚀坑

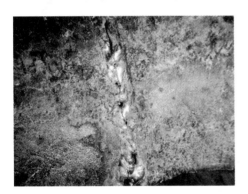

图 7　外取热器人孔焊缝开裂

图 8　废催化剂罐热催化剂入口接管腐蚀

2. 分馏系统

六套催化裂化装置的分馏系统共检查设备 277 台,包括塔器 14 台、换热器 199 台、空冷器 38 台、容器 26 台。发现的腐蚀有:分馏塔顶冷凝冷却系统及顶循环回流系统的 $H_2S+HCl+NH_3+CO_2+H_2O$ 型腐蚀、油浆系统的高温硫腐蚀、催化剂的冲刷腐蚀、循环水/垢下腐蚀、保温层下腐蚀、原始缺陷等,详见表6。

表 6　分馏系统腐蚀机理统计

腐蚀机理	发生腐蚀的设备数(台)	损伤比例(%)
循环水/垢下腐蚀	47	16.97
$H_2S+HCl+NH_3+CO_2+H_2O$ 型腐蚀	30	10.83
高温硫腐蚀	12	4.33
冲刷腐蚀	3	1.08
保温层下腐蚀	2	0.72
原始缺陷	5	1.81

（1）循环水/垢下腐蚀

在检查的 277 台设备中，有 47 台设备发生循环水/垢下腐蚀，全部为换热器。对于采用循环水、冷却水、除氧水、采暖水、锅炉水等各类非新鲜水进行换热的换热器来说，循环水/垢下腐蚀已经成为一种非常普遍且严重的局部腐蚀。

值得注意的是厂四的分馏塔顶除氧水冷却器 E201，管壳程均发生了循环水/垢下腐蚀（图 9、图 10）。壳程介质是分馏塔顶油气，但是生产中塔顶注水，进入分馏塔顶油气，造成分馏塔顶除氧水冷却器壳程发生循环水/垢下腐蚀，管束外表面结垢严重。

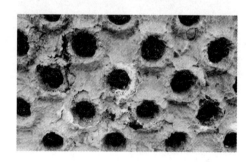

图 9　E201 管束外壁腐蚀形貌　　　　　　图 10　E201 管板腐蚀形貌

（2）$H_2S + HCl + NH_3 + CO_2 + H_2O$ 型腐蚀

在检查的 277 台设备中，有 30 台设备发生 $H_2S + HCl + NH_3 + CO_2 + H_2O$ 型腐蚀[7]，包括分馏塔顶部、分馏塔顶油气换热器、分馏塔顶冷却器、顶循回流冷却器、封油罐等设备。

厂四分馏塔 T201 塔顶受液盘、降液板、回流管、溢流堰腐蚀穿孔（图 11、图 12），经过对塔顶腐蚀产物进行分析发现塔顶油气中含有氯和硫，符合 $H_2S + HCl + NH_3 + CO_2 + H_2O$ 型腐蚀。

图 11　T201 溢流堰腐蚀穿孔　　　　　　图 12　T201 回流管腐蚀穿孔

值得注意的是，厂五封油罐（介质：轻柴油；材质：Q235 - A；操作温度：60℃）人孔及筒体内壁均出现腐蚀坑（图 13），深约 1mm。这主要是由于轻柴油中含有微量 H_2S 和水，造成了酸性水腐蚀。

图 13　封油罐内壁腐蚀坑

图 14　T202 受液盘腐蚀穿孔

（3）高温硫腐蚀

在检查的 277 台设备中，有 12 台设备发生高温硫腐蚀，包括分馏塔底部、轻柴油汽提塔、重柴油汽提塔、油浆换热器、二中段油换热器。

厂四轻柴油汽提塔 T202 上部第 2 层人孔受液盘腐蚀穿孔（图 14），对腐蚀产物进行 XRD 分析，结果（图 15）显示腐蚀产物主要是 Fe_2O_3 和 FeS，属于高温硫腐蚀。

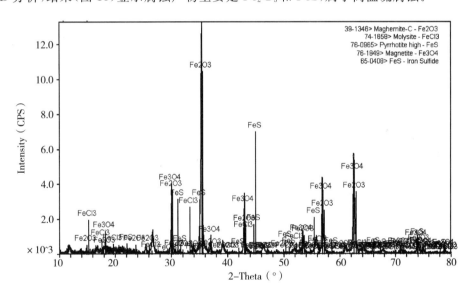

图 15　T202 受液盘腐蚀产物 XRD 分析

（4）其他

3 台油浆换热器，发现冲刷腐蚀，这主要是由油浆中的催化剂所导致的；

2 台设备发现保温层下腐蚀（油浆蒸汽发生器汽包、原料油缓冲罐）；

5 台设备发现原始缺陷。

3. 吸收稳定系统

六套催化裂化装置的吸收稳定系统共检查设备 211 台，包括塔器 24 台、换热器 127 台、空冷器 21 台、容器 39 台。发现的腐蚀有：$H_2S+HCN+H_2O$ 型腐蚀、循环水/垢下腐蚀、高温硫腐蚀、原始缺陷，详见表 7。

表 7　吸收稳定系统腐蚀机理统计

腐蚀机理	发生腐蚀的设备数（台）	损伤比例（%）
循环水/垢下腐蚀	38	18.01
$H_2S+HCN+H_2O$ 型腐蚀	29	13.74
高温硫腐蚀	1	0.47
原始缺陷	2	0.95

（1）循环水/垢下腐蚀

在检查的 211 台设备中，有 38 台设备发生循环水/垢下腐蚀[8]，全部为换热器。与分馏系统循环水/垢下腐蚀类似，循环水/垢下腐蚀在吸收稳定系统采用水进行换热的换热器中也非常常见。厂四稳定塔顶油气冷凝器 E312A 管箱发生循环水/垢下腐蚀（图16、图 17），对隔板腐蚀产物进行 XRD 分析，结果显示：腐蚀产物主要是 Fe_3O_4 和 Fe_2O_3，还含有少量的 $FeCl_2$ 和 FeS_2。

图 16　管口杂物

图 17　管箱隔板腐蚀

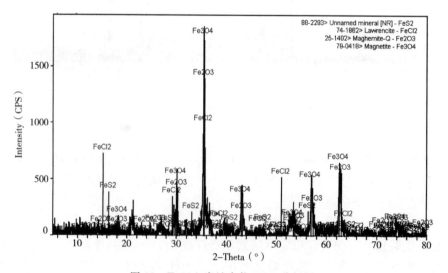

图 18　E312A 腐蚀产物 XRD 分析图

（2）H₂S＋HCN＋H₂O 型腐蚀

吸收稳定系统的腐蚀，主要是 $H_2S+HCN+H_2O$ 型腐蚀[9]。催化原料油中的硫化物在裂化反应的温度条件下发生分解，生成 H_2S；原料油中的氮化物也发生裂解，转化成 NH_4 和 HCN，而吸收稳定系统的温度较低，有水存在，从而构成了 $H_2S+HCN+H_2O$ 型腐蚀。在检查的 211 台设备中，有 29 台设备发生 $H_2S+HCN+H_2O$ 型腐蚀，包括 17 台换热器、9 台塔器、3 台容器。4 台吸收塔、2 台解吸塔、2 台再吸收塔、1 台稳定塔均出现了 $H_2S+HCN+H_2O$ 型腐蚀，尤其是塔的中上部位置内壁及内构件。

厂五解吸塔进料换热器 E305A（管程介质是稳定汽油，壳程介质是凝缩油）管箱内壁、管箱隔板、管束外壁均出现腐蚀坑（图 19 和图 20），属于 $H_2S+HCN+H_2O$ 型腐蚀。

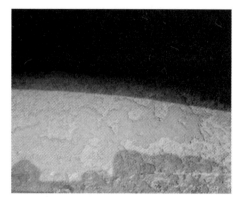

图 19　E305A 管箱隔板腐蚀坑　　　　图 20　E305A 管束外壁腐蚀坑

厂五粗汽油/冷水换热器 E314 管束外壁发现明显腐蚀坑（图 21），这是由于介质粗汽油中含有 H_2S、H_2O，导致 $H_2S+HCN+H_2O$ 型腐蚀。厂三稳定塔顶冷凝冷却器 E310 壳体内壁发现黑色腐蚀产物（图 22），这可能是壳程介质液化气中含有的 H_2S 与 Fe 发生反应生成 FeS 所致。

图 21　E314 管束外壁腐蚀坑　　　　图 22　E310 内壁黑色腐蚀产物

（3）其他

厂二脱吸塔底重沸器管箱内壁及隔板发现黑色腐蚀产物，管箱封头均匀减薄，管程介质轻柴油，操作温度 161℃～209℃，属于高温硫腐蚀；此外，还发现 2 台设备存在原始缺陷。

4. 能量回收系统

理论上,能量回收系统的主要腐蚀有三种:高温烟气的冲刷腐蚀、烟气露点腐蚀以及氯离子造成的奥氏体不锈钢的应力腐蚀开裂。然而,六套催化裂化装置的能量回收系统共检查设备 30 台,且腐蚀调查手段仅限于宏观检查、测厚,并未发现以上三种腐蚀。发现的腐蚀有:2 台中压锅炉出现内衬损伤;1 台蒸汽分水器外壁出现保温层下腐蚀;1 台锅炉余热回收换热器出现循环水/垢下腐蚀;1 台冷凝水罐一个接管根部未焊透。

四、总结

(1)六套催化裂化装置共检查设备 577 台,发现 186 台设备存在腐蚀,腐蚀比例为 32.24％。按设备类型进行统计,反应器、塔器、锅炉、换热器、容器的腐蚀比例依次为:91.67％、47.37％、40.00％、32.40％、14.41％;反应器发生冲刷腐蚀或内衬损伤的概率较大,导致反应器的腐蚀比例高达 91.67％。按所处工段进行统计,反应再生系统、分馏系统、吸收稳定系统、能量回收系统的腐蚀比例依次为:52.54％、32.85％、27.96％、17.24％。

(2)反再系统发现的腐蚀主要有:冲刷腐蚀、内衬损伤;分馏系统发现的腐蚀主要有:循环水/垢下腐蚀、$H_2S+HCl+NH_3+CO_2+H_2O$ 型腐蚀、高温硫腐蚀;吸收稳定系统发现的腐蚀主要有:循环水/垢下腐蚀、$H_2S+HCN+H_2O$ 型腐蚀;能量回收系统发现的腐蚀主要有:内衬损伤、循环水/垢下腐蚀。

参考文献

[1] 任世科,留雪梅,侯杰. 基于风险的检验(RBI)技术在兰州石化公司重油催化裂化装置的应用[J]. 腐蚀与防护,2006,27(11):567－570.

[2] 王浩,王自军,董涛. 催化裂化装置腐蚀及原因探讨[J]. 石油化工腐蚀与防护,2015,32(4):36－39.

[3] 关晓珍,张广清. 催化裂化系统设备腐蚀原因探讨[J]. 腐蚀与防护,2000,21(3):137－140.

[4] 关晓珍. 催化再生系统腐蚀原因分析[J]. 腐蚀与防护,1998,19(4):179－181.

[5] 吴俊升,李晓刚,公铭扬,等. 几种催化裂化催化剂的磨损机制与动力学[J]. 中国腐蚀与防护学报,2010,30(2):135－140.

[6] 赵连元,王楷,杨明明. 催化裂化反再系统腐蚀影响分析[J]. 石油化工腐蚀与防护,2013,30(6):33－35.

[7] 关晓珍. 催化分馏塔塔顶结盐原因浅析[J]. 腐蚀与防护,1999,20(1):31－33.

[8] 马红杰,张永利,赵敏. 催化裂化水冷器管束泄漏分析及防护措施[J]. 腐蚀科学与防护技术,2012,24(6):530－532.

[9] 中国石化设备管理协会. 石油化工装置设备腐蚀与防护手册[M]. 北京:中国石化出版社,2001.

某石化企业设备的腐蚀检查结果与分析

程前进[1],刘宝林[2],刘畅[2],杜晨阳[2]

(1. 中国石油化工股份有限公司洛阳分公司,河南 洛阳 471012;

2. 中国特种设备检测研究院,北京 100029)

摘 要:基于设备的损伤机理,采用有针对性的检查手段对石化企业共 9 套装置中的 555 台关键设备进行了腐蚀检查工作。通过本次腐蚀检查,明确了相关设备的腐蚀情况,发现各类问题 50 余项,其中严重安全隐患 4 项,并提出改进防腐措施建议 10 余条,为企业的安全生产提供了有力的技术保障。

关键词:石化;腐蚀检查;安全

腐蚀存在于化工生产的各个部门,特别是在石油开采、石油化工和有机化工等生产链中,腐蚀问题更是无处不在。在用化工设备的损坏约有 60% 是由于腐蚀引起的,据统计仅中石化系统每年因腐蚀造成的经济损失将超过 13 亿元人民币[1,2]。腐蚀不仅仅造成了宝贵资源的浪费,还会使生产停顿、物料流失,造成环境污染,甚至引起火灾、爆炸等灾难性事故,给生产带来严重的损失与重大的安全隐患。因此腐蚀检查对于化工装置起着重要作用,有效的化工设备防腐蚀管理和检查能延长化工设备的使用寿命,节约材料,提高经济效益,保证生产的安全运行,为石化企业针对类似工段提出有效的防腐措施。

本次针对首检石化企业的两个生产链:炼油与化纤,共计 9 套装置,555 台设备进行腐蚀检查,其中炼油系统涉及:常减压装置、催化裂化装置、脱硫脱硝装置、重整装置、柴油加氢与蜡油加氢装置;化纤系统涉及:芳烃抽提装置与 PTA 氧化装置。

一、炼油系统

中国炼油业于 20 世纪 60 年代发现大庆油田之后得到快速发展,但由于中国油田发布广泛,原油的主要性质也有着较大的差别,密度从 0.82g/cm³ 到 0.98g/cm³,酸值从 0.02mgKOH/g 到 4.51mgKOH/g,含硫量从 0.03% 到 1.03%,这些原油性质的差异决定了各炼油装置的腐蚀程度与特点差别较大。到 20 世纪 90 年代开始,我国开始进口国外原油使用,这些原油虽性质差别也较大,但具有一个显著的同性原油中硫与重金属含量较高,因此我国炼油系统的腐蚀主要以硫腐蚀与酸腐蚀为主[3]。

对于炼油系统硫腐蚀主要有:高温硫化物腐蚀、湿硫化氢破坏、连多硫酸应力腐蚀开裂、低温硫腐蚀与氢损伤,而酸腐蚀多见酸性水腐蚀(碱/酸性)、$HCl-H_2S-H_2O$腐蚀与环烷酸腐蚀。其中低温硫腐蚀、$HCl-H_2S-H_2O$腐蚀与环烷酸腐蚀多见于常减压装置与催化裂化装置,温硫化物腐蚀、湿硫化氢破坏、连多硫酸应力腐蚀开裂、酸性水腐蚀则多存在与重整装置与加氢装置。几套装置中氢损伤都有发生的可能。

1. 企业炼油系统整体腐蚀情况

本次的腐蚀检查企业炼油系统发现,检查涉及的常减压装置、催化裂化装置、脱硫脱硝装置、重整装置、柴油加氢与蜡油加氢装置整体腐蚀程度较轻,绝大多数设备情况良好,内有堆焊层的反应器设备堆焊层焊缝或复层均匀,成型良好,未见剥离和明显裂纹(如图1)。这说明目前企业对现有的腐蚀问题采用的工艺及设备防腐措施比较得当,有效地避免了因原油内硫与重金属含量较高而对设备造成的腐蚀破坏,但部分设备内部也存在内部锈蚀严重(如图2)与外表面层下腐蚀(如图3),含S介质的设备还有轻微腐蚀坑的现象(如图4);部分高温设备内部耐火层也存在破损现象(如图5);对于本次炼油系统的腐蚀检查发现大部分的管束存在形变(如图6)。

图1　反应器内部样貌

图2　部分设备内部锈蚀严重

图3　层下腐蚀

图4　轻微腐蚀坑

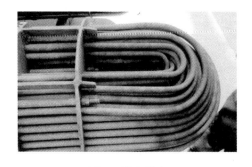

图 5　耐火层破损　　　　　　　　　图 6　管束形变

2. 企业炼油系统腐蚀严重设备腐蚀分析

本次炼油系统的腐蚀检查也发现 3 台腐蚀严重、需返修的设备。

(1) 再吸收油水冷器壳体南侧第一道环缝内侧减薄 60％以上 (如图 7)。

减薄处内表面凹凸不平,内表面发生局部腐蚀,壳体介质流速工艺流速大,管束未见防冲板,介质对壳体造成冲蚀。

(2) 预分馏塔回流罐内部凹凸不平,设计壁厚 10mm,测量最小壁厚 4.8mm (如图 8)。

图 7　壳体减薄　　　　　　　　　图 8　内表面凹凸不平

分析腐蚀产物,主要为 $FeSO_4 \cdot 4H_2O$(21％),(K、H_3O)Fe_3(SO_4)$_2$(OH)$_6$(47％),$FeSO_4 \cdot 5H_2O$(14％),$FeCO_3$(10％),$CaAl_2SiO_4$(OH)$_4$(8％),图谱如图 9 所示。分析腐蚀成因为上段流入介质含有水汽与含 S 物料,最终造成的腐蚀严重,建议控制介质中的水与 S 含量,或者更换设备的材料为不锈钢。

(3) 液化石油气汽化器内部锈蚀严重,上封头外表面发生层下腐蚀,表面凹凸不平;上封头处卸放管断裂 (如图 10)。

液化气内含水量偏高,开停车时介质存在水与氧,发生电化学腐蚀,建议:工艺方面降低或去除介质的水含量,或者材料方面更换。

3. 炼油系统防腐蚀措施建议

检查发现装置的整体腐蚀程度较轻,绝大多数设备情况良好,说明目前的工艺及设

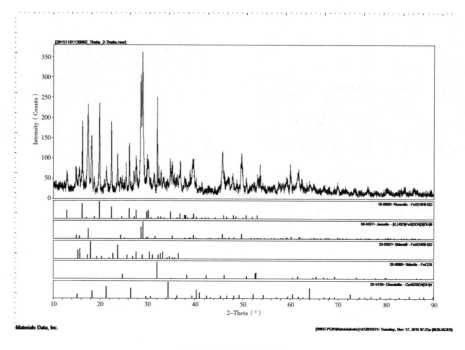

图 9　腐蚀产物图谱

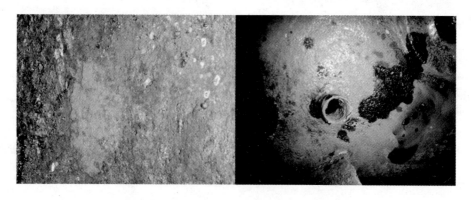

图 10　内部腐蚀样貌(左)与处卸放管断裂(右)

备防腐措施比较得当,但通过本次腐蚀检查也发现了以下一些问题。针对装置中设备的腐蚀情况及对其腐蚀机理的分析,从工艺、设备、在线监测等角度提出以下几条防腐措施建议。

(1)有冲刷腐蚀倾向设备的应降低流速或优化设备结构。

(2)换热器内表面结垢,如:一级冷却器管箱分隔板(如图 11),结垢的原因可能为局部循环水流速偏低所导致,建议装置加强循环水水质管理,并采用牺牲阳极＋涂料联合保护措施,此外循环水水质管理应严格遵守工业水管理制度,循环水冷却器管程流速控制在 0.5m/s 以上。

(3)设备含 S 出口段为腐蚀多发段,应增加检验频率,且作为定检的重点检验项,对含 S 量高,或腐蚀严重的也应增加其注水量。

(4)对添加的缓蚀剂与阻垢剂的含量严加控制,含 S 污水罐内介质也要每月进行分析。

(5)在使用材料方面,针对主要发生高温硫化物/氢腐蚀的设备可以增加材料的 Cr 含量,改善材料在高温下的耐氢与硫化物的腐蚀能力。

(6)在工艺方面,要严格把控操作温度与介质流速,例如:针对高温硫化物腐蚀硫化,反应产生的硫化物保护膜可以提供不同的防护效果,但高流速下保护膜容易被破坏掉,使腐蚀速度加剧。针对湿硫化氢破坏腐蚀的设备,内部介质的 pH 值必须进行把控,一般使用冲洗水来稀释氢氰酸浓度。

(7)对换热器的循环水进行过滤处理,防止管束内部物料沉积、堵塞(如图12)。

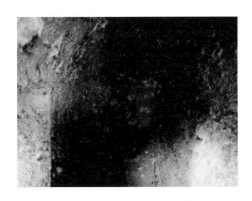 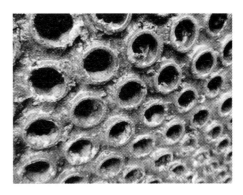

图 11　一级冷却器管箱分隔　　　　　图 12　管束轻微堵塞

二、化纤系统

本次针对化纤系统中的两套装置:芳烃抽提装置与 PTA 氧化装置,进行了腐蚀检查。对于化纤系统而言,由于装置介质的不同,腐蚀机理也不尽相同,但对于此次检查的两套装置,主要的腐蚀可以归为:环丁砜腐蚀与有机酸腐蚀(醋酸)[4],这些有机酸多为弱酸,一般情况下腐蚀并不严重,但随着温度的上升,一些固体颗粒和杂质的混入,腐蚀明显加剧。所检查的芳烃抽提装置材料多为碳钢,多见均匀腐蚀与局部腐蚀,而 PTA 氧化装置多采用不锈钢材料,如 316L,因此多见点蚀腐蚀样貌。

1. 企业化纤系统整体腐蚀情况

本次的腐蚀检查企业化纤系统发现,检查涉及的芳烃抽提装置与 PTA 氧化装置整体腐蚀程度较轻,绝大多数设备情况良好,说明目前企业对现有的腐蚀问题采用的工艺及设备防腐措施比较得当,有效地避免了因介质对设备造成的腐蚀破坏,但芳烃抽提装置部分设备内部也存在内部锈蚀严重(如图13);PTA 氧化装置因介质多为有机酸腐蚀,因此本次腐蚀检查,发现部分设备内壁点蚀坑(如图14)。

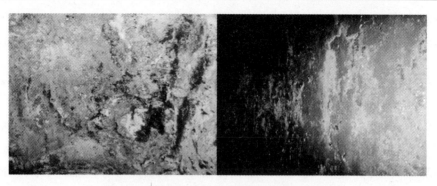

图 13 芳烃抽提装置部分设备内部锈蚀严重

图 14 PTA 氧化装置部分设备内部点蚀样貌

2. 企业化纤系统腐蚀严重设备腐蚀分析

本次化纤系统的腐蚀检查也发现 1 台腐蚀严重、需返修的设备,1 台外保温坏损严重。

(1)芳烃抽提装置汽提塔变径段东侧局减薄严重,企业已进行对减薄处外表面添加板材。介质水、烃中含有环丁砜腐蚀,且温度的升高加剧环丁砜腐蚀,高温条件下缓慢产生 SO_2 和不饱和聚合物,对设备腐蚀严重,建议内部添加耐腐蚀衬里,并使用阴离子树脂交换法。

(2)PTA 氧化装置溶剂汽提塔蒸出罐外部西南侧大面积保温层腐蚀破损严重(如图 15)。酸性水进入外保温层,造成保温层腐蚀破坏。

图 15 溶剂汽提塔蒸出罐外保温破损

3. 化纤系统防腐蚀措施建议

检查发现装置的整体腐蚀程度较轻，绝大多数设备情况良好，说明目前的工艺及设备防腐措施比较得当，但通过本次腐蚀检查也发现了以下一些问题。针对装置中设备的腐蚀情况及对其腐蚀机理的分析，从工艺、设备、在线监测等角度提出以下几条防腐措施建议。

(1)对缝隙腐蚀虽然要避免比较困难，但是可以通过结构设计，增加介质流动，清除污垢，已连续焊代替点焊，来避免缝隙腐蚀的发生。

(2)对有机酸的腐蚀，一般采用316L不锈钢完全可以满足介质的腐蚀要求，且在结构设计时避免介质对简体内壁的冲刷，并采取过滤等措施，减少介质中的固体颗粒。

(3)使用钛材、硬铅、搪瓷、陶瓷、衬胶、瓷砖等内衬材料。

(4)尽量降低环丁砜中的杂质含量，以减少设备的硫腐蚀；降低环丁砜劣化；严格控制工艺温度，避免环丁砜的高温分解。

(5)增加对高腐蚀设备的工艺监控，对其内部或其出口段介质增加采样、分析频率。

三、腐蚀检查结论

本次对企业的炼油与化纤两个系统进行了腐蚀检查，结果表明装置设备选材基本适用，目前的工艺及设备防腐措施比较得当，但是也存在一些问题，如：换热器管束装卸过程中的形变，设备内部的机械损伤，部分设备内部锈蚀严重，外保温、外防腐层破损，4台设备腐蚀严重，需要返修等一系列问题。企业需要在今后的工艺等方面加强对设备的管理与监控，可使用定期检验与RBI测评结合的方法，建立设备的完整性管理体系，确保装置、设备的稳定、安全运行。

参考文献

[1] 雷林海. 中石化部分企业化工装置腐蚀情况调查报告(1)[J]. 石油化工腐蚀与防护,1993(2):7-9.

[2] 雷林海,张乐庭. 中石化部分企业化工装置腐蚀情况调查报告(2)[J]. 石油化工腐蚀与防护,1993(3):8-16.

[3] 王立行,汪申,许适群,等. 中国石油化工设备腐蚀特点与基本腐蚀系统分析[C]//'99中国国际腐蚀控制大会,1999.

[4] 李明玉,姜忠义,孙绪江. 芳烃抽提装置中环丁砜循环系统设备腐蚀原因及对策[J]. 石油炼制与化工,2005(5):30-33.

化肥装置加热炉炉管损伤检测及评价技术应用

刘畅,杜晨阳,胡振龙

(中国特种设备检测研究院,北京 100029)

摘 要:为准确掌握化肥装置一段炉炉管的损伤状况,本文分析了转化炉管的操作工况、损伤机理及组织演变,并采用磁性分析仪和超声导波两种无损检测手段进行检测,对炉管的渗碳、减薄和裂纹类缺陷进行综合使用性能评价。实践证明,采用上述两种无损检测手段能全面有效地针对高温炉管进行使用状况评价。

关键词:加热炉炉管;磁性分析仪;超声导波;损伤检测;评价技术

化肥一期一段炉炉管是 2009 年 12 月更换的,制造厂为江苏标新久保田工业有限公司,设计压力为 4.4Mpa,设计温度为 893℃,直管段材质为 KHR35CT(GX45NiCrNbTi35-25),规格为 $\varphi159.6 \times \varphi132$,长 12.8 米,中间有 2 道焊缝,均分,数量为 108 根,侧烧炉。设计寿命 10 万小时。

大型管式燃料加热炉是石油化工企业中广泛应用且必不可少的重要设备。炉管系统是管式加热炉的重要构件,炉管长期处于火焰、烟气、高温及管内介质压力和腐蚀的苛刻操作环境中,极易产生渗碳开裂、弯曲、蠕变开裂、热疲劳开裂、鼓胀、氧化及高温硫腐蚀等失效事故,不仅会导致装置的非计划停车,给生产上造成巨大的经济损失,而且运行过程中炉管失效会造成气体泄漏,诱发安全事故。此外,炉管系统的投资费用约占加热炉投资费用的 50%,炉管更换周期的合理确定,可节省大量费用。

一、检测方法

为准确地搞清楚炉管的损伤状况,决定在装置检修周期内,对转化炉管采用磁性分析仪和超声导波两种无损检测手段进行检测。

磁性分析仪可对处于不同状态下的炉管进行矫顽力测试,由于渗碳使炉管磁导率升高,根据此原理可进行渗碳层厚度测量,矫顽力值只决定于炉管的渗碳层厚度,与炉管管径、壁厚、服役时长均无直接关系,该仪器可用来用炉管的渗碳层厚度进行测试,且准确度较高。

炉管在使用过程中发生蠕变、热疲劳、弯曲、高温氧化及渗碳等,最终的物理失效形式均表现为开裂和腐蚀减薄。而超声导波技术在管道腐蚀及裂纹缺陷类检测中能够100％覆盖被检测管段,具有快速、高效、长距离检测等优势,所以可采用超声导波技术针对炉管在使用过程中出现的此类缺陷进行检测[1,2]。

二、转化炉管的操作工况、损伤机理及组织演变

以烃类为原料,采用蒸汽转化法生产氢气的工艺,在合成氨、炼油、石油化工、天然气化工、冶金等工业具有十分重要的地位。转化炉是烃类蒸汽转化工艺过程的关键设备,转化炉在生产装置中占据十分重要的地位,而转化炉的炉管系统更为关键。

1. 转化炉管的操作工况

转化炉管运行条件较为苛刻,管壁表面最高工作温度一般为800℃左右,承受一定的内压,管内操作压力最高可达3.5MPa,并承受开停工引起的热疲劳和热冲击。所以要求转化炉管材质不仅要抗氧化性能好、耐高温强度高,而且要求其在高温下组织较为稳定,能抵抗各种介质的腐蚀。目前,转化炉管的常用材料为HP40Nb耐热合金钢。

2. 转化炉炉管损伤机理

转化炉管发生损坏往往是多种原因综合作用的结果,如传热恶化、局部过热、火焰舔管、管内结焦、管内介质含有不良杂质、管内外腐蚀等。HP40Nb钢Ni含量大于34％,因而不会析出σ相,不发生σ相脆化。引起转化炉管发生高温损坏的主要因素有高温氧化导致的腐蚀减薄、渗碳引起的材质劣化和蠕变引发的机械损伤。

(1)高温氧化

钢的高温氧化是一种高温下的气体腐蚀,是高温设备中常见的化学腐蚀之一。辐射段炉管外壁受火,当钢材处于300℃时,在表面出现可见的氧化皮。随着温度的升高,钢材的氧化速度大为增加。当温度高于570℃时,氧化特别强烈,铁与氧在不同的温度下可形成FeO、Fe_2O_3、Fe_3O_4等化合物。

铁在570℃以下氧化时,形成的氧化物不含FeO,主要由Fe_3O_4和Fe_2O_3组成,此两种氧化物晶格较复杂、组织致密,因而原子在这种氧化层中的扩散较难,且氧化皮与铁结合比较牢靠,故有一定的抗氧化性。

铁在570℃以上氧化时,可形成由Fe_3O_4、Fe_2O_3和FeO三层所组成的氧化膜,其厚度比例大致为1:10:100,氧化层的主要成分是FeO。由于FeO的结构为简单的立方晶格,在结构中原子空位较多,结构疏松,因此氧原子容易通过氧化层空隙扩散到基体表面,使铁继续氧化,温度愈高,氧化愈严重。由于氧化层下的铁不断氧化,氧化层愈来愈厚,当氧化膜达到一定厚度时,在膜内应力的作用下氧化膜会发生开裂、剥落,使炉管表面再次裸露出新鲜基体,氧化作用不断地、周期性地进行,从而造成炉管壁厚逐渐减薄。

(2)渗碳

HP40Nb炉管在离心铸造时由于冷却条件的不同,获得的组织为柱状晶组织或等轴晶加柱状晶的混合组织。由于离心铸造过程中冷却速度很快,为一不平衡凝固过程,先

结晶的 M_7C_3 型碳化物来不及转变成 $M_{23}C_6$ 型碳化物,因此在室温下 HP40Nb 钢的铸态组织为过饱和的奥氏体＋共晶体(奥氏体＋$M_{23}C_6$＋少量 M_7C_3),共晶碳化物主要有骨架状和块状两种形态。HP40Nb 受到高温加热初期,在奥氏体内部会析出细小的弥散度很高的 $M_{23}C_7$ 碳化物,随着炉管使用年限的增加,炉管高温的运行时间越来越长,细小的 $M_{23}C_7$ 碳化物颗粒会逐渐聚集长大,使材料变脆。

炉管内壁长期暴露于高温下的含碳气体或液体环境中,吸附在其表面的碳原子连续不断地渗入金属内部,引起了大量 M_7C_3 的析出,使得金属贫铬,导致炉管变质脆化和开裂。由于 M_7C_3 型碳化物的密度低于奥氏体的密度,渗碳导致体积膨胀,而且含碳量越高,密度越小,渗碳层的体积膨胀就越严重。

渗碳现象实际上是渗碳、氧化、局部蠕变等联合作用的结果。碳化物比基体更易于氧化,在高温长期使用过程中,铬的氧化膜逐步长大,由于氧化膜的膨胀系数与基体金属有很大差别,氧化膜将随温度的波动而产生裂纹,最后鼓起、剥落。M_7C_3 的析出导致氧化膜下面基体金属贫铬,氧化膜再生困难,从而又加速渗碳。

渗碳现象对转化炉管内表面的加工状态很敏感,转化管内表面越粗糙和越疏松,越容易渗。因而对离心铸造管内表面进行机加工,除去铸造缺陷层,可使渗碳问题得到部分解决。渗碳的主要影响因素有:

① 发生渗碳须同时满足三个条件:暴露于渗碳环境或与含碳材料接触、足够高的温度使碳在金属内部可以扩散(通常大于 593℃)、对渗碳敏感的材料;

② 温度:温度越高,渗碳发展越快;

③ 深度:初始阶段碳扩散速率大,渗碳层发展速度快,但随着渗碳层向壁厚的深度方向移动,渗碳层发展速度减缓,并逐渐趋于停止;

④ 材质:提高 Cr、Ni 元素含量,可增加渗碳层发展阻力;

⑤ 环境:高碳活性气相(如含烃、焦炭、CO、CO_2、甲烷或乙烷的气体)和低氧分压(微量 O_2 或蒸汽)有利于渗碳损伤的发展。

与裂解炉管相比,转化炉管的操作温度较低,因此,由于渗碳导致的转化炉管失效的情况较少。

(3)蠕变

金属在高温和应力作用下逐渐产生塑性变形的现象称为蠕变。对烃类蒸汽转化炉,高温蠕变破裂是转化炉管发生损坏的最主要形式,其比例为 70％以上。转化炉管基本上承受着不变的应力作用,由于内压引起的一次应力中环向应力是轴向应力的 2 倍,转化炉管直管段的裂纹通常沿轴向延伸。但蠕变破坏发生在焊缝区附近时,由于在焊缝区域除内压以外还存在着焊接缺陷、焊接引起的材料劣化以及热应力等,有时也会出现沿圆周方向的裂纹。

高温下蠕变的发展过程一般用"时间—变形量"曲线表示。图 1 是典型的高温蠕变曲线。该曲线 oa 段代表材料刚刚加上载荷时产生的弹性变形;ab 段是变形的"减速期",在此段区域内蠕变速度由大变小;bc 段是"等速区",在这一区域蠕变速度恒定不变;cd 段是引起破坏的区域,在此区域内蠕变速度迅猛升高,材料至 d 点破断,此区域叫作"加速期"。通过

"时间—变形量"曲线可以把高温蠕变分成三个阶段:减速期、等速期、加速期。

蠕变损伤形态具有如下特征:

① 蠕变损伤的初始阶段一般无明显特征,但可通过扫描电子显微镜观察来识别。蠕变孔洞多在晶界处出现,在中后期形成微裂纹,最终形成宏观裂纹。

② 运行温度远高于蠕变温度阈值时,可观察到明显的鼓胀、升长等变形,变形量主要取决于材质、温度与应力水平三者的组合。

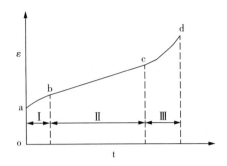

图 1 典型的高温蠕变曲线

③ 承压设备中温度高、应力集中的部位易发生蠕变,尤其在三通、接管、缺陷和焊接接头等结构不连续处。

蠕变损伤的主要影响因素有:

① 蠕变变形速率的主要影响因素为材料、应力和温度。损伤速率(或应变速率)对应力和温度比较敏感,比如合金温度增加 12℃ 或应力增加 15% 可能使剩余寿命缩短一半以上。

② 温度:高于温度阈值时,蠕变损伤就可能发生。在阈值温度下服役的设备,即使裂纹尖端附近的应力较高,金属部件的寿命也几乎不受影响。

③ 应力:应力水平越高,蠕变变形速率越大。

④ 蠕变韧性:蠕变韧性低的材料发生蠕变时变形小或没有明显变形。通常高抗拉强度的材料、焊接接头部位、粗晶材料的蠕变韧性较低。

常采用"在一定的工作温度下,在规定的使用时间内,使试件发生一定量的总变形的应力值"来表示转化管的蠕变极限,如 1/100000 表示经 10 万小时总变形为 1% 的条件蠕变极限。

3. 转化炉管的相演化机理

炉管材料在高温长时服役后,组织会发生很大变化。

25Cr35Ni 耐热钢在使用过程中奥氏体基体上析出相的结构和形态随服役时间的增长发生如下变化:初始的共晶碳化物 M_7C_3 转化成 $M_{23}C_6$ 碳化物,并伴有其形态的粗化,此过程完成较快;共晶碳化物 NbC 转变成铌镍硅化物 Nb_3Ni_2Si,其形态从鱼骨状变成条块状,且这种转变直到使用六年后才转变完成;服役过程中晶内会析出弥散的二次 $M_{23}C_6$ 碳化物,但随着服役时间的延长这种二次碳化物会发生溶解或在晶界上合并,导致晶内的二次碳化物减少,组织转变示意图如图 2 所示。

根据材料学的基本理论,25Cr35Ni 耐热钢在使用过程中的相演化有以下两个因素决定:

(1)钢管的铸造工艺。在热力学平衡条件下,与奥氏体共存的碳化物是 $M_{23}C_6$ 型和 MC 型碳化物。但炉管材料是通过离心铸造制得,冷却速度很快,凝固为不平衡过程,因此,未服役态炉管材料的析出相主要为奥氏体基体+M_7C_3 型碳化物+MC 型碳化物,共晶碳化物主要有两种形态即骨架状和细长条状,主要分布在晶界上和树枝晶间,而 M_7C_3

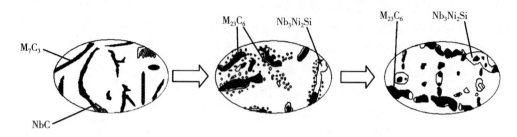

图 2　组织转变示意图

型碳化物是亚稳定相。

（2）炉管的实际服役条件。铬在 Fe－Cr－C 体系中的分配系数 $y_{Cr}^{M_7C_3}/y_{Cr}^{r}$ 和铬在 Fe－Cr－Ni－C 体系中的分配系数基本相同，镍对它的影响很小，而且镍在 $M_{23}C_6$ 和 M_7C_3 中的含量很少。当铬的含量大于 12.5％时 $M_{23}C_6$ 是稳定相，当铬含量小于 12.5％时 M_7C_3 是稳定相，因此，对于本实验材料在 800℃下长期服役后稳定的碳化物类型是 $M_{23}C_6$ 型碳化物。因此，经过高温长时服役后，逐渐发生平衡相变，碳化物主要为 $M_{23}C_6$ 型。

服役 1.5 年时弥散分布的二次碳化物大量产生，但随着服役时间的延长，这种二次碳化物会发生溶解或在晶界上合并，导致晶内的二次碳化物减少。主要原因在于：25Cr35Ni 耐热钢的碳含量较高，原始铸态奥氏体基体中的碳是过饱和的。在管材早期高温使用过程中，原子在高温下扩散速率提高，过饱和的碳原子与合金元素结合成富 Cr 的 $M_{23}C_6$ 碳化物沉淀析出，形成弥散分布的二次碳化物，而在高温下细小的碳化物颗粒不能稳定存在，从而溶解合并导致二次碳化物粗化且数量减少。

此外，弥散分布的二次碳化物主要分布在条状 $Cr_{23}C_6$ 附近。主要原因在于：

① 由于原始共晶碳化物主要分布在晶界和枝晶间，这些区域附近的缺陷较多，自由能较高，易于二次碳化物的形核。

② 高温长时服役过程中，$Cr_{23}C_6$ 的脱溶沉淀降低了合金基体中的铬和碳的浓度，使附近不稳定的 Cr_7C_3 溶入基体后再以 $Cr_{23}C_6$ 碳化物形式在其附近析出来，从而使弥散颗粒二次碳化物聚集在条状 $M_{23}C_6$ 碳化物附近。

③ NbC 向铌镍硅化物的转变会向附近区域排除多余的碳原子，也促进了二次碳化物在其附近析出。

总之，随着服役时间的增长，二次碳化物的析出数量会达到一个峰值，而部分二次碳化物由于体积太小在高温下不能稳定存在，又会逐渐溶解合并使弥散二次碳化物数量大幅减少，相应地，条状 $M_{23}C_6$ 碳化物则粗化长大。

铌元素是强碳化物形成元素，所以在炉管材料中 NbC 是一个相对比较稳定的相，但在高温长时间的使用过程中会转变成铌镍硅化物 Nb_3Ni_2Si，其中硅元素可促进 NbC 向 Nb_3Ni_2Si 的转变。在 HP－Nb 合金中铌镍硅化物的温度-时间-析出曲线（图 3 所示）上，在 950℃附近存在一个"鼻尖"，覆盖了 700℃到 1000℃ 的范围，而在 1100℃ 时 NbC 是合金中唯一一个富 Nb 相，即随着温度的升高 NbC 会在 700℃～1000℃ 范围内向铌镍硅化物转变，但当温度高于 1100℃后铌镍硅化物又转变成 NbC。本文用炉管的工作温度约

800℃,材料内部的 NbC 在此温度下不稳定,会向铌镍硅化物转变。其他文献中指出,这种铌镍硅化物叫作 G 相或 η 相,一般 G 相指的是化学计量为 $Nb_6Ni_{16}Si_7$ 的硅化物,η 相指的是化学计量为 Nb_3Ni_2Si 的硅化物,且这两个相有时能相互转化,在本研究中的铌镍硅化物为 η 相。由于 NbC 向 η 相的转变促进 $M_{23}C_6$ 碳化物的形成导致二者经常出现共生的位置关系,且 η 相尺寸较小,因此在测定它的成分时很容易受到其他相的影响,很难准确测定其成分。NbC 向 η 相的转变速度较 M_7C_3 向 $M_{23}C_6$ 的转变速度要慢得多,除了因为 NbC 比较稳定外,还受 Si 元素迁移速率的影响较大。

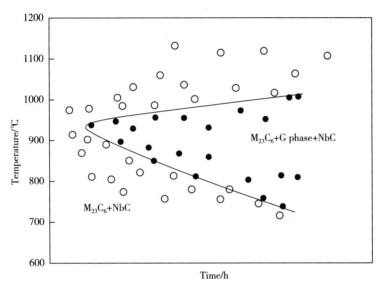

图 3　铌镍硅化物的 TTP 曲线

综上,Cr25Ni35 耐热钢中 M_7C_3 碳化物向 $M_{23}C_6$ 碳化物的转变,NbC 向 η 相的转变及弥散二次碳化物的析出与条状二次碳化物粗化之间存在相互影响,三者之间关系可用图 4 表示。而造成 Cr25Ni35 钢高温长时服役过程中析出相结构及形貌变化的主要原因在于该合金钢 800℃ 左右的服役条件及高温下析出相的稳定性[3,4]。

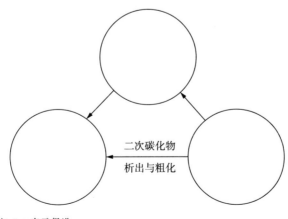

注:* → 表示促进。

图 4　三个过程的相互影响关系

三、磁性分析与超声导波测试结果

利用便携式磁性分析仪在现场测试得出的矫顽力测试。108 根炉管的磁性分析的结果显示,矫顽力数值均在 $0\sim2.5A/cm$。

对未服役与服役的 25Cr35Ni 炉管不同渗碳层厚度与所对应的矫顽力数值的拟合曲线,得出矫顽力值与渗碳层厚度服从 $y=ax^2+bx+c$ 型一元二次方程,矫顽力值与渗碳层厚度具有很好的对应关系,利用矫顽力值来表征炉管渗碳层厚度。

针对拟合不同条件下炉管的实验数据,得出矫顽力值只决定于转化炉管的渗碳层厚度,且服从 $y=ax^2+bx+c$ 型一元二次方程,与炉管管径、壁厚、服役时长均无直接关系,因此对不同渗碳层厚度与所对应的矫顽力值进行曲线拟合,得到矫顽力值与渗碳层的具体对应方程,该拟合方程与实验数据的拟合率达到 97%,误差只有几十 A/m,且该拟合方程是在综合 25Cr35Ni 转化炉管(未服役+已服役)基础上得到的,因此可信度很高,说明该仪器可用来测试炉管的渗碳层厚度,且准确度较高。

基于实验研究分析结果,统计所有渗碳层厚度与对应的矫顽力值,见表 1 所列。对表 1 中实验数据进行拟合,如图 5 所示。

表 1　炉管渗碳层厚度与矫顽力数值对应表

渗碳层厚度(μm)	矫顽力 H_c(A/m)
0	190
440	480
470	500
530	540
570	550
610	570
640	580
690	620
820	670
820	690
860	660
860	670
880	650
970	690
1000	720
1060	780
1070	700
1070	770
1100	780

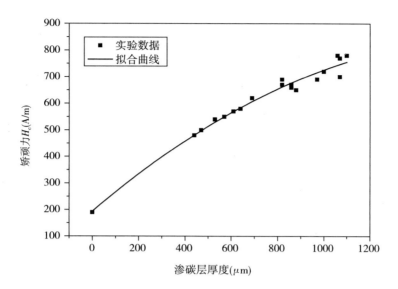

图 5 炉管渗碳层厚度——矫顽力数值拟合曲线

根据拟合曲线,矫顽力数值在 0~250A/m,得出本次检测的 108 根炉管的渗碳层厚度值范围为 0~77μm。渗碳层厚度远小于炉管壁厚 13mm。

超声导波测试结果显示,所检测管段未发现可记录异常腐蚀信号。

四、讨论

(1)采用磁性分析和超声导波两种无损检测手段能全面有效地针对高温炉管进行使用状况评价。

(2)引起转化炉管发生高温损坏的主要因素有高温氧化导致的腐蚀减薄、渗碳引起的材质劣化和蠕变引发的机械损伤。

参考文献

[1] 上海市机械制造工艺研究所. 金相分析技术[M]. 上海:上海科学技术文献出版社,1987.

[2] 秦紫瑞. 超低碳铸造高合金不锈钢析出相及腐蚀行为的研究[J]. 材料开发与应用,1999,14(2):25-30.

[3] 沈红杰. 制氢转化炉管选用与性能控制[J]. 石油化工腐蚀与防护,2009,26(6):47-50.

[4] 王根启,F. PONS,康树春. 转化炉管的新材料及其制造中的质量提高[J]. 大氮肥,2000,23(1):70-72.

高温管线在线测厚技术综述

胡振龙[1]，隋文[2]，姜世鹏[2]，张卿[3]，刘军[2]，

孔范洋[2]，祁光明[2]，王洋[2]

（1. 中国特种设备检测研究院，北京　100029；

2. 北方华锦化学工业股份有限公司，辽宁　盘锦　124021；

3. 华中科技大学机械科学与工程学院，湖北　武汉　430074）

摘　要：本文介绍了高温超声波、电磁超声（不打磨）、脉冲涡流（不拆保温）等高温测厚技术，并结合现场检测的实例对比分析，比较了各种方法的优缺点与可行性。总体上，三种方法对于管线的在线高温测厚都能够满足工程技术应用，电磁超声方法对检测的管件部位适用性更宽。管线在线（不停输）测厚对于石化企业长周期运行、降低停车检修工作量具有重要意义。

关键词：高温；管线；测厚；电磁超声；脉冲涡流

随着成套装置风险评估技术的深入开展，高温管线的在线（不停车）测厚技术对于石化企业缩短停车检修工期具有越发重要的意义。以某石化为例，其炼油、乙烯两厂30余套装置约8000余条管线欲进行基于风险的检验，按检验计划抽检管线4000余条，其中高温管线占80％以上，按常规检验手段其停车测厚的工作量在40天以上。经反复论证，本次检修利用电磁超声等技术，在装置运行阶段完成了绝大部分管线的测厚工作，不仅将停车测厚的工期压缩在一周之内，更有利于减薄弯头的提前备料，缩短更换时间。

一、高温测厚方法概述

1. 高温超声波测厚[1-3]

超声波测厚，是根据超声波脉冲反射原理来进行厚度测量的，当探头发射的超声波脉冲通过被测物体到达材料分界面后，脉冲被反射回探头，通过精确测量超声波在材料中传播的时间，即可以确定被测材料的厚度，其壁厚计算公式如下：

$$\delta = \frac{1}{2}C \times t$$

其中：δ为待测工件壁厚；C为工件中声速；t为超声波在工件中往返一次传播的时间。检测原理如图1所示。

高温超声波测厚，通常利用常规测厚仪＋高温探头（线）＋高温耦合剂的方式组合实

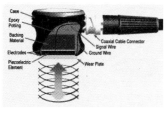
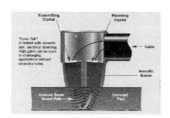

单晶直探头　　　　　　　　双晶直探头　　　　　　　　检测示意

图 1　常规超声测厚原理

现,是目前最为常用的高温测厚技术,但该技术受以下几个因素制约。

(1)压电晶片的居里温度上限

目前常规的超声波测厚仪通常利用压电晶片来发射并接受超声波。压电材料的压电效应与温度有关,它只能在一定的温度范围内产生。超过一定温度(居里温度 T_c),压电效应就会失效。常用的压电材料(PZT 系列),T_c 在 300℃ 左右,但受压电晶片、阻尼块、吸声材料、保护膜、电缆线和接头等多种因素的影响。在实际使用过程中,高温探头经常出现测不准、跳数等情况。

(2)高温下声速的变化对测量的影响

工件中声速与温度存在如下关系:

$$C＝591810.85×T$$

其中:C 为工件中声速(m/s),T 为工件温度(℃),因此,高温超声波测厚时一般根据工件实际温度对声速进行修正,然后得到修正后的测厚值。但实际测厚过程中,因工件内外部温度不均匀导致声速的非线性变化,会影响测厚值的准确性;因高温耦合剂中溶液的挥发与溶质的浓缩导致的声强透射率的不稳定,会影响测厚值的重复性与稳定性,甚至出现较大幅度的异常波动。

2. 电磁超声测厚[4-6]

在物理学中,任何载电流的导体在磁场中都受到机械力作用(安培力),三者的方向相互垂直,可用左手定则表示。把通有交变电流的线圈放在导电体表面上,在交变磁场的作用下导体中将感生出涡流,如果这交变涡流又处于另一恒定磁场之中,则构成涡流回路的质点将受到安培力的作用,适当选择涡流和恒定磁场的方向就可使安培力的方向平行或垂直事件表面,从而产生超声横波或纵波,其频率与线圈中所通交流电的频率相同。这个效应是可逆的,也即为电磁超声换能器的工作原理。电磁超声检测仪器及原理如图2所示。

目前的电磁超声换能器可以在导电试件中产生和接收兆赫级的超声纵波、横波和兰姆波。由于换能器无需与试件直接接触,可用脉冲反射法对高温(据文献可达 900℃)下的金属管道进行检测,且被检管道无需打磨除锈。

但与常规超声测厚技术相比,电磁超声换能器的超声波转换效率较低,通常需要使用前置放大器(40dB)。对于大厚度(＞50mm)、小管径(小于 60mm)、非铁磁性材质的管道,其检测效果往往不太理想,通常需要对其检测信号进行补充处理。

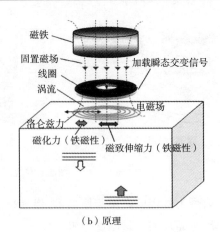

（a）检测仪器 （b）原理

图 2　电磁超声工作原理及仪器设备

3. 脉冲涡流测厚[7]

利用脉冲发射机激发出一个变化的直流脉冲磁场,该磁场可以穿过一定厚度的保护层和保温层而诱发被测物体表面产生涡流,所诱发的涡流会从上表面向下表面扩散,但是强度会逐渐变弱。同时,在涡流扩散的过程中又会产生与激励磁场方向相反的逆磁场,利用接收元件便可监控涡流磁场在金属壁厚中的衰减,将衰减信号与相关因素建立一种函数关系,通过对衰减信号的推导导出被穿透物体的厚度的检测方法。

由于涡流信号在到达被测物体的边界时会发生突然衰变,所以磁场强度会迅速减弱。一般来说,涡流信号在被测物件中的衰减时间与涡流的强度没有关系,而是和被测物体的本身的特性如电导率、磁导率以及被测物件的壁厚成一定的函数关系:

$$\tau = c \times u_o \times u_r \times \sigma \times d^2$$

其中,τ 是衰减时间;c 为常数;u_o 为绝对磁导率;u_r 为相对磁导率;σ 为电导率;d 为壁厚。脉冲涡流检测仪器及其原理如图 3 所示。

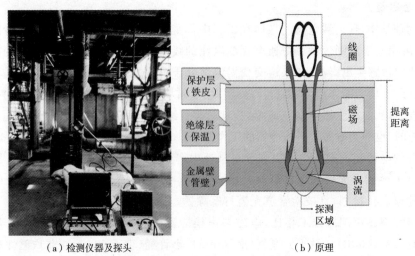

（a）检测仪器及探头 （b）原理

图 3　脉冲涡流检测仪器及其原理

因脉冲涡流测厚时无需拆除管道保温层,其探头在工作时受管内温度的影响不大,故可实现高温管道的在线检测。但其测厚数值为所检测区域的平均厚度,不适合于局部腐蚀(尤其是点蚀或坑蚀)的测量,如图4所示。

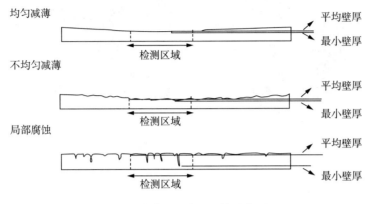

图4 脉冲涡流检测区域示意图

二、现场检测精度对比试验

1. 待测管道参数
待检测管道参数见表1所列。

表1 待检管道参数

装置名称	管道名称	管线编号	公称直径	公称壁厚 mm	材质
硫黄回收	富液	RSM - 0256 - 21203	DN200	8.5	20#

2. 检测仪器型号
所用仪器型号及性能见表2所列。

表2 所用仪器型号及性能

仪器种类	仪器型号	检测精度	生产地
超声波测厚仪	TT - 100	±0.1mm	北京
电磁超声检测仪	PBH	±0.01mm	美国
脉冲涡流检测仪	HSPEC_Ⅲ	检测区域壁厚减薄5%	华中科技大学 & 中国特检院

3. 现场检测
(1)TT - 100 与 PBH 测厚

在现场,分别用 TT - 100 和 PBH 对同一条管线的同一个检测点测厚(打磨见金属光泽),得到的结果分别标记在管道上,如图5所示。

（a）超声波测厚仪探头　　　　（b）超声波测厚仪读数（8.9mm）

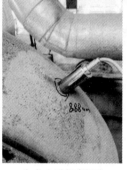 

（c）电磁超声探头　　　　（d）电磁超声读数（8.88mm）

图5　TT-100和PBH检测示意

（2）HSPEC_Ⅲ测厚

在图5的相同测点上，利用HSPEC_Ⅲ分别在：①无保护层和保温层；②1mm（白铁皮）保护层＋80mm（硅酸盐）保温层；③1mm（白铁皮）保护层＋160mm（硅酸盐）保温层的情况下进行检测，如图6所示。

（a）无保护层和保温层　　（b）1mm白铁皮+80mm硅酸盐　　（c）1mm白铁皮+160mm硅酸盐

图6　HSPEC_Ⅲ测厚

4. 检测结果分析

TT-100和PBH的测点部位及数据如图7所示。以PBH第4个测点的测厚值为参考信号,经数据处理后 HSPEC_Ⅲ 得到的测厚值与其余两种方法的对比如图 8 所示。

 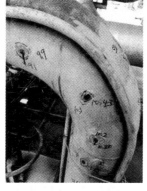 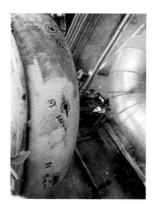

（a）直管测厚点（1-5#）　　（b）短节及侧弯测厚点（6-9#）　　（c）背弯测厚点（10-12#）

图 7　TT-100 和 PBH 的测点部位及数据

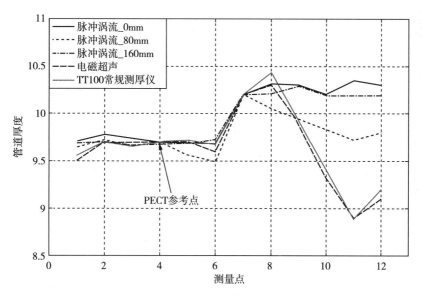

图 8　检测数据对比

三、总结

高温管线在线测厚技术是缩短石化企业停车检修工期的重要手段,基于现场的实测数据,可得到以下结论:

① 无论弯头与直管,电磁超声与常规测厚仪检测精度基本相同;

② 测直管段时,脉冲涡流、电磁超声与常规测厚仪检测精度基本相同;

③ 测弯头时,脉冲涡流检测结果与其余两种方法有部分差异,最大偏差 1.6mm,考虑到弯头部位曲率对脉冲涡流所测区域平均厚度影响,此亦属正常情况;

④ 无论弯头与直管,三种方法检测结果的变化趋势基本一致。

参考文献

[1] 胡天明. 超声检测[M]. 武汉:武汉测绘科技出版社,1994.

[2] 史亦伟. 超声检测[M]. 北京:机械工业出版社,2005.

[3] 郑晖,林树青. 超声检测[M]. 北京:中国劳动社会保障出版社,2008.

[4] 徐守平. ASTM E816-96 利用电磁超声换能器(EMAT)技术进行超声检查的标准方法[J]. 无损探伤,2003,27(2):20-28.

[5] 周正干,黄凤英. 电磁超声检测技术的研究现状[C]. 2006 年全国无损检测学会电磁专业委员会年会论文集,2006:1-6.

[6] 曹建海,严拱标,韩晓枫. 电磁超声测厚原理及其应用——一种新型超声测厚法[J]. 浙江大学学报:工学版,2002,36(1):88-91.

[7] 李家伟. 无损检测手册[M]. 北京:机械工业出版社,2012.

重整装置脱丁烷塔基重沸加热炉的检验与安全评估

叶宇峰,夏立,邓易

(浙江省特种设备检验研究院,浙江　杭州　310020)

摘　要:通过对重整装置脱丁烷塔基重沸加热炉检验,发现加热炉炉管因底部导向管卡死,致使炉管发生严重弯曲,其他多处辐射段上部急弯弯头与管架发生碰撞损伤。经壁厚、金相、硬度、外径检查,该炉存在局部减薄,炉管未发生材质劣化,未发现明显膨胀。经安全评估,更换严重变形的炉管、弯头后可继续运行使用。

关键词:加热炉、检验、炉管卡死、腐蚀减薄、安全评估

一、前言

原料油的裂解或反应是在一定的温度和压力下完成的,加热炉作为一种提供高温反应条件的加热设备,几乎参与了炼油化工的整个生产过程,广泛地应用于石化企业中。由于加热炉的炉管通常在高温高压等苛刻工况下运行,管内介质具有易燃易爆、易结焦和腐蚀等特点,极易在运行过程中发生炉管的穿孔结焦、卡死变形等失效事故,严重影响了装置的正常稳定运行。因此,加热炉的安全性是企业装置安全运行的重要保证。

受某炼油厂委托对其连续重整装置一台脱丁烷塔基重沸炉(F305)进行了全面检验。该加热炉为2程立管立式圆筒加热

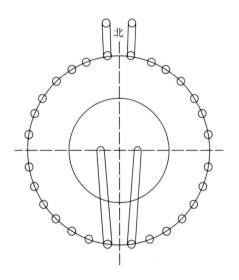

图1　脱丁烷塔基重沸炉 F305 炉管分布图

炉,单面受火,设计热负荷为5100kW。介质从对流段上部进入,经过对流加热后进行辐射段,从辐射段底部出炉。1996年11月投入使用,目前热效率平均达到90%。该炉入口处设计温度207℃,出口段设计温度230℃。

二、检验情况

1. 宏观检查

对该炉进行宏观检查,发现脱丁烷塔基重沸炉的辐射段1♯、2♯炉管存在严重弯曲变形,其中1♯炉管最大侧向弯曲值为107mm,2♯炉管最大侧向弯曲值为96mm,如图2和图3所示。炉管的侧弯示意图如图4和图5所示。1♯管为该加热炉辐射段的出口管线之一,与其上部相连的是一个90°弯头,与其下部是与2♯管共用的急弯弯头,弯头底部为限制炉管只能上下伸缩的导向管。

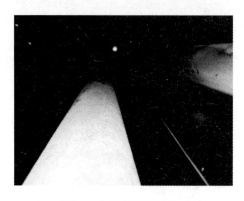
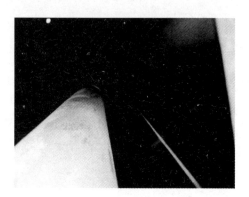

图2　1♯炉管侧向弯曲图　　　　　　　图3　2♯炉管侧向弯曲图

经现场勘察,发现1♯、2♯炉管共用的底部导向管已经卡死,无法上下自由伸缩,同时1♯管上部的弯头与炉膛壁相顶触,因而当炉管受热膨胀时无法自由伸缩,直管段受到较大的热应力,炉管在该应力作用下发生侧向弯曲。2♯炉管同样由于底部的导向管卡死无法自由伸缩也发生了侧向弯曲,但由于其上部的约束较1♯管小,因此变形较少。

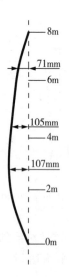
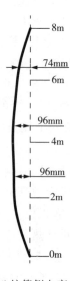

图4　1♯炉管侧向弯曲示意图　　　　　　图5　2♯炉管侧向弯曲示意图

F305 炉管整体变形图如图 6 所示。参考《管式裂解炉维护检修规程》(SHS 03001—2004)对炉管弯曲的判断:当炉管严重弯曲,致使导向管或导向槽失去导向作用应更新炉管。但考虑到该加热炉炉管内介质温度不超过 230℃,后经壁厚检测,硬度检测,外径检测及金相检查该 1♯、2♯ 炉管材质未发生劣化,仍处于良好状态。因此建议用户对导向管进行处理,暂不更换炉管。

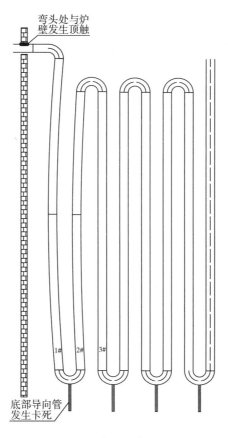

图 6　变形示意图

在宏观检查中,同时发现炉辐射段顶部多个弯头与支架发生碰撞,有些炉管上弯头与支架处出现 $\Phi30mm$ 的凹坑,最大深度为 3mm,并且遮蔽段吊架螺母脱落,如图 7 所示。

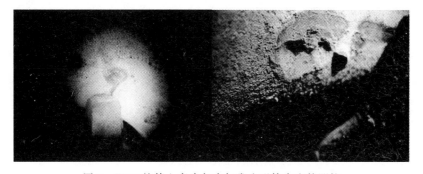

图 7　F305 炉管上弯头与支架发生碰擦产生的凹坑

从图 7 中可以发现弯头与支架挂钩碰撞是由于炉管在使用中脱离位置,在内部介质的不均匀流动下发生振动,当振动幅度较大时便于挂钩发生碰撞。造成炉管在运行过程中脱离原来位置的原因是这些炉管底部的导向管过长,当炉管受热碰撞,由于重力的作用,炉管首先向下膨胀,底部的导向管跟随炉管一起向下伸长,一旦导向管接触到炉膛底部结构,炉管无法继续向下伸长,此时伸长便向上发展,致使炉管上部的急弯弯头脱离原来位置。

在该炉宏观检查同时发现辐射段部分存在炉管外表面腐蚀、烟气冲蚀、弯曲等情况;对流段部分存在管架表面出现凹坑等现象。

2. 炉管壁厚检测

壁厚检测主要是检查炉管内部介质对炉管的腐蚀、冲刷以及外表面的高温氧化、烟气露点腐蚀等因素引起的壁厚减薄情况。炉管的壁厚情况直接影响到了加热炉的安全运行。高腐蚀性的炉管需要较密的测厚点,测出的壁厚值与历史数据对比,以获得准确的壁厚减薄数量及速率和剩余的腐蚀余量,并预计下一个操作周期的厚度减小数据。

影响加热炉炉管壁厚减薄的主要因素有:温度、流速、油品介质的结焦、油品中腐蚀性介质类型及含量、油品介质的相变。

(1)温度的影响:温度对加热炉炉管腐蚀的影响极为显著。温度的影响可分为炉膛温度分布不均的影响、炉管温度分布不均的影响及炉管内壁温度的影响等几个方面。

(2)流态的影响:流体状态对加热炉管腐蚀的影响极为明显。尤其是对高温环烷酸腐蚀型、高温硫腐蚀型,这种影响更为显著。

(3)相变的影响:流体在炉管内是一个不断加热的过程,随着一些油品介质在炉管内的气化,使得流体的体积急剧膨胀,对炉管的"冲刷"作用相应地急剧增强,炉管的腐蚀速率也相应地增大。

(4)结焦的影响:炉管发生减薄的另一个主要原因是其内表面存在结焦,焦垢形成后,一方面可产生垢下腐蚀,另一方面也可减缓流体对金属表面的"冲蚀"作用。

(5)腐蚀介质含量的影响:一般情况下,当加热炉原料中的腐蚀介质含量较低时,较易忽视其腐蚀影响程度。但经过长时间的积累,炉管的壁厚也会逐渐减薄。图 8 表示为F305 加热炉辐射段直管壁厚的分布情况。

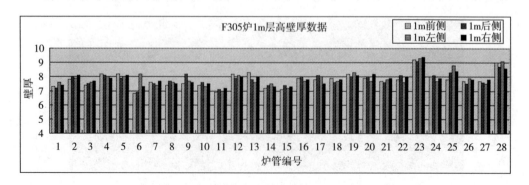

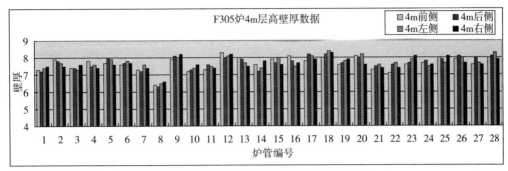

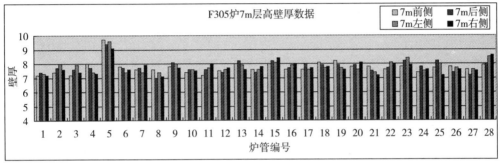

图 8　F305 加热炉辐射段直管壁厚分布

从该加热炉的壁厚分布看,未发现辐射段炉管在层高方向壁厚分布不均的现象,这与重整装置加热炉介质的腐蚀性较低有一定的关系。而从炉管的单个截面的迎火面与背火面的壁厚分布情况看,存在不同程度的局部减薄。最薄处为 8 号炉管 4 米层高背火面,值为 6.3mm,与原始公称壁厚 8.0mm 相比,减薄量为 1.7mm。最薄处年均腐蚀率为 0.122mm/a,其他部位壁厚主要分布在 7.0～8.0mm 之间。因此,此处减薄为局部减薄情况。

3. 外径测量

炉管外径检测,主要目的是检测炉管是否出现蠕变。由于炉管蠕变膨胀到发生一定程度后,会在内表面产生大量裂纹,最终造成断裂。因此,通过炉管外径的检测,同时对数据进行计算与分析,是有效检测炉管蠕变出现以及蠕变程度的有效手段。外径检测采用的外径尺,精度达到 0.01mm,能发现细微的蠕变。检测方法是通过截面实施两个方向的检测,取该两次检测值的平均值作为该截面的外径,如图 9 和图 10 所示。

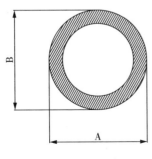

图 9　外径检测示意图

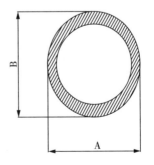

图 10　现场炉管外径示意图

汇总现场检验情况见表 1 所列。

表 1　F305 炉管外径检测数据汇总

项目　　炉管号	1	4	7	10	13	16	19	22	25	28
公称外径（mm）	141	141	141	141	141	141	141	141	141	141
最大值（mm）	140.7	140.9	140.6	140.2	140.9	140.6	140.2	140.6	140.4	140.9
层高（m）	1	1	7	4/7	4	7	4	1	4	4

F305 检测的炉管外径最大值均匀出现在各个层高，在 4♯管 1m 处外径最大，最大值为 140.9mm，与公称外径 141mm，未扩大。

4. 硬度检测

硬度是衡量金属材料软硬程度的一项重要的性能指标，它既可理解为是材料抵抗弹性变形、塑性变形或破坏的能力，也可表述为材料抵抗残余变形和反破坏的能力。硬度不是一个简单的物理概念，而是材料弹性、塑性、强度和韧性等力学性能的综合指标。加热炉炉管由于受到高温、高压的作用，材料性能会发生一定的变化，通过硬度检测，可以大致判断目前材料所处状态。表 2 为 F305 辐射段硬度检测数据的汇总情况。

表 2　F305 辐射段炉管母材硬度检测数据汇总

项目　　炉管号	1	6	11	16	21	26
最小值（HB）	99	98	100	98	98	99
层高（m）	8	4	0/1	0	0	0/1

从表 2 中可以看出，F305 辐射段硬度检测的最小值较多出现在底部。硬度范围：①炉管母材硬度范围为 98～117HB；②焊缝热影响区硬度范围为 93～142HB；③焊缝硬度范围为 95～137HB。

表 3　F305 对流段炉管母材硬度检测数据汇总

项目　　炉管号	东侧—第 4 排—第 2 个弯头	西侧—第 4 排左—第 1 个弯头
最小值（HB）	106	110
排高	第 4 排	第 4 排

F305 对流段炉管硬度检测的硬度范围：①炉管母材硬度范围为 106～149HB；②焊缝热影响区硬度范围为 111～151HB；③焊缝硬度范围为 104～151HB。

从表 2 和表 3 中可以看出，该炉的炉管硬度满足要求。

5. 金相检查

长期服役后的炉管的机械性能取决于材料的化学成分、组织、温度、应力的变化。一方面服役过程中的各种因素损伤都将在显微组织上显示,微观组织结构的变化反映了材料的损伤程度;另一方面,微观结构组织又决定合金材料的性能。因此,金相分析法,对炉管微观组织状况进行观察分析,研究炉管微观结构在高温环境下变化,可以掌握炉管的损伤情况。图 11 所示为 F305 炉管的金相分析图。

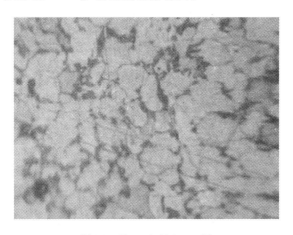

图 11　F305 金相 200× 图

对加热炉火焰受热面进行金相检测,情况见表 4。

表 4　F305 金相检验汇总

加热炉 项目	F305 金相检验汇总			
金相位置	1♯—1.5m 处	14♯—1.5m 处	15♯—1.5m 处	28♯—1.5m 处
炉管材料	20	20	20	20
组织形态	珠光体+铁素体+ 少量碳化物	珠光体+铁素体+ 少量碳化物	珠光体+铁素体+ 少量碳化物	珠光体+铁素体+ 少量碳化物
结论	晶粒度为 9.5 级	晶粒度为 9.5 级	晶粒度为 9.5 级	晶粒度为 9.5 级

通过现场分析,这些材料组织均匀,无异常出现;通过现场金相分析,炉管整体没有出现组织劣化情况。

三、结论

根据上述现场情况,该加热炉底部导向管多处出现卡死,已造成炉管严重变形,上弯头与管架发生碰撞擦伤,需更换相应的炉管与弯头,但该加热炉金相组织良好,外径未发生明显碰撞,硬度符合相应要求,综上建议用户对该加热炉的炉管底部导向管进行整改。

参考文献

[1] 陈学进,舒适,张涛. 1025t/h锅炉过热器爆管原因分析及处理[J]. 安徽电力职工大学学报,2002.7(3):83-86.

[2] 邢玉生,姜炳典. HK-40炉管蠕变损伤级别的超声检测综合评定方法[J]. 无损探伤,2003(5):16-20.

[3] 杨旭,沈复中,宁志威,等. 用本构关系及有限元法研究高温管道剩余寿命[J]. 材料工程,2008(4):39-40.

[4] Concari S, Fairman A. HIDA databank—its development and future[J]. International Journal of Pressure Vessels and Piping,2011,78(11-12):1031-1042.

液化石油气球罐排污管断裂失效分析

顾福明[1],陈艺[1],王辰[2],陈进[2],王印培[2]

(1. 上海市特种设备监督检验技术研究院,上海 200000;
2. 华东理工大学,上海 200237)

摘　要:某液化石油气球罐进行气密试验时发生球罐底部排污法兰与球罐的连接短管发生断裂。为查明连接短管的断裂失效原因,采用光谱法、扫描电镜、金相分析、力学性能测试及对腐蚀产物的能谱分析等方法进行分析,结果表明:连接短管的化学成分和金相组织均符合要求,断裂属于脆性解理断裂;腐蚀产物中有很多的硫化物。基于球罐投用以来的工况条件和对裂纹形貌、断口腐蚀产物的分析可以判定,接管上的主裂纹是由液化气中的 H_2S 所引起的应力腐蚀开裂。建议对该类球罐底部的接管进行一次全面检查,如有裂纹,及时更换,同时更换施工中注意消除焊接残余应力。

关键词:断裂失效;应力腐蚀开裂;LPG球罐

某液化石油气球罐在进行气密试验时发生球罐底部排污法兰与球罐的连接短管发生断裂。此时球罐压力0.049MPa,现场温度计显示22℃。球罐的基本参数见表1所列。

表 1　球罐基本参数

设计压力（MPa）	设计温度（℃）	球罐材质	球罐壁厚（mm）	球罐容积（m³）	排污法兰接管	
					材料	规格(mm)
1.77	50	16MnR	50	2000	20 钢	φ60×4

一、检验检测结果

1. 宏观外貌检查

排污法兰与球罐的连接短管上有多条轴向主裂纹,这些裂纹有的已经扩展到球罐本体,虽经打磨仍未消除,如图1和图2所示。接管断口平整,无塑性变形痕迹。根据裂纹的宏观特征,可以判定主裂纹起源于接管与球罐连接处的角焊缝内侧。在产生多条主裂纹并扩展后又形成了接管环向的二次裂纹,最终导致接管断裂脱落。

图 1　排污接管上的裂纹

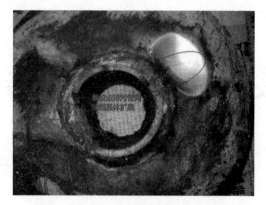

图 2　裂纹由接管向球罐基体的扩展

2. 理化检验

（1）接管化学成分

采用光谱法对接管的化学成分进行分析，分析结果见表 2 所列。分析表明，接管的化学成分符合国标[1]对 20 钢管的成分要求，且与制造厂提供的材料原始质保书基本一致。

表 2　接管化学成分

20 钢管	C	Mn	Si	S	P	σ_b
实测	0.22	0.55	0.24	0.034	0.022	
GB 3087—2008	0.17～0.24	0.35～0.65	0.17～0.37	≤0.035	≤0.035	390～590
原质保证书	0.2	0.57	0.29	0.01	0.014	480～485

（2）硬度

将接管沿角焊缝处环向切开，对接管横截面进行硬度测试，结果见表 3 所列。硬度测试结果表明，该接管此处的硬度偏高。根据 GB/T 1172—1999[2]《黑色金属硬度及强度换算值》，按照原始质保书上给出的本 20♯ 钢管的强度换算，其正常硬度应在 Hv110～170 或 HBS106～160。

表 3　接管横截面硬度

Hv0.1	194	187	180	180	191	195	201	208	223	215
相当于 HBS	187	180	174	174	184	188	195	203	219	210

（3）金相组织

采用金相显微镜对接管断裂处横截面的金相组织进行观察，得到的金相组织如图 3 和图 4 所示，其中图 3 为接管截面近内壁处的金相组织。由图可知，接管的金相组织为珠光体和铁素体，组织结构正常。

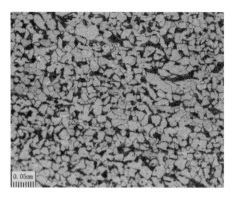 

图3　接管金相组织:铁素体＋珠光体200×　　图4　接管截面近内壁处的金相组织200×

3. 断口形貌

对接管的断口进行扫描电镜观察,其结果如图5和图6所示。由图可见,断口呈脆性解理断裂。

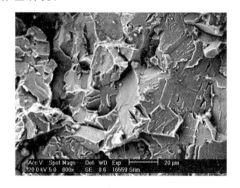 

图5　接管上的轴向主裂纹1　　　　　图6　接管上的另一条轴向主裂纹2
　　断口形貌(高倍)　　　　　　　　　　断口形貌(高倍)

4. 腐蚀产物分析

对残留有腐蚀产物的接管断口进行扫描电镜分析,结果如图7所示。对断口上残留腐蚀产物进行能谱分析,分析结果如图8所示。以上分析结果表明,接管断口上存在较多的硫化物。

图7　接管内表面的腐蚀物形貌

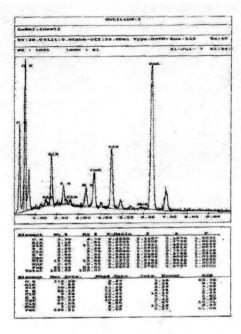

图 8 断口腐蚀产物的能谱分析

二、断裂原因分析和结论

排污法兰接管发生断裂时球罐压力正常,环境温度在 22℃左右,因此排除了因过压或低温导致接管断裂的可能。相应的检测结果表明,接管的成分、组织正常,但接管的硬度偏高。

在接管上有多条轴向主裂纹,这些裂纹有的已经扩展到球罐本体,虽经打磨仍未消除。断口平整,无塑性变形痕迹。根据裂纹的宏观特征,可以判定主裂纹起源于接管与球罐连接处的角焊缝内侧。在产生多条主裂纹并扩展后又形成了接管环向的二次裂纹,最终导致接管断裂脱落。

对断口的扫描电镜观察结果显示:断口呈脆性解理断裂。对断口上残留腐蚀产物的能谱分析表明存在较多的硫化物。液化石油气中的含硫量根据原油不同可达 $0.118\%\sim 2.03\%$[3],若脱硫不好,则在球罐中会造成 $H_2S - H_2O$ 的腐蚀条件。腐蚀形态为酸性条件下的硫化物应力腐蚀开裂。

液化石油气球罐发生断裂的排污接管位于罐的底部,在使用期间存在积水的条件。对于排污接管而言,如果焊后消除应力不充分,该接管在与球罐连接处的角焊缝内侧会产生较大的残余应力。这样接管在使用中就具有了应力腐蚀开裂的基本条件。因此从球罐投用以来的工况条件和对裂纹形貌、断口腐蚀产物的分析可以判定,接管上的主裂纹是由液化气中的 H_2S 所引起的应力腐蚀开裂即通常所说的 SSCC。另从图 1、图 2 及断口上的腐蚀程度不一可知,几条主裂纹在本次气密试验之前就已存在,故此次气密试验过程中排污接管发生断裂脱落的根本原因是由接管的 SSCC 引起的。

鉴于同类事故在其他企业也有发生[4,5]，如果球罐区有其他同类球罐，建议对该类球罐底部的接管进行一次全面检查。如有裂纹，及时更换，更换施工中注意消除焊接残余应力。

参考文献

[1] 中华人民共和国国家质量监督检验检疫总局，中国国家标准化管理委员会．GB 3087—2008 低中压锅炉用无缝钢管[S]．北京:中国质检出版社,2008.

[2] 中华人民共和国国家质量监督检验检疫总局，中国国家标准化管理委员会．GB/T 1172—1999 黑色金属硬度及强度换算值[S]．北京:中国质检出版社,1999

[3] 中国石油化工设备管理协会．石油化工装置设备腐蚀与防护手册[M]．北京:中国石化出版社,1996.

[4] 董秀文,李岩．某液化气球罐下排污管法兰断裂分析[J]．理化检验:物理分册,2004,40(1):40－42.

[5] 王建军,郑文龙．丙烯球罐底部排放阀连接螺栓断裂原因分析[J]．腐蚀与防护,2003,24(11):500－503.

在役铬钼钢制焦炭塔的损伤及其焊接修复处理研究

杨景标，郑炯

（广东省特种设备检测研究院，广东　广州　510655）

摘　要：基于某项目在用焦炭塔的首次和第二次全面检验结果，分析了该焦炭塔的损伤形式。由于使用所产生的裂纹和腐蚀严重，决定对焦炭塔锥段下部进行更换处理。对于铬钼钢复合钢板的焊接，须严格按规定温度进行预热和焊后热处理来降低焊接残余应力，合理安排焊接顺序，严格控制层间温度，避免产生裂纹。更换锥段下部的焦炭塔运行一年后的检验结果表明，焦炭塔整体运行效果良好，所采用的焊接工艺可以有效避免裂纹，所更换锥段和焊缝没有产生新生的裂纹和腐蚀现象。

关键词：铬钼钢；焦炭塔；损伤；修复

一、引言

焦炭塔是炼油厂中延迟焦化装置的核心设备，其工况特点是工作温度在环境温度和最高操作温度之间周期性变化，且生焦周期短，温度变化速度快；焦炭塔的受力主要包括热应力和机械应力，特别是操作温度周期性变化所产生的交变热应力，导致焦炭塔主要出现热机械疲劳和蠕变交互作用下的失效[1]。

由于碳钢耐热强度、抗疲劳及蠕变的能力较低，随着延迟焦化装置的大型化和高参数化，制造焦炭塔的材料目前以铬钼钢为首选[2,3]。已有的检验结果表明，碳钢制焦炭塔容易发生腐蚀，但鲜见 SA387 Gr11 CL2 铬钼钢制焦炭塔腐蚀的相关报道[3-5]。

某炼油项目延迟焦化装置的焦炭塔直径为 9.8m，主体材质为 SA387 Gr11 CL2＋410S，该焦炭塔于 2009 年投入使用。本文根据该焦炭塔的首次（2011 年）和第二次（2014 年）全面检验结果，分析其损伤情况，并对锥段下部更换修复的焊接工艺及其效果进行研究。

二、焦炭塔损伤情况

焦炭塔锥段和直段焊缝的分布如图 1 所示。首次检验发现锥段下部出现了深约 4mm 的蜂窝状腐蚀,在距首次检验 3 年后的第二次全面检验结果表明腐蚀进一步加剧,腐蚀深度达到了 5～8mm。同时,锥段和直段的环焊缝上存在纵向裂纹,首次全面检验时对锥段环缝的裂纹打磨消除后,第二次全面检验发现仍有新生裂纹。锥段下部的腐蚀坑形貌如图 2 所示,环焊缝裂纹的外观形貌如图 3 所示。

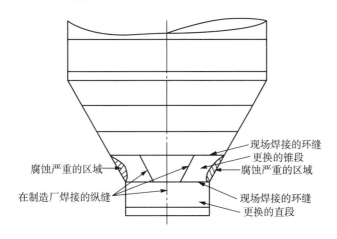

图 1　焦炭塔锥段和直段的焊缝分布示意图

全面检验时对焦炭塔进行资料审查和运行数据分析,锥段下部的严重腐蚀坑与多种因素有关:使用含氯离子、氨离子等腐蚀性成分的回用水作为清焦水;腐蚀严重区域距离清焦高压水管比较近,介质流速大;该区域距离转油线入口也比较近,温度高;介质从下往上流动至该部位直径突然变大,容易出现气蚀等。以上多重因素共同导致该区域的严重腐蚀现象。

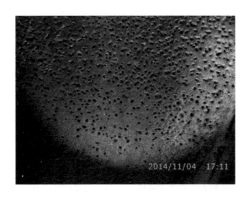

图 2　第二次全面检验时锥段的腐蚀坑形貌

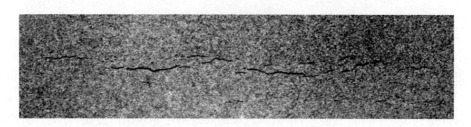

图3　第二次全面检验时锥段环缝的裂纹形貌

如图3所示的锥段环焊缝纵向裂纹,裂纹产生的主要原因有:

SA387 Gr11 CL2的焊接再热裂纹倾向比较大,Cr、Mo元素的碳化在焊接时发生固溶,焊接结束后冷却时来不及析出,在再热条件下Cr、Mo的碳化物在晶内沉淀析出,使晶内强化;同时,材料中S、P等杂质也会向晶界析集,使晶界的塑性变形能力下降。在晶内强度的提高和晶界塑性变形能力降低共同作用下,当残余应力的松弛集中于晶界,实际变形量超过其塑变能力时,便容易导致再热裂纹的产生[6]。

焊接接头的应力状态是引起裂纹的另一直接原因。SA387 Gr11 CL2母材、焊缝一般具有相对较低的塑性变形能力,且两者塑性不同,易在焊接缺陷处出现应力集中,加上氢的扩散聚集,致使诱发裂纹的临界应力值低,容易导致裂纹。

三、锥段更换修复工艺

检验结果表明焦炭塔锥段下部材料的抗腐蚀能力不足,需提高复合板的耐腐蚀等级。新更换的锥段材料选取SA387 Gr11 CL2+UNSN06625复合板,板厚为48+3mm。

焦炭塔比较苛刻的运行条件要求其焊接接头必须具备良好的高温持久强度和冲击韧性,同时要求复层的堆焊层必须具备良好的耐腐蚀性能,因此必须对焦炭塔主体材料复合钢板基层SA387 Gr11 CL2的焊接和复层的耐蚀层堆焊进行严格的焊接工艺试验。

1. 铬钼钢的焊接特点

复合钢板SA387 Gr11 CL2+UNSN06625的基层为低合金珠光体耐热钢,具有一定的淬硬倾向。预热可以降低焊接接头的冷却速率,使焊接接头不易形成淬硬组织,从而防止裂纹的产生。一般在低合金耐热钢焊接过程中,为了防止焊接接头裂纹的发生,预热和保持层间温度非常必要[7]。控制层间温度的主要目的是为了降低冷却速率,并且可以促使扩散氢的逸出,有利于防止裂纹。如果层间温度过高,又使得晶粒过于粗大,从而影响焊接接头的塑性和韧性,不利于防止裂纹,因此须控制层间温度不高于250℃。

为了消除残余应力,降低焊缝硬度以获得良好的焊接接头力学性能,焊后需进行高温回火焊后热处理。焊后消氢热处理350℃×2h,可以加强焊接接头的氢逸出,并且减缓冷却速率。

综合低合金耐热钢的焊接特性和焊前焊后的热处理要求[8],对焦炭塔锥段下部焊缝的焊接采用如下的工艺。所更换的锥段下部和直段如图1所示。

2. 焊接工艺

纵缝和环缝的破口形式及尺寸分别如图4和图5所示。

图 4　纵缝破口形式及尺寸　　　　图 5　环缝破口形式及尺寸

(1)纵缝母材为 SA387 Gr11 CL2＋UNSN06625,环缝母材为 SA387 Gr11 CL2(板厚为 44mm)和 SA387 Gr11 CL2＋UNSN06625。基层焊接时,为保证焊接接头具有与母材相匹配的高温持久强度和韧性,选用熔敷金属化学成分与母材成分相近的 R307G 焊条,规格为 φ3.2mm 和 φ4.0 mm;复层采用 ENiCrMo-3 焊条。

(2)焊前首先对破口进行打磨除锈。根据板厚,破口两侧边缘各100mm范围内的基层母材焊前预热温度取值为不低于120℃。采用多层多道焊形式,控制层间温度不低于预热温度,且不高于250℃。堆焊过渡层前,基层母材的预热温度不低于100℃,覆层层间温度不得高于120℃。中途停焊和焊接结束后立即进行消氢热处理,温度选择为350℃×2h。

(3)对于环缝,基层焊接结束后,按1∶3堆焊出平滑的斜面,将该环缝盖住,使覆层金属平滑过渡到基层母材。

(4)纵缝和环缝的焊接工艺参数见表1。

表 1　纵缝和环缝的焊接工艺参数

焊层	焊接方法	焊材	电流 (A)	电压 (V)	焊速(cm/min) 纵缝	焊速(cm/min) 环缝	线能量 (kJ/cm)
基层	SMAW	R307G φ3.2/φ4.0	90～130/140～180	20～26	8～15	12～25	≤37.9
过渡层	SMAW	ENiCrMo-3 φ3.2	80～120	20～24	12～25	15～30	≤16.2
覆层	SMAW	ENiCrMo-3 φ3.2	80～120	20～24	12～25	15～30	≤18.5

新更换锥段和直段纵缝的焊接、无损检测、焊后热处理、除锈喷漆工作等在制造厂内完成,并测量大小端口的直径与周长,为现场环缝的切割和组对提供准确的数据。

3. 焊缝检验检测

(1)外观检验

所有焊接接头表面应圆滑过渡,不允许存在咬边、裂纹、气孔、弧坑、夹渣等缺陷;焊接接头上的熔渣和两侧的飞溅物须打磨和清理干净。

(2)无损检测

所有无损检测须在焊后24h后进行。

热处理前,对所有铬钼钢接头按照 JB/T 4730.2 进行 100％ 的 RT 检测,Ⅱ级合格,检测技术等级为 AB 级;对所有铬钼钢接头按照 JB/T 4730.3 进行 100％ 的 UT 检测,Ⅰ

级合格,检测技术等级为 B 级[9]。

热处理后,对铬钼钢接头进行 20％的 UT 检测,若发现不合格缺陷,需进行 100％的 UT 检测。

所有的铬钼钢焊接坡口,气刨清根处,临时装配件去除后的表面,以及最终热处理后的铬钼钢按照 JB/T 4730.4 进行 100％的 MT 检测,Ⅰ级合格,检测技术等级为 B 级。

覆层侧破口,覆层上临时装配件去除后的表面,待堆焊面,覆层堆焊完热处理后的堆焊表面,按照 JB/T 4730.5 进行 100％的 PT 检测,Ⅰ级合格。

最终热处理后,对焊缝进行硬度测定,铬钼钢焊接接头硬度值不得高于 225HB。

4. 焊后热处理

待无损检测合格后,采用电加热的方式对所有焊缝进行焊后消除应力整体热处理。热电偶布置在锥段的外壁上,并与焊缝一侧边缘的距离为 50mm

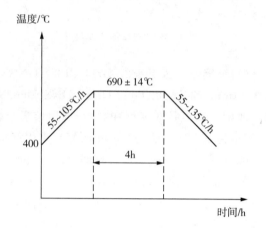

图 6　焊后热处理温度曲线

左右。整体焊后热处理温度为 690℃±14℃,保温时间为 4h。400℃以上升降温速率的工艺曲线如图 6 所示。

四、修复处理效果验证

焦炭塔焊接修复后运行满 1 年后,利用临时停机检修,对更换的锥段进行检验,以验证更换修复的焊接质量和整体运行状况。

1. 检验内容

针对锥段更换的焊接工艺是否合理和现场焊接质量是否满足要求,根据焦炭塔运行工况、介质、温度、压力循环异常情况,检验重点部位是更换锥段的母材、纵缝、环缝和堆焊层。根据焦炭塔实际的使用情况和失效模式制订检验方案进行检验,检验方法以宏观检查、壁厚测定、表面无损检测为主,必要时采用其他检测方法。由于临时停机时间短,最后确定对更换锥段进行 100％的宏观检查,并对所更换锥段下部的焊缝进行 100％的 MT 检测。

2. 检验结果

更换后的锥段、未更换的锥段及其连接环缝的宏观形貌如图 7 所示。

从图 7 的检验结果来看,新更换的锥段表面情况良好,未出现明显的腐蚀。新更换锥段上方的未更换锥段母材表面腐蚀坑还存在,但未见明显的扩展。这表明腐蚀严重部位集中在所更换的下部锥段。

新更换的锥段和未更换锥段的复合焊缝连接处无裂纹,这表明更换修复处理的焊接工艺合理,避免了冷裂纹和再热裂纹的发生,同时由于选用了抗腐蚀级别更高的复合板而提高了复层的耐腐蚀性能[10]。由于运行期间对操作工艺和水质进行了控制,整体运行效果良好。

　　为了继续验证焦炭塔修复处理的效果,需对焦炭塔锥段下部及其焊缝进行定期检验,并严格控制操作条件。如条件允许,将对更换的锥段下部进行残余应力测定,以提供焊接质量和效果的直接证据。

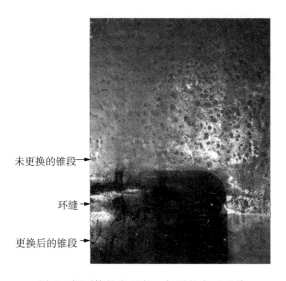

未更换的锥段 →

环缝 →

更换后的锥段 →

图7　新更换锥段运行一年后的宏观形貌

五、结论

　　(1)对于淬硬倾向大的铬钼钢复合钢板的焊接,做好焊前预热和焊后热处理是关键的控制环节,应按规定温度进行预热和焊后热处理来降低残余应力以利于氢的逸出,合理安排焊接顺序,严格控制层间温度和焊接线能量,避免产生冷裂纹。

　　(2)中途停焊和焊接结束后须立即进行消氢热处理,工艺选择为$350℃×2h$。所有无损检测须在焊后$24h$后进行,确保焊接接头没有超标缺陷。

　　(3)严格控制操作条件,尽量延长生焦周期,加强对切焦水质的管理,同时做好焦炭塔锥段的应变和温度监测工作。建议继续利用停炉清焦的临时停机时间对焦炭塔进行检验,观察运行环境对焦炭塔的裂纹和腐蚀的影响,对焦炭塔的安全性能作进一步的评估。

参考文献

　　[1] 刘人怀,宁志华. 焦炭塔鼓胀与开裂变形机理及疲劳断裂寿命预测的研究进展[J]. 压力容器,2007,24(2):1-8.

[2] 顾一天,贾桂茹. 大型焦炭塔的设计及其改进[J]. 炼油技术与工程,2003,33(1):51-54.

[3] 顾月章. 焦炭塔的材料和结构[J]. 炼油技术与工程,2011,41(11):17-20.

[4] 伍伟. 碳钢材质焦炭塔的腐蚀分析及修复[J]. 压力容器,2013,30(3):63-66.

[5] 周鹏程,罗言奇,李洪,等. 在用铬钼钢焦炭塔检验[J]. 石油化工设备技术,2014,35(2):14-16.

[6] 张建华,张洪党,李攀峰. 焦炭塔用14Cr1MoR材料焊接工艺分析[J]. 石油化工建设,2009,31(3):77-78.

[7] 郑会娥. 15CrMoR焦炭塔及其复层的焊接[J]. 焊接技术,2008,37(3):54-57.

[8] 曾永德. 浅谈铬钼钢及其复合钢板焦炭塔现场组焊施工技术要求[J]. 焊接技术,2011,40(S1):23-27.

[9] 孙家鹏,张新宇. 大型焦炭塔的设计与制造[J]. 一重技术,2014(3):10-15.

[10] 刘星,宋翠娥. 延迟焦化装置焦炭塔选材[J]. 炼油技术与工程,2010,40(3):26-29.

催化装置油浆蒸汽发生器泄漏原因分析

吴秀虹

（中国石油化工股份有限公司沧州分公司,河北　沧州　061000）

摘　要：中石化沧州分公司催化装置油浆蒸汽发生器自运行以来,发生过多管板开裂。本文通过对失效管板取样进行试验,结合综合技术分析后得出了该设备失效的原因,并对提出了一些关于防止该部位再次发生开裂的建议。

关键词：催化装置;油浆蒸汽发生器;管板开裂;温差应力;制造质量

一、概述

中石化沧州炼化催化装置油浆蒸汽发生器(E1211A/B),1997年4月由中国石化洛阳石油化工工程公司设计,抚顺机械厂制造,自2001年投用以来,管板与管束多次进行维修和更换,仅在2015年1月到12月就发生了4次,4次泄漏情况见表1。发生开裂的管板和管束均由淄博万昌化工设备有限公司制造,管板与管子连为强度焊＋强度胀。

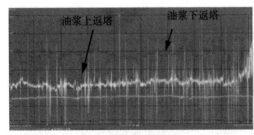

（a）油浆循环量波动

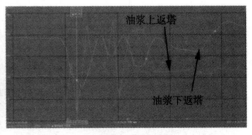

（b）油浆循环量波动

图1　2015年01月4日(E1211A)波动情况

表 1 近年来设备使用情况

设备位号	投用时间	运行时间	泄漏时间	泄漏部位	备　注
E1211A	2013.10.02	14 个月	2015.01.05	固定管板管程油浆侧,位于第二程(如图2)	使用期间机泵切换、控制阀检修以及操作调整,使油浆系统出现流量压力的波动(如图1)
	2015.08.01 更换后投用	50 天	2015.09.19	浮头活动管板油浆侧第一程和第二程(如图5)	8月1日在切换过程中油浆循环总量波动较大。9月2日由于大部分蒸汽凝结水进入塔底油浆系统,导致油浆循环量长时间大幅波动,持续时间长达20小时左右。9月19日因催化油浆结焦导致油浆返塔控制阀堵塞,在处理过程中,造成油浆循环量大幅波动
E1211B	2013.05.15 至 2014.06.27	间断使用	2015.07.31	固定管板管程油浆侧,位于第一程(如图4)	7月31日因装置其他管线发生泄漏,停止进料进行处理,致使油浆发汽包压力降低发汽量开始增大,油浆循环量开始大幅波动(如图3)
	2015.01.08	7 个月			
	2015.9.28	3 个月	2015.12.27	浮动管板油浆侧第一程和第二程(如图6)	/

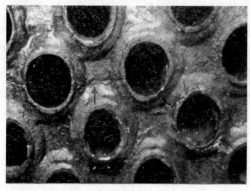

(a)管板开裂　　　　　　　　　　(b)泄漏点部位

图 2　E1211A 固定管扳泄漏情况(2015.01.05 泄漏)

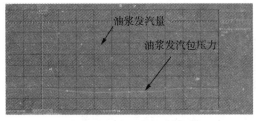
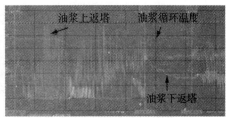

（a）油浆发汽量、油浆汽包压力波动　　　　（b）油浆循环量与温度波动

图 3　2015 年 7 月 31 日(E1211B)波动情况

（a）管板开裂　　　　　　　　　　（b）管板开裂部位

图 4　E1211B 固定管扳泄漏情况(2015.07.31 泄漏)

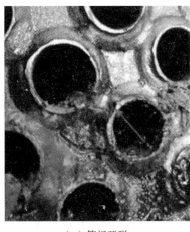

（a）管板开裂　　　　　　　　　　（b）管板开裂部位

图 5　E1211A 浮动管板泄漏情况(2015.09.19 泄漏)

图 6 　E1211B 浮动管板泄漏情况（2015.12.27 泄漏）

　　图 7 中给出管程油浆为上进下出，而壳程则为下进上出示意图，两台换热器设计参数相同（见表 2）。

表 2 　设备主要技术参数

型号	BJS1600 - 1.18/4.92 - 547 - 6/25 - 6I		
名称	壳程侧	管程侧	单位
介质	脱氧水	油浆	/
操作温度（最高）	258	350	℃
操作压力（最高）	4.3	1.0	MPa
设计温度	278	371	℃
设计压力	4.92	1.18	MPa
水压试验	7.17	1.95	MPa
公称直径	1600	1600	mm
腐蚀裕量	2	2	mm
焊接接头系数	1.0	0.85	
A、B 类焊接接头无损检测　射线	100%（Ⅲ）	100%（Ⅲ）	
A、B 类焊接接头无损检测　超声	20%（Ⅲ）	20%（Ⅲ）	
主要受压元件材料	板材（壳体）：Q345R；正火锻件（管板）：16MnⅢ 板厚 210mm		
	换热管 10/GB 9948 $\varphi 25 \times 2.5 \times 6000$，1248 根		
结构形式	BJS 型浮头式换热器，6 管程，单壳程		
管板与管子角焊缝	热处理后的硬度 HB≤150		
换热管与管板连接形式	强度焊＋液压胀（强度焊＋强度胀）		

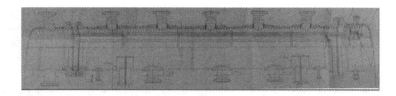

图 7　油浆蒸气发生器(E-1211A)示意图

二、试验分析

1. 宏观检查

针对 E-1211B 换热器(2015.12.27 泄漏)的管板和管束进行宏观检查,换热管未见有明显的变形和弯曲现象(如图 8),固定管板上未见有宏观可见的裂纹,裂纹主要集中在浮动管板上的Ⅰ程出口和Ⅱ程入口[如图 9(a)],裂纹主要沿焊缝纵向开裂,也有延伸到管桥处的[如图 9(b)~(d)]。

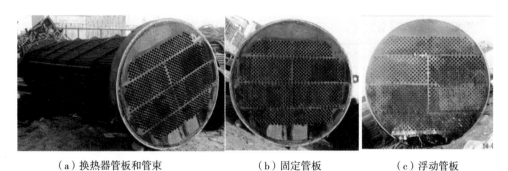

（a）换热器管板和管束　　　　　　（b）固定管板　　　　　　　　　（c）浮动管板

图 8　换热器管板和管束宏观形貌

（a）开裂部位大致分布情况　　（b）开裂部位局部放大　　　（c）开裂部位局部放大　　（d）开裂部位局部放大

图 9　裂纹分布及裂纹形貌

2. 取样

从浮动管板裂纹部位取样,取样样品如图 10。

图 10　样品取样部位

3. 样品解剖分析

由于管板和管子的连接形式为强度焊＋强度胀,所以对连接部位进行解剖,解剖后发现其连接部位存在两方面问题:①进行强度胀开槽的位置距管板端部距离约有 13mm,而设计图纸上的尺寸为 23mm,与设计图纸不相符;②管板与管子之间有缝隙,存在明显欠胀现象,也未见有明显的强度胀胀痕。如图 11 所示。

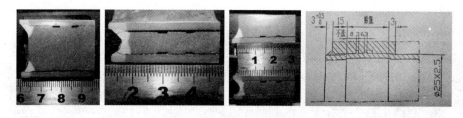

图 11　管板与管子连接方式

4. 化学成分分析

从分析样品上截取管板和管子的化学成分分析试样,分析结果表明:取样分析的管板化学成分满足 NB/T 47008 中对 16Mn 锻件的化学成分要求;换热管的化学成分满足 GB/T 9948 对 10 钢管的化学成分要求(详见表 3)。

表 3　化学成分分析结果

单位:wt%

取样部位		C	Si	Mn	P	S	Cr	Ni	Cu
管板		0.162	0.383	1.45	0.014	0.0064	0.029	0.0062	0.034
管子	1#	0.098	0.191	0.378	0.015	0.0047	0.028	0.009	0.027
	2#	0.097	0.21	0.417	0.016	0.0073	0.03	0.01	0.026
GB/T 9984 10 钢		0.07~0.13	0.17~0.37	0.35~0.65	<0.03	≤0.020	≤0.15	≤0.25	≤0.20
NB/T 47008 16Mn		0.13~0.2	0.2~0.6	1.2~1.6	<0.03	≤0.020	≤0.30	≤0.30	≤0.25

5. 拉伸试验

取换热管进行常温拉伸试验,试验结果(见表 4)表明,换热管的拉伸性能满足

GB/T 9948对10钢管的要求(详见表4)。

表4　常温拉伸试验结果

试样编号		屈服强度 $R_{p0.2}$(MPa)	抗拉强度 R_m(MPa)	断后伸长率 A(%)
换热管	1-1	333	398	34.5
	1-2	326	411	31.0
GB/T 9948 10钢		≥205	330~490	≥24

6.金相分析

(1)金相试样宏观检查

从样品上选取试样进行金相分析,角焊缝处有裂纹的部位其管板和管子间的缝隙较大。针对强度胀部位进行检查发现:管板与换热管间有明显的缝隙,测得有裂纹处缝隙间的距离约0.58mm、0.30mm和0.55mm,B处(无裂纹处)管板和管子间贴合较密。

(2)裂纹金相分析

金相试样上有两处角焊缝,其中一处角焊缝上有裂纹(如图12),该裂纹为穿透裂纹,一端位于焊缝金属上,另一端位于管板与管子相连焊缝根部上,裂纹为穿晶扩展。无裂纹处在其管板与管子相连焊缝根部处已诱发了微裂纹,测得裂纹长度约0.14mm。

图12　角焊缝处微观形貌

(3)金相组织分析

分别对管板与换热管相连的角焊缝金属、管板侧热影响区、换热管侧热影响区、管板母材和换热管母材进行金相组织观察,观察结果如图13。由图中可见,焊缝金属和管板侧的热影响区局部有淬硬马氏体组织,换热管侧热影响区和母材的金相组织正常。

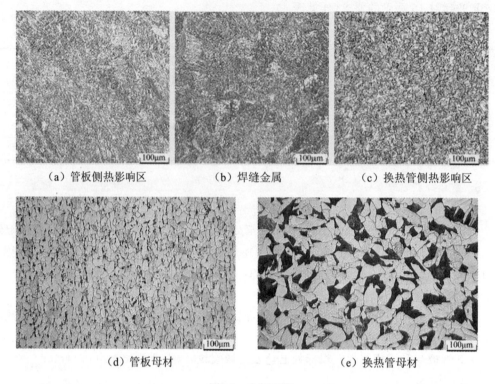

（a）管板侧热影响区　　　　（b）焊缝金属　　　　（c）换热管侧热影响区

（d）管板母材　　　　　　　　　　　（e）换热管母材

图 13　金相组织

7. 硬度测试

分别对金相试样进行硬度测试,测试部位如图 14,测试结果见表 5。测试结果表明,管板与换热管连接的角焊缝金属和热影响区硬度明显高于设计要求值（HB≤150）,特别是焊缝金属和管板侧热影响区的硬度远远高于 HB150（即:HV≤158）,焊缝金属最高达 288HV,管板侧热影响区最高达 350HV,显然该处角焊缝未进行焊后热处理。管板母材和换热管母材的硬度均属正常。

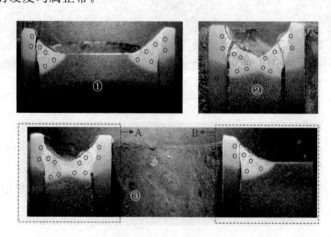

图 14　硬度测试部位

表5　硬度测试结果

试样编号	测试部位		硬度值/HV10
1#	焊缝		252.2、253.6、259.0、256.1/255.2
	热影响区	管板	292.6、290.7、339.0、314.0/309.0
		换热管（左）	168.9、160.3/164.6
		换热管（右）	174.8、164.3/169.6
	母材	管板	152.4、148.0/150.2
		换热管（左）	120.3、131.3/125.8
		换热管（右）	121.4、127.8/124.6
2#	焊缝	左	280.9、286.4/283.7
		右	284.6、288.3/286.5
	热影响区	管板（左）	314.5、350.8/332.7
		管板（右）	348.8、333.0/340.9
		换热管（左）	172.0、173.1/172.6
		换热管（右）	186.1、187.3/186.7
	母材	管板	146.3、147.9/147.1
		换热管（左）	114.8、119.6/117.2
		换热管（右）	145.3、141.4/143.4
3#	焊缝	A 区域	237.6、255.3、264.6、273.9/257.9
		B 区域	267.4、268.3/267.9
	热影响区	A 区域管板	254.6、266.9、292.0、285.2/274.7
		B 区域管板	331.9、340.3/336.1
		A 区域换热管（左）	159.4、161.8/160.6
		A 区域换热管（右）	167.6、169.2/168.4
	母材	A 区域管板	149.8、144.1/147.0
		B 区域管板	145.8、140.9/143.4
		A 区域换热管（左）	148.4、156.2/152.3
		A 区域换热管（右）	112.9、119.6/116.3
设计要求			热处理后的硬度 HB≤150 按 DIN50150 标准换算，HV≤158

8. 断口分析

从样品上选取具有典型的裂纹将其人工打开后进行断口分析,断口上呈深褐色或铁锈红色为裂纹断裂面,呈白色的为人为敲断面。

图 15　断口试样

（1）断口宏观形貌

断口的断裂面腐蚀均较严重，位于断口角焊缝区域凹凸不平，其他部位相对较平整，表现出脆性开裂特征。按裂纹扩展的方向基本可以推断大部分裂纹是由焊缝部位启裂并向管板和管子方向扩展（如图 16），但也有单独在管板上启裂的小裂纹，图 16 中箭头所指处正是位于管板与管子的缝隙处在管板侧开裂的。

图 16　断口试样

（2）断口微观形貌

从打开的断口处用扫描电镜进行微观分析，分析部位及分析结果如图 17。断裂面上有多处裂纹，其中有两处为宏观可见的裂纹，一处位于图 2.17（a）中"1"部位，长度约 5mm[如图 2.17（b）]，裂纹由焊缝处启裂并向管板母材上扩展。在该裂纹的附近[如图 2.17（c）]有与其平行的微裂纹[如图 2.17（d）]，位于"3"部位也发现有微裂[如图 2.17（e）]。断口的启裂部位位于相对较平的裂纹中心部位[如图 2.17（b）中箭头所指处]，启裂处具有脆性解理断裂特征[如图 2.17（c）和（d）]，断口扩展区具有较典型的疲劳扩展特征，图 2.17（a）中箭头所指方向为裂纹扩展方向。

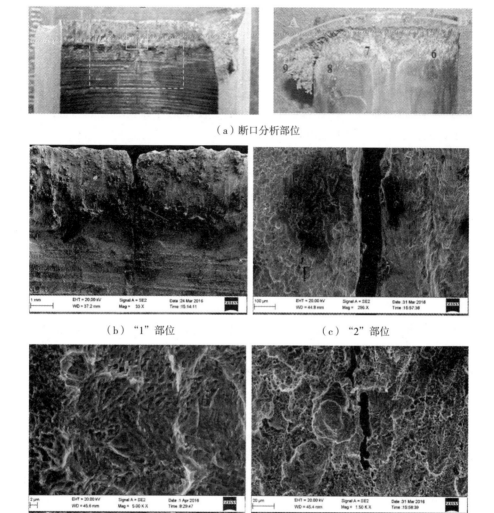

（a）断口分析部位

（b）"1"部位　　　　　　　　　　　（c）"2"部位

（d）"2"部位　　　　　　　　　　　（e）"3"部位

图17　断口局部微观形貌

9. X–射线能谱分析

用 X 射线能谱仪分别对金相试样和断口试样进行腐蚀产物分析。分析结果表明:金相试样位于管程侧共有 4 层腐蚀产物,靠近内侧相对较薄的 2 层中均有较高的硫元素,而靠近外部 2 层中主要有 Na 和 O 元素;位于强度胀的凹槽内的腐蚀层主要有 K 和 O 元素,钾元素高达 54.10%,表明该部位有碱液浓缩。断口上主要有钠、钾、氧和磷等元素,其中钠含量最高达 6.44%,钾含量最高达 1.05%,氧含量最高达 47.67% 和磷含量最高达 2.21%。

三、综合技术分析

1. 主要理化分析结果

(1)宏观检查：

① 对换热器的管板和管束进行宏观检查，换热管未见有明显的变形和弯曲现象，裂纹主要集中在浮动管板上的Ⅰ程出口和Ⅱ程入口。

② 对管板与换热管胀贴部位进行检查，存在两方面问题：一是强度胀在管板上开槽的尺寸与设计尺寸不相符；二是凡是角焊缝有裂纹部位其管板与管子间均有较大的缝隙，未起到强度胀的效果。

(2)管板和换热管的化学成分满足相关标准的要求。

(3)开裂角焊缝硬度偏高，焊缝金属和管板侧热影响区硬度均在250HV以上，最高达350HV。

(4)焊缝金属和热影响区局部有淬硬马氏体组织，裂纹以穿晶开裂为主，在角焊缝无裂纹处的焊缝根部已发现有微裂纹。

(5)断口分析：裂纹的断裂面主要启裂于角焊缝处，裂纹扩展区域具有疲劳断口特征。

(6)微区成分分析：断口上腐蚀产物中有氧、钠、钾和磷等元素。

2. 开裂原因综合分析

催化装置油浆蒸发器是该装置中的重要换热设备，由于管程入口与出口温差大，同时工作压力较高，使得管板受力状态较为苛刻。以往设计多采用贴胀＋强度焊，但因使用中普遍存在管接头易开裂、使用寿命短等情况，为缓和焊接接头受力情况，后来改进为强度胀＋强度焊，有的甚至采用了开设减应力槽的管板结构，改进后总体情况有所好转，但开裂现象仍时有发生。

油浆蒸发器管板开裂最常见的表现形式为焊缝和管桥开裂。开裂机理主要有强度断裂、应力腐蚀、疲劳等。无论是什么机理，应力都是一个非常重要的因素。

强度断裂主要由局部应力水平超过材料断裂强度而发生的断裂。对管板与管子连接焊缝而言，其所承受的应力主要由工作压力、温差应力和焊接残余应力所构成。工作压力造成的载荷一般是不会变化的，但温差应力的大小与工艺条件的波动关系密切，波动越大温差应力越大。焊接残余应力则与是否进行了焊后热处理有关，没有进行焊后热处理的焊接接头残余应力水平较高。

造成疲劳损伤的交变载荷有两种来源：一是管程和壳程进出口温度波动造成交变热应力；二是流体诱导管束振动。

应力腐蚀开裂发生除应力因素外，腐蚀介质的存在也是必不可少的条件。应力腐蚀有可能从管程侧发生，也有可能从壳程侧发生，最常见的是因欠胀导致管子与管板孔壁间存在间隙导致蒸汽渗入，蒸汽中的碱性腐蚀性介质进入并发生浓缩，最终导致碱应力腐蚀开裂的发生。

取样理化分析结果表明,开裂部位存在较严重的制造缺陷,主要表现为:①强度胀的开槽位置与图纸不一致;②存在明显欠胀现象;③管板与管子连接角焊缝硬度高。

上述制造质量的先天不足降低了焊接接头承载能力,提高了失效概率。从断口分析结果可见,断裂的启裂部位为脆性解理断裂,而扩展区域则具有较典型的疲劳特征。设备在运行过程中存在工艺操作波动较大的情况,这就为裂纹的疲劳扩展提供了载荷条件。

综合上述分析认为,E-1211B管板开裂原因如下:由于焊接接头未进行有效热处理,导致硬度过高,残余应力没有得到有效消除,在开工过程中与温差应力叠加后造成焊接接头高应力部位(如欠胀部位)发生开裂。在后续运行过程中,由于工艺波动较大,导致管板承受较严重的交变温差应力,使得已开裂的裂纹发生疲劳扩展,最终导致泄漏。

四、结语

E-1211B管板开裂是由于未进行有效焊后热处理,导致焊缝硬度过高,残余应力没有得到有效消除,在开工过程中与温差应力叠加后造成焊接接头高应力部位发生开裂。在后续运行过程中,由于工艺波动较大,导致管板承受较严重的交变温差应力,使得已开裂的裂纹发生疲劳扩展,最终导致泄漏。

从以上的分析可以看出,制造厂的制造质量是油浆发器泄漏的主要原因,另外工艺操作的频繁波动也促使了开裂的进一步扩展,所以,严把制造质量关,同时平稳工艺操作是避免油浆发器泄漏的主要手段。

参考文献

[1] 张明广.油浆蒸汽发生器壳体开裂原因分析及防止措施[J].石油化工腐化与防护.2002,19(4):28-30.

[2] 艾建设.油浆蒸汽发生器板裂纹浅析[J].石油化工设备技术,2000,21(6),57-59.

[3] 苏国柱,刘传宝.循环油浆蒸汽发生器泄漏原因及对策[J].压力容器,2000,17(4),53-55.

变压吸附器开裂失效原因分析及对策

刘旭平[1],宋利滨[2],李志峰[2],刘建军[2],杨利军[2],李海涛[2]

(1. 中国石油天然气股份有限公司锦州石化分公司,辽宁　锦州　121000；

2. 中国特种设备检测研究院,北京　100029)

摘　要:吸附器筒体上加设垫板和保温支撑圈后易在连接部位发生疲劳失效。经计算,加设垫板和保温支撑圈后吸附器筒体疲劳寿命不到其设计寿命的 16.8% 和 3.07%,远未达到吸附器的设计要求。文中采用有限元分析方法对连接部位应力状态进行分析求解表明,吸附器筒体上加设垫板和保温支撑圈后连接部位存在较高的峰值应力,是吸附器筒体产生疲劳裂纹的根源;对吸附器筒体外接结构件进行改设,避免其与筒体直接焊接出现高峰值应力,防止疲劳裂纹的产生,可保障吸附器在其设计寿命周期内的安全运行。

关键词:吸附器;失效分析;垫板;保温支撑圈;有限元分析

一、引言

变压吸附是一种新型气体吸附分离技术。吸附器作为吸附技术中的关键设备,长期承受交变载荷作用。近年来,通过对国内多家石化企业内的变压吸附器进行全面检验时发现,多数吸附器在投用较短的时间内出现了不同程度的开裂,其已严重影响吸附器的正常安全使用。目前已有相关研究人员对变压吸附器发生开裂原因进行了分析。艾志斌[1]等人对某石化公司内的吸附器筒体环焊缝发生开裂原因进行分析认为其主要是由于吸附器制造时焊缝存在原始焊接热裂纹,裂纹在交变应力的作用下发生疲劳扩展,最终引起泄漏。近些年经对吸附器实际现场检验和调查分析发现,吸附器开裂部位多位于吸附器筒体与其外接非受压元件(如直梯垫板和保温支撑圈)连接部位的角焊缝上,其中仅有小部分是因制造环节出现问题引起的,多数是吸附器相关结构设计上存在问题而导致的。文中从吸附器设计角度来分析吸附器发生开裂失效的原因,并给出相关对策。

二、典型失效案例

(1)2013 年 4 月,某石化公司制氢装置内 10 台变压吸附器中的 5 台吸附器相继出现裂纹,裂纹均从筒体与保温支撑圈之间连接部位起裂,并沿筒体壁厚方向扩展;其中有 3 台裂纹已贯穿,2 台由外向内扩展 5～7mm。吸附器裂纹起裂部位如图 1 所示。

(2)2014 年 8 月,某石化公司制氢装置内 10 台变压吸附器经采用渗透无损检测方法检测发现,设有直梯垫板的 4 台吸附器筒体与直梯垫板连接部位出现开裂,吸附器开裂部位如图 2 所示。

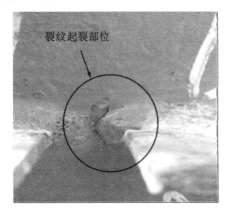

图 1   吸附器裂纹起裂部位   图 2   吸附器开裂部位

(3)2015 年 6 月,某石化公司连续重整装置内 10 台变压吸附器经采用磁粉检测方法检测发现,5 台吸附器不同程度地在筒体与垫板和保温支撑圈之间角焊缝上发现表面裂纹,且部分裂纹已扩展到母材上。吸附器表面裂纹部位如图 3 所示。吸附器的相关基本技术参数见表 1 所列。

图 3   吸附器表面裂纹部位

三、吸附器筒体与外接元件连接部位应力分析及疲劳分析

文中根据吸附器垫板和保温支撑圈实际几何尺寸建立其应力分析模型,并利用 ANSYS 软件模拟吸附器筒体与垫板和保温支撑圈连接部位的应力状态。吸附器下关基本技术参数见表 1 所列。

表 1 吸附器相关基本技术参数

项目	参数
设计压力(MPa)	2.5
设计温度(℃)	60
操作压力(MPa)	0～2.1
操作温度(℃)	0～40
容器内径(mm)	φ2600
容器高(mm)	12437
公称壁厚(mm)	筒体:24;封头:24
容积(m³)	47.69
工作介质	富氢气
主体材质	Q345R
设计寿命(年)	15
循环周期(秒/次)	1000
设计循环次数(次)	473040

1. 分析模型

垫板和保温支撑圈结构几何结构和尺寸如图 4 和图 5 所示。

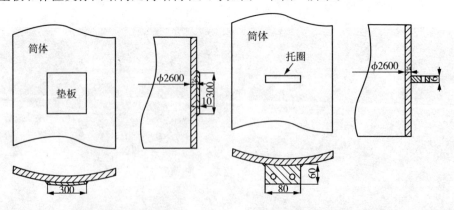

图 4 垫板几何结构和尺寸   图 5 保温支撑圈几何结构和尺寸

根据吸附器筒体结构和垫板、保温支撑圈的几何对称性和工作载荷的对称性,取筒体和垫板、保温支撑圈结构的 1/8 建立其局部有限元分析模型。其中筒体长度取 $L=600\text{mm}$

$(600mm > [2.5\sqrt{Rt} = 2.5 \times \sqrt{1300 \times 24} = 441.6mm])$，筒体内径 $r_i = 1300mm$，筒体外径 $r_o = 1324mm$，垫板和保温支撑圈根据图 2 和图 3 中的实际几何尺寸建立其分析模型。分析时选用 20 节点三维实体结构 Solid186 单元模拟吸附器筒体和垫板、保温支撑圈结构；采用 SWEEP(扫掠)为主的划分方法划分网格，为了保证计算精度，筒体壁厚方向划分 4 层；由于吸附器筒体加设垫板和保温支撑圈使筒体外壁局部不连续结构，易产生应力集中现象，划分网格时对筒体和垫板、保温支撑圈间连接部位进行细化处理，以便分析时得到较为准确的应力强度值。筒体与垫板、保温支撑圈有限元模型及网格划分如图 6 至图 9 所示。

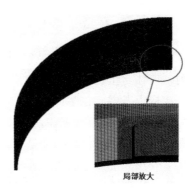

图 6　筒体与垫板有限元模型　　图 7　筒体与垫板网格划分结果

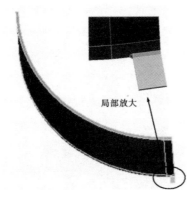

图 8　筒体与保温支撑圈有限元模型　图 9　筒体与保温支撑圈网格划分结果

2. 连接部位应力分析及强度评定

分析时分别在筒体两侧和轴向对称面(筒体下端)上施加对称位移约束；筒体内表面施加最高工作载荷 2.1MPa，筒体上端面施加由内压引起的等效拉应力 56.4MPa。图 10 和图 11 分别为工作载荷下吸附器筒体和垫板、保温支撑圈连接部位的应力强度 SINT (第三强度理论)云图。

由图 10 和图 11 可知，工作载荷下吸附器筒体上最大应力分别出现在筒体和垫板、保温支撑圈连接部位，该部位应力梯度小范围内变化较大，表明该处存在应力集中现象；连接部位最大应力强度分别为 230.63MPa 和 362.8MPa。经计算，加设垫板和保温支撑圈后，吸附器筒体最大应力集中系数分别为 2.02 和 3.18。

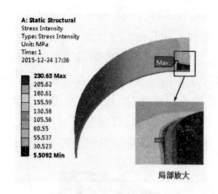 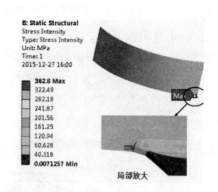

图 10　筒体与垫板连接部位应力强度云图　　　图 11　筒体与保温支撑圈连接部位应力强度云图

在对吸附器筒体与垫板和保温支撑圈进行应力强度评定时,基于偏保守原则,将二次应力归于一次应力考虑。在多向应力状态下,JB 4732—1995《钢制压力容器——分析设计标准》要求结构内的应力强度需满足 5 个强度准则,由于文中主要考察吸附器筒体与垫板和保温支撑圈连接部位的强度是否满足相关限制条件,因此本节仅按 JB 4732 标准 5.3 中的第 2 和第 3 准则对其进行评定。

利用 ANSYS 的路径分析功能,在吸附器筒体与垫板和保温支撑圈高应力区域(通过最大应力点)沿壁厚方向建立线性化路径。利用 ANSYS 路径线性化功能对路径下的应力强度进行分类并进行强度评定。线性化路径如图 12 和图 13 所示。

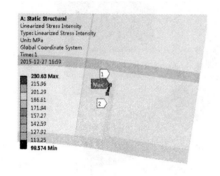 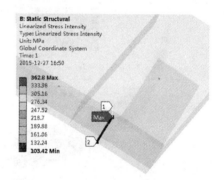

图 12　筒体与垫板线性化路径　　　　　图 13　筒体与保温支撑圈线性化路径

表 2 为工作载荷 2.1MPa 下筒体与垫板、保温支撑圈连接部位线性化应力强度评定结果。

表 2　线性化应力强度评定结果(K=1.0)

位置	材料	应力强度	计算值(MPa)	许用值(MPa)	评定结果
筒体与垫板连接处	Q345	S_{II}	109.14	$1.5KS_m=277.5$	通过
	$S_m=185MPa$	S_{III}	120.26	$1.5KS_m=277.5$	通过
筒体与保温支撑圈连接处	Q345	S_{II}	111.95	$1.5KS_m=277.5$	通过
	$S_m=185MPa$	S_{III}	120.26	$1.5KS_m=277.5$	通过

3. 连接部位疲劳分析

吸附器工作压力循环范围为 0～2.1MPa，由吸附器工作载荷特点可知，最大应力交变应力幅与最大应力点位于同一位置，由此可知，吸附器筒体易在其与垫板、保温支撑圈连接部位发生疲劳失效。

吸附器最大工作压力 $P_c=2.1$MPa，压力波动幅 $\Delta p_c=2.1$MPa。根据力的叠加原理可得，在该循环载荷工况下吸附器筒体上最大总应力幅分别为：

$S_1=\Delta p_c/p_c\times230.63=230.63$MPa（筒体与垫板连接部位）

$S_2=\Delta p_c/p_c\times362.8=362.8$MPa（筒体与保温支撑圈连接部位）

考虑到材料弹性模量后所对应的交变应力幅为：

$Salt_1=(E/E')\cdot S_1/2=(210000/191000)\times230.63/2=126.8$MPa

$Salt_2=(E/E')\cdot S_2/2=(210000/191000)\times362.8/2=199.5$MPa

根据 JB 4732 标准图 C-1 疲劳设计寿命曲线并利用双对数插值法可得，交变应力幅 $Salt_1=126.8$MPa 和 $Salt_2=199.5$MPa 分别对应的许用循环次数为 135945 次和 24832 次。

四、开裂失效原因分析及对策

由上述分析结果可知，在吸附器筒体上加设垫板和保温支撑圈对连接部位的连接强度影响较小，对其吸附器疲劳性能影响较大，经对比分析，加设垫板和保温支撑圈后，吸附器筒体疲劳寿命不到设计寿命的 16.8% 和 3.07%，远未达到吸附器的设计要求。为了进一步分析吸附器筒体与垫板、保温支撑圈连接部位产生疲劳裂纹的原因，现沿筒体壁厚方向对筒体与垫板、保温支撑圈连接部位进行等效线性化处理。等效应力线性化结果如图 14 所示。

由图 14 可知，薄膜应力、薄膜+弯曲应力由内向外沿整个壁厚方向应力水平变化趋势较为平缓，总应力在壁厚约 80% 的区域应力水平变化较为平缓，而后应力水平急剧升高。通过对比分析总应力和峰值应力变化趋势发现，总应力沿壁厚方向应力水平变化与峰值应力较为一致，表明总应力的升高主要是由峰值应力引起的。

在弹性分析范围内，总应力与最大交变应力幅之间存在一定的线性关系，而最大交变应力幅又会影响吸附器的疲劳性能，因此可知峰值应力是引起吸附器发生疲劳失效的主要原因，即峰值应力是吸附器筒体与垫板、保温支撑圈连接部位出现裂纹的根源。吸附器筒体在工作载荷作用下，首先在高峰值应力区域产生微裂纹，裂纹尖端的高度集中促使裂纹逐渐扩展最终导致吸附器筒体发生开裂泄漏。

由上述分析可知，吸附器筒体上加设垫板和保温支撑圈后会严重影响吸附器的疲劳寿命，无法满足吸附器相关设计要求，属不合理的设计。为了避免直接在吸附器筒体上加设垫板和保温支撑圈，设计时建议可采用以下设计方案：

（1）将吸附器上端操作平台设计成联合操作平台，通过卡具将操作平台固定在各吸附器上封头人孔接管颈部；平台下端设有腿式支座，支座与吸附器上封头间接触部位加

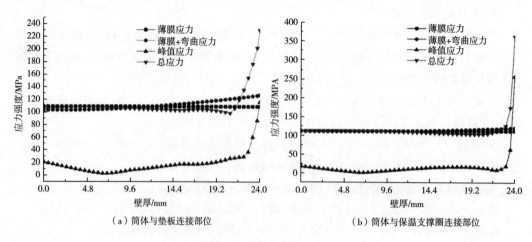

（a）筒体与垫板连接部位　　　　　　　　（b）筒体与保温支撑圈连接部位

图14　等效应力线性化结果

设垫板（垫板与封头间为非固定接触），并保证垫板与吸附器上封头间成线接触，同时将垫板各边缘进行磨圆并提高垫板接触面的表面光洁度，以防止垫板划伤封头产生刮痕。

（2）将直梯上端固定在吸附器上端操作平台上，当吸附器较低时，可将下端通过焊接的方式直接固定在吸附器裙座上；当吸附器较高时，为了提高直梯的稳定性，可在吸附器周围设置几处土建基础，通过螺栓将直梯下端固定在基础上。

（3）将吸附器保温支撑圈改设成披挂式结构，同时为了防止结构件与吸附器本体出现刮伤，将结构件上与本体接触部位边缘进行磨圆处理。目前该结构已成功应用在焦炭塔和加氢反应器等设备上，且效果非常显著。

五、结论

（1）吸附器筒体与垫板、保温支撑圈连接部位发生开裂泄漏现象，其主要原因是吸附器相关结构设计不合理所导致。吸附器筒体上加设垫板和保温支撑圈会在连接部位产生较高的峰值应力，而峰值应力是吸附器筒体产生疲劳裂纹的主要原因。

（2）设计吸附器时，应避免筒体外壁外接非受压元件，尽量减少局部不连续结构数量；采用文中的设计方案进行设计可有效防止疲劳裂纹的产生，且可满足吸附器有关设计要求。

参考文献

［1］艾志斌,陈学东,李蓉蓉,等.变压吸附器开裂原因分析及失效预防［J］.压力容器,2013,30(4):61－66.

［2］原中华人民共和国机械工业部,原中华人民共和国化学工业部,原中华人民共和国劳动部,等.JB 4732—1995　钢制压力容器——分析设计标准［S］.北京:中国质检出版社,1995.

液化石油气球罐开裂失效分析

巫红军[1]，成雷[2]，白学刚[2]，甄洪展[2]，邹海云[2]

（1. 中国特种设备检测研究院，北京　100013；

2. 中国石化集团北京燕山石油化工有限公司，北京　102500）

摘　要：本文采用宏观检查、腐蚀产物分析、金相检验等方法对某厂液化石油气球罐产生的裂纹进行原因分析，结果表明裂纹是由组织内应力和 H_2S 引起的应力腐蚀裂纹，并提出裂纹修复方案，以及预防此类裂纹产生的措施。

关键词：应力腐蚀开裂；组织内应力

一、概述

某公司罐区某液化石油气球罐在全面检验过程中发现 32 处共计 44 条内表面裂纹。裂纹最长达 30mm，最短 2mm；裂纹分布在工卡具焊迹、焊缝、热影响区等处。同时进行全面检验的还有 59♯液化石油气球罐，两台球罐具有相同的设计参数、相同的操作参数：

容　　积：407m³

公称壁厚：34.0mm

主体材质：16MnR

设计压力：2.16 MPa

设计温度：-19℃～50℃

工作介质：混合液化石油气

操作压力：1.4 MPa

操作温度：常温

安装竣工日期：2008 年 3 月

在对 59♯液化石油气球罐进行全面检验的过程中，却没有发现任何表面裂纹，这引起了检验人员和设备管理人员的极大怀疑：是否存在 59♯球罐缺陷漏检的情况？通过对 59♯球罐的复检，未发现任何缺陷。为了弄清两台相同的球罐检验结果截然不同的原因，有必要对某球罐裂纹产生的原因进行全面分析，并提出解决此类问题的方案。

二、裂纹性质分析

1. 材质分析

首先,对58#球罐最长裂纹所在部位的焊缝、母材材质,采用定量光谱方法进行分析。同时,任意抽取59#球罐焊缝、母材一处进行定量光谱分析,分析结果见表1。

表1 焊缝、母材的定量光谱分析结果(%)

元素	16MnR 标准值	58#球罐测定值		59#球罐测定值	
		母材	焊缝熔敷金属	母材	焊缝熔敷金属
C	≤0.200	0.120	0.110	0.160	0.120
Si	0.200～0.550	0.420	0.540	0.350	0.490
Mn	1.200～1.600	1.410	0.880	1.450	0.860
S	≤0.020	0.017	0.030	0.015	0.031
P	≤0.030	0.021	0.029	0.025	0.030
Mo	/	/	0.420	/	0.440

检验结果表明:两台球罐所用材质及焊接熔敷金属的化学成分均符合相关标准要求[1]。

2. 硬度检测

对58#、59#球罐进行定量光谱分析的上述部位的焊缝、热影响区、母材分别进行布氏硬度测试,结果见表2。结果表明,58#球罐焊缝、热影响区的硬度测试值高于59#球罐的硬度测试值,且远高于其母材的硬度测试值。

表2 焊缝、热影响区、母材的硬度测试结果(HB)

球罐位号	焊缝	热影响区	母材
58#球罐	188	197	132
59#球罐	156	161	137

3. 裂纹宏观形貌及微观组织分析

在所用材料化学成分合格、硬度测试结果却异常的前提下,有必要对裂纹的微观组织结构做进一步分析。

(1)裂纹分布及宏观形貌

宏观检查发现,裂纹分布在内表面焊缝、热影响区、工卡具焊迹等处。裂纹有的呈单一线条状,有的呈树枝状,裂纹长度大多数在5～10mm之间。经电解抛光、浸蚀后,进行微观观察,裂纹形貌更加清晰。准确地说,裂源起自于热影响区部位,两端分别向焊缝和母材部位扩展,在裂纹末端呈树枝状开裂分叉。裂纹尖端较锐利,裂纹附近未见明显塑性变形,裂纹呈沿晶断裂形貌(如图1)。

（2）主裂纹两侧金相组织分析

对热影响区部位裂纹进行微观观察，发现裂纹同样呈沿晶扩展特征，裂纹两侧的金相组织为魏氏组织，晶粒度4级（如图2）。

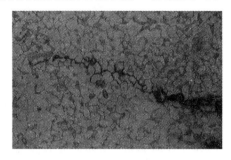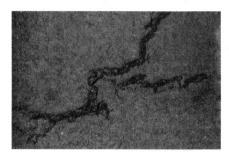

图1　裂纹向母材部位扩展，
沿晶断裂形貌（100×）

图2　热影响区部位裂纹两侧
金相组织（100×）：魏氏组织

取59♯球罐相同部位进行金相检验，发现其焊缝和热影响区的金相组织结构为正常的贝氏体组织（如图3）。

（3）球罐内壁腐蚀产物分析

搜集球罐内壁腐蚀产物，对其进行压片处理，制成试样进行能谱分析，结果表明，被分析样品除基体元素外，含有一定的S^-，如图4。

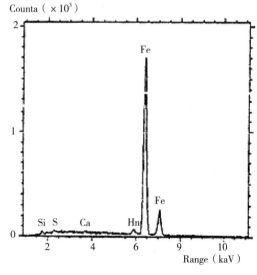

图3　59♯球罐热影响区金相
组织（100×）：贝氏体

图4　样品能谱分析图

4. 裂纹性质

综合上述化学成分分析、硬度测试、裂纹形貌、内壁腐蚀产物分析等结果，说明裂纹

具有较典型的由 H_2S 引起的应力腐蚀裂纹特征。

三、裂纹成因分析

1. 介质因素

球罐内壁腐蚀产物分析结果表明：在球罐的使用环境中，存在一定量的 S^- 离子，是 16MnR 材料产生裂纹的敏感介质。

2. 组织因素

金相分析结果表明，58#球罐焊缝、热影响区的金相组织中存在大量的魏氏组织，魏氏组织是一种淬硬组织，使材料的硬度升高，塑性和韧性降低，这与 58#球罐焊缝、热影响区的硬度测试结果相吻合。而且，正常的焊缝、热影响区组织与魏氏组织比容不同，前者小于后者，魏氏组织存在的结果必然会引起材料体积的膨胀，导致材料表层处于拉应力状态，这种应力是组织内应力。

据调查，58#球罐的制造安装日期是 2008 年的 2 月份，较低的环境温度会使焊缝熔敷金属急剧冷却，致使焊缝及热影响区晶粒粗大，金相组织出现魏氏组织。而 59#球罐的制造安装日期是 2008 年 5 月，从而避免了这一现象的发生。

综合上述因素，认为球罐使用环境中存在一定量的 S^- 离子、焊缝及热影响区的组织内应力水平高，是 16MnR 材料产生裂纹的原因。而 58#球罐的焊缝、热影响区组织中存在的魏氏组织，是导致 H_2S 应力腐蚀裂纹产生的根本原因。

四、结论

58#球罐的焊缝、热影响区组织中存在的魏氏组织，是导致 H_2S 应力腐蚀裂纹产生的根本原因。59#球罐的焊缝、热影响区组织是正常的贝氏体组织，因此，59#球罐不存在缺陷漏检的情况。

五、解决方案

根据《压力容器定期检验规则》第四十条规定，内、外表面不允许有裂纹存在[2]，必须打磨消除。处理一般遵循以下过程：

① 打磨消除检验过程中发现的表面裂纹，打磨所形成的凹坑周边的斜度与母材内壁要圆滑过渡，以防止应力集中。

② 若打磨深度超过壁厚腐蚀余量，要测量裂纹尺寸，计算无量纲参数 G_0。当 $G_0 < 0.10$，则凹坑允许存在不需补焊；反之，应进行补焊。补焊前，制定严格的焊接返修工艺，确保焊接返修质量。

③ 抽查内表面焊缝产生裂纹的相应外表面焊缝，进行磁粉检测，验证外表面焊缝的完好情况。

58#球罐的所有裂纹经打磨后形成的凹坑均在腐蚀裕度范围内，不需要补焊，不影响定级，且外表面焊缝未发现表面裂纹。

六、预防措施

为了防止类似缺陷产生，应采取以下措施：

① 严格执行《球形储罐施工及验收规范》进行制造、施工及验收，不得进行强力组装[3]，减少组装应力和焊接残余应力。

② 严格执行焊接、热处理工艺，减少焊接接头的淬硬组织。冬季施工时，为防止因环境温度低、焊缝接头急剧冷却而形成的淬硬组织，做好焊前预热和焊后保温工作。同时，增加焊缝及热影响区的硬度测定，判断是否存在淬硬组织，如果硬度值偏高，要进一步增加金相检验，判断是否存在非正常组织，以便采取有效的热处理方式改善内部组织结构，降低应力水平。

③ 严格控制液化石油气介质中的 H_2S 浓度和水的含量不超标，定期排水，建议增加球罐的自动脱水系统（自动切水罐）。

七、结束语

通过对 58# 球罐裂纹成因进行分析，可以得出分析和解决此类问题的一般思路。

（1）材质分析

① 化学成分分析：在裂纹区域进行定量光谱分析或取金属屑作化学成分分析，以确定材料牌号是否符合标准。

② 硬度测试：应对主裂纹两侧和远离主裂纹区域分别进行硬度测试。直接在开裂附近测试似乎数据最有说服力，但开裂处材料在开裂时已发生过塑性变形，测出的结果较难说明开裂前的问题。但如果塑性变形较小时，测得的数据误差也较小。因此测试位置应考虑周全，应设法使测得的数据可信可靠。

③ 金相检验：检验部位应尽可能取开裂处，金相观察结果不会因开裂处发生过塑性变形而发生变化。

在并非是明显的因超压而导致的韧性破坏的情况下，先进行材料的材质分析，以确认是否因为材料误用而导致的缺陷。

（2）裂纹分布及形貌分析

① 裂纹宏观形貌分析：通过观察裂纹宏观形态，找出裂源，判断裂纹处材料有无塑性变形。

② 腐蚀产物的化学分析：采用能谱分析，鉴别腐蚀产物中是否存在令材料发生应力腐蚀的敏感介质。

将裂纹宏观形貌与微观分析结果进行综合评定，分析得出裂纹性质。

（3）解决问题思路

① 依据裂纹性质、相关理论知识（金属学、腐蚀理论等）、球罐工艺条件以及实践经验，推断裂纹成因。

② 综合分析，得出结论，对产生裂纹采取修复措施。

③ 总结此类问题，针对16MnR材料液化石油气储罐的制造、焊接、使用环境等方面提出防止裂纹产生的建议、预防措施。

参考文献

[1] 纪贵. 世界标准非标准钢合金牌号手册[M]. 北京：中国质检出版社，2006.

[2] 中华人民共和国国家质量监督检验检疫总局. TSG R7001—2004 压力容器定期检验规则[S]. 北京：中国质检出版社，2004.

[3] 中华人民共和国住房和城乡建设部，中华人民共和国国家质量监督检验检疫总局. GB/T 50094—98 球形储罐施工及验收规范[S]. 北京：中国计划出版社，1998.

锅炉给水预热器渗漏原因分析

罗传武

（中海石油化学股份有限公司，海南　东方　572600）

摘　要： 本文介绍了甲醇装置高压锅炉给水预热器壳体渗漏现象。经分析得出，换热管预热器渗漏是由于发生氢蚀，致使产生微小裂纹。建议在紧急处理后，进行合于使用评价，并提高使用单位的法律、安全意识，避免类似情况发生。

关键词： 锅炉给水预热器；渗漏；原因分析

一、概况

2013 年 9 月工艺反映可能有来自高压锅炉给水预热器（E－01005）锅炉水泄漏到转化气中，2014 年 10 月 18 日工艺巡检发现 E－01005 壳体外部保温层处发现渗水现象，将保温拆除后发现在入口管箱纵向焊缝处泄漏，目视发现该焊缝热影响区存在一条可见裂纹（如图 1），装置紧急停车、置换交出检修。

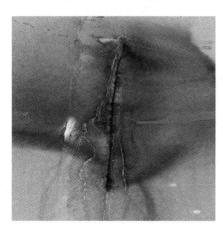

图 1　管箱泄漏的纵焊缝

图 2　管箱内部复板裂纹

2014 年 10 月 18 日停车检修，20 日开始从筒体外壁对焊缝做 100％超声波、磁粉探伤,未发现其他缺陷,于是决定将原裂纹打磨后开始补焊修复。经过打磨,发现在裂纹延伸方向一直有裂纹,一直磨到约700mm长(如图3)。裂纹上部直到管板与筒体的环焊缝,且沿着环焊缝上继续打磨,还有裂纹;在垂直于纵向裂纹的方向也有裂纹,最长的达200mm(如图4)。

图3　管箱筒体打磨后的纵焊缝与环焊缝　　图4　管箱筒体上垂直于纵焊缝的横裂纹

管箱内部检查,发现在不锈钢衬里上发现大量龟裂纹(如图2),在管板与筒体的环焊缝上也有裂纹,局部打磨补焊的方案改为挖补(图5、图6),继续打磨后确定挖补范围是700mm×800mm,筒体其他部位裂纹(细小裂纹深度有5~7mm)打磨修补。管板与换热管焊缝裂纹如图7和图8所示。

图5　筒体挖补前　　　　　　　　图6　筒体挖补后

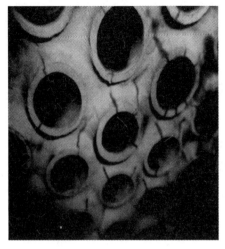 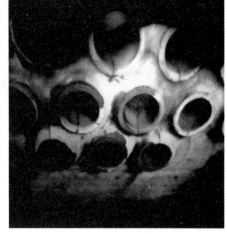

图 7　管板堆焊层裂纹　　　　　　　图 8　换热管裂纹

二、设备简介

中海石油建滔化工有限公司 2000 t/d 甲醇装置采用德国 LURGI 公司低压合成甲醇生产工艺,其中的高压锅炉水预热器(E－01005)由成达工程有限公司设计、南京化工机械厂制造,于 2006 年投用。设备采用 U 型管换热器、立式布置。设备主要结构材质见表 1 所列。

表 1　设备结构型式与主要部件材质

设备型式	U 型管式	管子与管板连接	强度焊＋贴胀
主要部件	型号规格	安装量	材质
筒体	DN1900δ＝40	1	13MnNiMoNbR
管箱	DN1901δ＝22＋3	1	15CrMoR/0Cr18Ni10Ti
椭圆封头	ID1900×25	1	15CrMoR/0Cr18Ni10Ti
球形封头	R958×40	1	13MnNiMoNbR
管板	δ＝392＋8	1	12Cr2Mo1 Ⅳ/0Cr18Ni10Ti
热管	Φ25.4×3.2	1405	0Cr18Ni10Ti

三、工艺简介

高压锅炉给水预热器(E－01005)为 LURGI 公司低压合成甲醇生产工艺转化部分的预热回收设备。来自蒸汽转化炉(B01001)转化气(880℃、2.05MPa)以 309.27Nm³/h 速度依次通过 E01003(废热锅炉)、E01004(天然气预热器)加热锅炉水与天然气,转化气参数变为 328℃、1.99MPa,然后通过高压锅炉给水预热器(E－01005)将来自高压锅炉给水泵(P01501A)120℃的锅炉水加热到 245℃,而转化气自身的温度降到 151℃。设备性能参数见表2。

表2 设备工艺参数

工艺介质	壳程	管程
	高压锅炉给水	转化气
介质比重(g/cm³)	940	7.74
操作流量(m³/hr)	160	24783
设计压力(MPa)	13	2.3
操作压力(MPa)	12.4	1.888
设计温度(℃)	343	400
操作温度(℃)	入口 122/出口 245	入口 328/出口 151

四、原因分析

高压锅炉给水预热器(E－01005)于 2006 年投用,2010 年装置大修期间定期检验未发现异常,2013 年 1 月大修期间宏观检查未发现异常。

高压锅炉给水预热器(E－01005)的管箱采用爆炸复合板,基板材质为 15CrMoR,厚 22mm;复板材质为 0Cr18Ni10Ti,厚 3mm;管板材质为 12Cr2Mo1 Ⅳ,厚 392mm;堆焊层材质为 0Cr18Ni10Ti,厚 8mm。

当换热管先于管箱开裂导致泄漏高压锅炉水时,从换热管泄漏至管箱的高压水接触至管箱内壁时,造成复板和基板之间瞬态温差,产生的热应力超过材料的强度极限,导致萌生裂纹,有多条裂纹同时产生、扩展汇合,使管箱复板产生大面积龟裂纹;在复板裂纹尖端局部应力集中处裂纹扩展至基板,致使基层材料也出现裂纹。

基板泄漏是从管箱的纵焊缝开始的,基板焊缝和热影响区是抗氢蚀的薄弱部位。焊缝对氢蚀的敏感均比母材高,氢分子尤其是氢原子有很高的扩散率。在 300℃时,铁晶格中扩散率近 14^{-4} cm²/s,在高温时由于氢分子的分解,焊接质量不高的焊缝处的气孔、不连续处和夹杂物,就成为氢和甲烷聚集的场所,由于甲烷不能从钢中扩散出去,所以在内部形成高压,在焊缝不够致密处造成裂纹(如图 1)。

由于换热管已经泄漏,因此管箱内的环境为湿的腐蚀性气体,氢气在此环境中经过电化学反应生成氢原子,这些氢原子渗透到钢里之后,使钢材晶粒间的原子结合力降低,即发生氢脆(一次脆化、可逆),破坏了钢的晶格。

进而在高氢分压的状态下,氢原子和氢分子通过晶格和晶间向内扩散,这些氢与钢中的碳化物(渗碳体)发生化学反应生成甲烷。

$$Fe_3C + 2H_2 \longrightarrow 3Fe + CH_4$$

造成钢内部脱碳,甲烷气体不能从钢中扩散出去而聚集在晶间形成局部高压,造成应力集中,晶间变宽,致使产生微小裂纹(氢致裂纹),即发生氢蚀(不可逆、材料脆化)。随着时间的延长,这些裂纹相连,使钢材的强度和韧性下降而失去原有的塑形而变脆。

五、结论及建议

1. 结论

此次分析的换热管预热器渗漏是由于发生氢蚀(不可逆、材料脆化),致使产生微小裂纹(氢致裂纹)。

2. 建议

(1)目前检漏阀门不能关闭,建议可以引致高处放空。减少泄漏气体在 304 贴衬板与管箱母材之间的积聚,产生额外的应力,加剧衬里新焊缝的损坏,进而加剧母材(15CrMoR)的氢蚀。

(2)目前管箱母材强度已经下降,已经不符合 GB 150/151 的要求。目前生产要继续,为解决合规使用及安全使用问题,建议请专业技术机构做合于使用的评价。

(3)压力容器的维修单位在维修施工前未及时办理维修告知及申请监督检验,说明压力容器的安全监督、检验有待加强,使用单位的督促义务有待提升。

(4)为尽快恢复生产,压力容器管板、管箱裂纹未处理完毕,维修后未进行耐压试验就匆忙投入使用,反映使用单位压力容器的使用管理法律意识有待提升,安全意识有待落实到具体行动中。

参考文献

[1]杨武.金属的局部腐蚀[M].北京:化学工业出版社,1995.

[2]化学工业部化工机械研究院.腐蚀与防护手册[M].北京:化学工业出版社,1993.

[3]许淳淳.化学工业中的腐蚀与防护[M].北京:化学工业出版社,2001.

一起不锈钢压力管道泄漏失效的原因分析

郁杭龙[1]，杨齐[2]，王杜[1]，陈虎[1]

(1. 宁波市特种设备检验研究院，浙江 宁波 315048；

2. 中国特种设备检测研究院，北京 100013)

摘　要:对某化工企业一条不锈钢压力管道产生泄漏失效的原因进行分析，开展水质化验、光谱分析、宏观分析、SEM 及 EDS 分析与金相分析等试验项目。结果表明不锈钢管道穿孔泄漏失效的原因为 Cl^- 导致的点蚀穿孔。因水压试验后的少量残余水分随着时间不断聚集在管道底部，经蒸发浓缩导致局部 Cl^- 含量偏高，轻度敏化的不锈钢材料表面钝化膜受活性较强的 Cl^- 破坏，使材料发生点蚀，经过较长时间导致管道底部腐蚀穿孔泄漏失效。

关键词:不锈钢管道；泄漏；失效分析；Cl^- 点蚀

　　某化工企业生产装置中一条不锈钢压力管道产生泄漏失效，受企业委托，对其提供的不锈钢管件穿孔泄漏失效试样开展失效分析。据悉该管件所属压力管道（材质为 A403Gr WP304 - S 不锈钢，设计压力 3MPa，设计温度 160℃，管径 DN300mm）在安装完成并实施水压试验后空置数月，近期投用前进行气密性试验时发现压力保不住，存在泄漏现象。进一步检查发现其中一段焊管底部近焊缝区与附近弯头底部区域有两处明显蚀孔，其中一孔已蚀穿。

一、送样情况

　　针对提供的两个试样，其一取自不锈钢焊管，其二取自不锈钢弯头，分别命

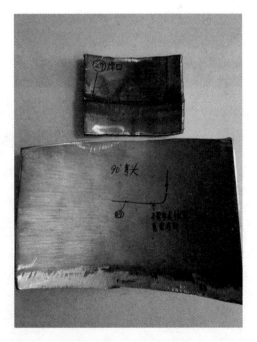

图 1　1# 和 2# 失效试样

名为1♯试样和2♯试样,如图1所示,其中上部试样为1♯试样,已有一个蚀穿的蚀孔;下部试样为2♯试样,存在一个未蚀穿的蚀孔和大量分散的点蚀痕迹。

二、试样材质分析

对2♯试样取样打磨后,在赛默飞世尔 ARL 4460 型直读式光谱仪上进行光谱检测分析,得到的结果见表1所列。结果表明该试样化学成分与该管道安装资料中该弯头的质量证明书中材料数据(A403Gr WP304-S)基本相符,对应国内 GB/T 13296 中普通304材料,即材质分析未发现异常。

表 1　光谱检测结果

序号	C	S	Si	Mn	P	Cr	Ni
1	0.061	0.006	0.38	1.15	0.014	18.18	8.16
2	0.068	0.005	0.42	1.10	0.023	18.20	8.18
3	0.065	0.006	0.40	1.13	0.022	18.27	8.12
4	0.060	0.005	0.41	1.12	0.022	18.24	8.18
平均值	0.064	0.005	0.40	1.13	0.020	18.22	8.16

三、水样化验

怀疑水压试验时所采用的水中氯离子含量超标,因此要求企业提供水样进行水质化验。根据企业描述,该管件所属压力管道水压试验用水取自企业自有锅炉输出的纯水,因当时试验水样无法获得,对其委托当日从同一来源锅炉所取的纯水水样进行水质化验,结果测得氯离子含量为2mg/L,水质 pH 为7.2,属低浓度中性水。虽然氯离子含量化验结果满足水压试验要求(小于 25 mg/L),但是不能排除 Cl^- 点蚀导致穿孔泄漏的可能性,因为若水压试验后残留的水分没有去除干净,经过较长时间的浓缩积聚,很可能使得其中氯离子含量远远超标从而导致氯离子腐蚀加剧。

四、宏观分析

宏观观察发现,1♯试样(如图2所示)中的蚀孔位于焊管底部焊缝附近,呈现圆形,直径约为4mm,垂直向外壁发展,已经蚀穿,而且蚀孔周围存在着较严重的锈迹。进一步交流获知该管道由两段不同材质的管段通过阀门连接,一段为不锈钢材质,一段为碳钢材质,水压试验后阀门关闭。1♯试样中蚀孔周围存在的锈迹表面阀门很可能存在内漏,导致碳钢管段中的残留水分通过阀门渗漏进不锈钢管段,在穿孔泄漏部位积聚。大量实验表明氯离子是引发304不锈钢发生点蚀的主要影响因素[1],304不锈钢对氯离子的敏感性非常强烈,由于氯离子半径小,穿透钝化膜的能力强,造成了钝化膜的破坏[2],从而产生了点蚀现象。因此初步判断该管道产生穿孔泄漏失效的原因较可能由于氯离子点蚀造成。

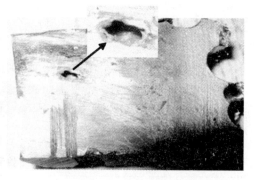

图2　1#试样(已经穿孔)　　　　图3　2#试样上包含未贯穿蚀孔的取样部分

2#试样中的蚀孔位于弯头底部区域,局部也存在着锈迹。切取了2#试样上包含未贯穿蚀孔的部分进行分析,如图3所示,其上的蚀坑近似椭圆形,长径约为3mm,没有蚀穿,但外壁剩余壁厚不到四分之一。进一步观察,凹坑口小肚,具有点蚀特征。为查明腐蚀介质,如图3所示,将2#样品沿图中黑线用清洗掉油污的手锯锯开,左侧做腐蚀凹坑内形貌SEM分析及腐蚀产物EDS分析,右侧试样进一步取样进行金相微观组织分析。

五、SEM 及 EDS 分析

对腐蚀凹坑内形貌进行扫描电镜SEM分析发现,腐蚀凹坑中表现为活化腐蚀的特征[图4(a)和图4(b)],局部具有一定的沿晶特征[图4(a)],腐蚀缝隙中可观察到较多的腐蚀产物附着[图4(c)],另外,凹坑中还存在较多的深凹下去的小凹坑[图4(d)]。种种迹象都表明,发生了点蚀。

（a）腐蚀凹坑底部活化腐蚀特征　　　　（b）腐蚀凹坑底部的腐蚀沟槽

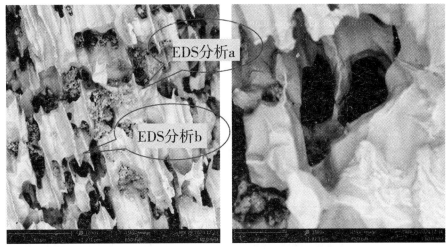

（c）腐蚀凹坑中观察到大量腐蚀产物　　（d）腐蚀凹坑中继续腐蚀留下的深坑

图 4　腐蚀凹坑中的 SEM 形貌

　　随后对腐蚀产物成分进行了能谱（EDS）分析，结果如图 5 所示。EDS 分析结果显示，腐蚀产物中含有较大量的 Cl，局部大到 1.5％，还发现了较多的 Na 元素、O 元素。能谱分析结果进一步验证了该不锈钢管道穿孔泄漏的原因为富氧环境下的 Cl 离子导致的点蚀穿孔。考虑到 1♯蚀坑位于焊管两焊缝交叉区域，2♯蚀坑为弯头背弯区域，两管件制造加工过程中存在的残余应力也会加速其腐蚀。

Element	wt%
Fe	51.3
O	27.9
Cr	16.7
Mn	1.6
Si	1.5
Cl	1.0

Element	wt%
O	32.3
Fe	30.9
Cr	13.2
Al	4.4
Si	2.6
Na	7.9
Mg	3.2
Cl	1.5
Ca	1.5
Ni	2.5

（a）腐蚀产物形态及腐蚀产物成分　　　　　　（b）腐蚀产物形态及腐蚀产物成分

图 5　腐蚀凹坑中的腐蚀产物成分分析

六、金相分析

　　采用草酸溶液、经电解侵蚀后的 2♯试样蚀坑处金相如图 6。母材组织为奥氏体，发生了轻度敏化[图 6（a）]。从腐蚀凹坑中的腐蚀形态可以看出，腐蚀有发生于晶粒上的[图 6（c）和图 6（d）]，有沿晶发展的[图 6（e）和图 6（f）]，且沿晶腐蚀速度略高于晶粒的腐蚀。晶粒腐蚀和晶界腐蚀互相促进，加速了腐蚀进程。

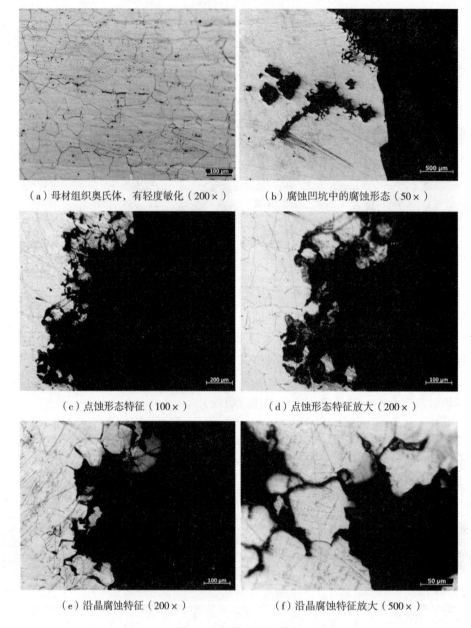

（a）母材组织奥氏体，有轻度敏化（200×）　　（b）腐蚀凹坑中的腐蚀形态（50×）

（c）点蚀形态特征（100×）　　（d）点蚀形态特征放大（200×）

（e）沿晶腐蚀特征（200×）　　（f）沿晶腐蚀特征放大（500×）

图6　金相微观组织分析

七、分析结论

304不锈钢具有较好的耐腐蚀性能，若环境溶液中不含氯离子，一般很难发生点蚀，但是一旦溶液中含有氯离子，点蚀就变成可能。这是由于不锈钢表面的钝化膜具有不均匀性，使得氯离子能够优先地吸附于钝化膜脆弱的地方，当其吸附量较多时，就会破坏钝化膜，使得局部裸露出的金属基体发生腐蚀[3]。点蚀生长的机理是蚀孔内发生的闭塞腐蚀电池的自催化过程[4],蚀孔内部不断向金属深处腐蚀,并使再钝化过程受到抑制,点蚀孔底部金属便发生了溶解,从而使得腐蚀深度不断加深,直至产生穿孔泄漏。

对某化工企业一条不锈钢压力管道产生穿孔泄漏的原因进行分析,包括送检水样水质化验、样品材质光谱分析、宏观分析、SEM 及 EDS 分析与金相分析等失效分析项目。结果表明不锈钢焊管及管件穿孔泄漏失效的原因为 Cl⁻ 导致的点蚀穿孔,因腐蚀穿孔部位均为管道的底部,水压试验后的少量残余水分随着时间不断聚集在管道底部,经蒸发浓缩形成局部 Cl⁻ 含量偏高,轻度敏化的不锈钢材料表面钝化膜受活性较强的 Cl⁻ 破坏,使材料发生点蚀,长时间导致腐蚀穿孔泄漏失效。

参考文献

[1] 安洋,徐强,任志峰. 循环冷却水中不同离子对不锈钢点蚀的影响[J]. 电镀与精饰,2010,32(7):10-13.

[2] 赵晶晶,黄莉,胡学文. 热力机组炉内氯离子的腐蚀机理及其防护对策[J]. 腐蚀与防护,2004,25(2):65-68.

[3] 管明荣. CL⁻ 离子对孔蚀的作用机理[J]. 青岛建筑工程学院学报,1997,18(3):95-98.

[4] 魏宝明. 金属腐蚀理论及应用[M]. 北京:化学工业出版社,1984.

热电厂锅炉水冷壁爆管原因分析

高爱令

（齐鲁石化特种设备检测中心，山东　淄博　255400）

摘　要：本文采用宏观检查、力学性能测试、金相检验等方法对锅炉水冷壁爆管的原因进行了综合分析。结果表明，爆管主要是因为水冷壁管短时严重过热所致，并针对此类情况，提出相应的预防措施以避免爆管再次发生。

关键词：锅炉；水冷壁；爆管；短时过热

一、概述

某热电厂 3♯ 炉是哈尔滨锅炉厂生产的 HG－410/100－11 型自然循环液态排渣燃煤锅炉，于 1987 年 7 月投入使用。该锅炉燃烧方式为四角燃烧，燃烧切圆逆时针旋转，鳍片管焊制而成膜式水冷壁。锅炉主要技术参数：额定蒸发量为 410t/h，过热蒸汽压力为 10MPa，过热蒸汽温度为 540℃。

2015 年 10 月，3♯ 炉给水压力突然降低，汽包水位下降，锅炉燃烧不稳定，经检查判断为水冷壁管发生爆裂泄漏。降低机组负荷及主汽压力，因泄漏严重无法维持运行造成锅炉停机事故。本次水冷壁管泄漏位置在锅炉后墙中间部位水冷壁垂直段向火侧，标高约 17m 处。该锅炉水冷壁管规格为 $\Phi 60 \times 5mm$，材质为 20G。管内介质温度 300℃～310℃，管内压力 11～11.5MPa，水冷壁管向火侧靠近火焰中心的部位温度可达 1156℃。爆管位置如图 1 所示。

水冷壁是锅炉重要的蒸发受热面。布置在炉膛内壁四周或者炉膛中间，吸收炉膛内高温火焰的辐射热，把水加热并逐渐转变成饱和蒸汽和水的汽水混合物。由于敷设了水冷壁，炉墙和内壁温度大大降低，炉墙不会被烧坏，也防止结渣及熔渣对炉墙的腐蚀，同时减少炉墙的厚度和重量。[1]水冷壁置于炉膛高温火焰中，外壁受到火焰和烟气的腐蚀、冲刷，管内流动的是高温蒸汽或汽水混合物，工作环境非常恶劣，极易引起各种爆管事故。

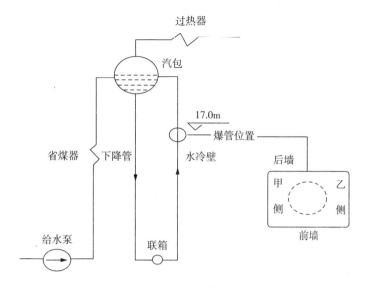

图 1 水冷壁管爆管位置图

　　为找出该水冷壁管爆管的原因,保证锅炉的整机安全平稳运行,停炉后,以爆口处为中心,截取上下各 500mm,总计 1000mm 直管段为试样,采用宏观检查、力学性能测试、金相检验等方法对该水冷壁管进行检查分析。

二、技术检验分析

1. 宏观形貌与特征

　　宏观检查发现所取试样爆口位于向火侧,沿纵向撕裂。外表面呈现均匀腐蚀,为褐色,无明显的氧化皮;内表面较为光洁,未见结焦结垢。爆口张开,形状呈喇叭口状,最大长度约为 115mm,最大宽度约为 35mm。爆口边缘呈刀刃状,边缘较尖锐锋利,管径明显胀粗,可见塑性变形,管壁壁厚局部减薄,爆口附近未发现有明显纵向裂纹,具有韧性断裂的特征,符合短时过热爆管的特征。在试样上取三个分析部位:1♯为爆口附近;2♯为远离爆口约 400mm 处;3♯为爆口背火面。爆口形貌及分析部位布置图如图 2 和图 3。

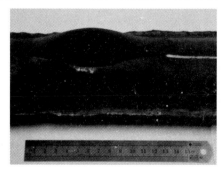 

图 2 爆口形貌

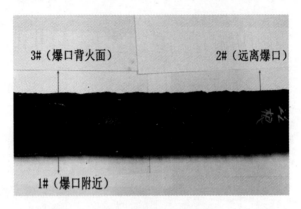

图 3 分析部位布置图

所谓短时过热爆管是指锅炉的受热面管子在运行中由于工作条件恶化,部分管壁温度短期内突然快速上升,温度可以达到钢的下临界点 Ac1,甚至上临界点 Ac3 以上。在这么高的温度下,管子的向火侧会产生塑性变形、管径胀粗、管壁减薄,强度明显下降,最终无法承受内压而爆管。[1]

2. 管径测量

对水冷壁管试样外壁进行打磨清理后,使用游标卡尺对试样爆口中心最大开口处、爆口尖端上部、距离爆口尖端上部 100mm 处/200mm 处、爆口尖端下部、距离爆口尖端下部 100mm 处/200mm 处的管径进行测量。所取测点如图 4,测量结果见表 1。

表 1 管径测量值

单位:mm

位置	1	2	3	4	5	6	7
外径	60.5	60.7	62.5	66.7	63.0	60.8	60.4

测量结果表明爆口处附近管径变化较大,胀粗明显。

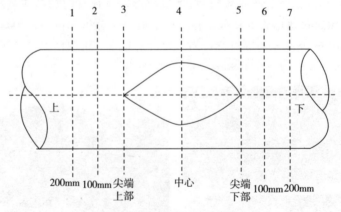

图 4 管径测量点位置图

3. 壁厚测量

对试样爆口附近进行抛光处理,进行壁厚测量。爆口边缘处厚度最薄减至 2.3mm,远离爆口处壁厚测量 4.4mm,表明爆口边缘有明显减薄。

4. 化学成分分析

该锅炉水冷壁所用材质为 20G。20G 属于低碳优质碳素结构钢,是锅炉压力容器的常用材质,广泛地应用于壁温不大于 480℃的受热面管子,对应该锅炉的技术参数可见水冷壁管选材正确。需要对试样进行化学成分分析以验证实际使用材质是否符合要求。

对试样的 1♯(爆口附近)、3♯(爆口背火面)分析部位,采用定量直读式光谱分析仪(PMI Master Pro 型)进行化学成分分析。1♯、3♯分析部位化学成分光谱分析数值与 GB 5310—2008《高压锅炉用无缝钢管》中规定的 20G 钢管化学成分的技术要求[2]见表 2。

表 2　化学成分

单位:wt%

分析点	C	Si	Mn	P	S	备注
1♯	0.196	0.257	0.593	0.017	0.013	爆口处
3♯	0.203	0.246	0.611	0.023	0.014	背火面
标准值	0.17~0.23	0.17~0.37	0.35~0.65	≤0.025	≤0.015	GB 5310—2008

对比可见,试样化学成分基本符合 GB 5310—2008《高压锅炉用无缝钢管》标准中对 20G 化学成分的要求,可以判定水冷壁管实际所用材质无差错,符合要求。

5. 力学性能试验

按照 GB 6397—1986 标准[3]对试样的 1♯(爆口附近)、2♯(远离爆口位置 400mm 处)分析部位进行常温力学性能试验,试验结果见表 3。

表 3　力学性能

试样	下屈服强度 R_{eL}(MPa)	抗拉强度 R_m(MPa)	断后伸长率 A(%)
1♯	317	418	23.9
2♯	397	480	24.6
GB 5310—2008	≥245	410~550	≥24

从表 3 中可知该管力学性能基本符合要求。

6. 硬度测量

为进一步分析爆管原因,对试样的 1♯(爆口附近)、2♯(远离爆口位置 400mm 处)、3♯(背火侧)分析部位进行硬度测量。按 GB/T 231.1—2009《金属材料布氏硬度实验》要求[4]进行测量,结果见表 4。

测量结果与 DL 438—2009《火力发电厂金属技术监督规程》要求[5]对比显示:1♯部位硬度低于标准值,2♯部位硬度虽在范围之内但是偏低,3♯部位硬度正常。这表明向火侧材质应是发生了不同程度的微观损伤,需结合金相检验进一步分析。

表 4　硬度测量值

位置	硬度（HB）	备注
1♯	91.0	低于标准值
2♯	113.7	在范围内但偏低
3♯	129.6	正　常
标准值	106～159	DL 438—2009

7. 金相检验

对试样的1♯（爆口附近）、2♯（远离爆口位置400mm处）分析部位取试样，用4%的硝酸酒精溶液浸蚀后，在 Axiovert 40 MAT 电子显微镜下观察显微金相组织。

1♯部位的显微金相组织为铁素体和珠光体，珠光体区域中碳化物已分散，并逐渐向晶界扩散，珠光体分布不均匀，呈明显的带状沿水冷壁管轴向分布。依据 DL/T 674—1999《火电厂用20号钢珠光体球化评级标准》[6]，珠光体球化级别定为4.5级严重球化，如图5所示。

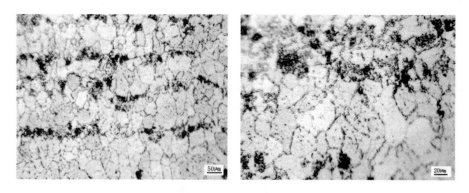

图5　1♯部位显微金相组织

2♯部位的显微金相组织为铁素体和珠光体，珠光体区域中碳化物已分散，并逐渐向晶界扩散，珠光体形态尚明显。依据 DL/T 674—1999标准，珠光体球化级别定为3级轻度球化，如图6所示。

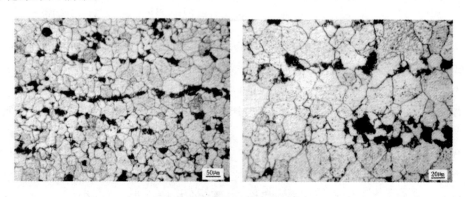

图6　2♯部位显微金相组织

三、综合分析

珠光体球化是指钢中的片层状珠光体组织在高温作用下,随时间的延长,它的形状和尺寸发生变化的现象。珠光体中的片层状渗碳体组织(或者碳化物)将逐渐变为球状。温度越高,球化进行得越快;时间越长,球化越严重,存在拉应力,会加速球化。[7]

根据 1♯(爆口附近)和 2♯(远离爆口约 400mm 处)分析部位的显微金相组织珠光体不同程度的球化可以判断该水冷壁管在长期高温的情况下发生局部短时过热。

根据爆口宏观形貌和通过对壁厚、硬度和力学性能的试验,显示该试样管子具有短时过热爆管的特征。

利用排除法找出短时过热的原因:

(1)由于爆管管段内壁未见结渣结垢,不会造成传热受阻;

(2)检查运行记录未发现有汽包缺水和人为误操作的情况;

(3)水冷壁管化学成分分析合格,排除了材质使用错误的可能;

(4)利用内窥镜对爆口上下两侧水冷壁管及相连的下联箱进行检查,发现下联箱接管处淤积了一些检修中遗留的切割熔渣和金属块状物,从而确定是由于杂物的堵塞,导致锅炉水循环不畅,工质流量减小,对管壁的冷却能力降低,致使管壁温度升高,造成管壁超温。

四、结论及预防措施

1. 结论

综上所述,3♯炉水冷壁爆管的原因是在长期高温的基础上发生局部短时过热。由于该锅炉运行时间近 20 万个小时,水冷壁管长期在高温下服役,金相组织慢慢出现老化现象,致使材料性能下降。由于下联箱接管处淤积异物,管内循环水流动过缓而造成短时急剧过热,当温度超过材料的下临界温度 Ac1 时,材料强度明显下降,在管内介质压力作用下,管壁温度最高的一侧胀粗,管壁出现减薄,高温下管子的环向应力超过本身强度时,即发生爆裂。

2. 预防措施

水冷壁相对于其他受热面管子爆管的危害性要严重,因为水冷壁爆管可能导致锅炉灭火,如果锅炉自动保护装置不动作,没有及时保护,可能导致锅炉发生爆炸。为了防止水冷壁管的过热爆管事故,现从设备的维护和日常的运行方面提出以下预防措施:

(1)精心操作,防止水冷壁超温运行,保证运行工况平稳,改善炉内热分布,防止燃烧中心偏离、热负荷过分集中等情况的发生;

(2)优化受热面结构,使汽水循环合理分配;

(3)安装过程中,应防止异物堵塞,及时进行通球试验,每根受热面管子保证能进行通球检查,并在通球后及时封堵;

（4）运行人员应加强汽包监控，保证维持正常的水位；

（5）检修过程中有焊接、切割、组装作业时，应注意作业过程中的残留异物及时清理，防止落入管中造成堵塞。

参考文献

［1］周昕．火力发电厂锅炉受热面失效分析与防护［M］．北京：中国电力出版社，2004．

［2］中华人民共和国国家质量监督检验检疫总局．GB 5310—2008　高压锅炉用无缝钢管［S］．北京：中国质检出版社，2008．

［3］中国国家标准化管理委员会．GB 6397—1986　金属拉伸试验试样［S］．北京：中国质检出版社，1986．

［4］中国国家标准化管理委员会．GB/T 231.1—2009　金属材料布氏硬度实验［S］．北京：中国质检出版社，2009．

［5］中华人民共和国国家能源局．DL 438—2009　火力发电厂金属技术监督规程［S］．北京：中国电力出版社，2009．

［6］中华人民共和国国家经济贸易委员会．DL/T 674—1999　火电厂用 20 号钢珠光体球化评级标准［S］．北京：中国电力出版社，1999．

［7］火力发电厂金属材料手册编委会．火力发电厂金属材料手册［M］．北京：中国电力出版社，2001．

某石化有机热载体锅炉炉管
超标埋藏缺陷安全性评价

李莉[1]，白丽莉[1]，邢健[2]，李家兴[2]

（1. 中国石油化工股份有限公司北京燕山石化分公司，北京　102500；

2. 中国特种设备检测研究院，北京　100029）

摘　要：依据 GB/T 19624—2004《在用含缺陷压力容器安全评定》，对某有机热载体锅炉炉管超标埋藏缺陷进行安全性评价。通过基本参数选择、缺陷检测及定量分析，并采用 U 因子方法对结构安全性进行计算。评价过程排除了炉管发生材料劣化、疲劳和应力腐蚀的可能性及影响。在此条件下未来两年中，综合判断有机热载体锅炉炉管上超标埋藏缺陷可通过基于 GB/T 19624 的评价计算。

关键词：有机热载体锅炉；炉管；超标埋藏缺陷；金属壁温；U 因子方法；安全裕度

一、前言

某有机热载体锅炉 1989 年 1 月 1 日投入使用，材料为 A - 53B，使用压力为 0.46MPa，实际使用温度为 270℃，炉管金属壁温为 310℃。在 2011 年的检验过程中，在 φ104.0 炉管焊缝处发现一处超标埋藏缺陷，最大高度为 0.5mm，最大长度为 7.0mm。φ104.0 炉管焊缝成形良好，支撑结构完好，操作平稳，无明显的压力波动，介质内无可导致应力腐蚀的杂质，公称壁厚为 6.0mm，缺陷附近和缺陷处最小壁厚均为 6.1mm，缺陷处最大错边量为 0.5mm。本文假定下一检验周期为两年，按照 GB/T 19624—2004《在用含缺

图 1　有机热载体锅炉

陷压力容器安全性评价》的方法对该超标缺陷进行安全评价。

二、基本参数选择

某有机热载体锅炉炉管相关参数见表 1：

表 1　某有机热载体锅炉炉管相关参数

制造日期	1987 年 10 月 1 日
投入运行日期	1989 年 1 月 1 日
主体材料	A－53B(ASME—2010)
规格(外径×壁厚)(mm)	Φ118×7.5/104×6
额定压力(MPa)	1.05
使用压力(MPa)	0.46
实际使用温度(℃)	270
金属壁温(℃)	310
有机热载体型号	导生油

待评价缺陷情况见表 2：

表 2　有机热载体锅炉炉管缺陷情况

缺陷部位	炉管规格 (mm)	射线检测片号	评级	非裂纹条形缺陷尺寸 (mm)			圆形缺陷尺寸(mm)		
				长度	高度	宽度	点数	最大尺寸	气孔率
DH－922 炉管	φ104×6.0	D6－6	Ⅳ	7	0.5	0.6	/	/	/

超标缺陷按未焊透评定，缺陷最大长度为 7mm，最大高度为 0.5mm，最大宽度为 0.6mm

参照 GB 50316—2000《工业金属管道设计规范》和《2010 ASME Boiler and Pressure Vessel Code Ⅱ Part D Properties(Metric)Materials》(ASME 锅炉及压力容器规范第Ⅱ卷 D 篇 2010 英文版)，操作温度下有机热载体锅炉炉管材料相关参数见表 3：

表 3　有机热载体锅炉炉管材料相关参数

主体材料	A－53B(ASME—2010)
焊接接头系数 φ	0.8(GB 50316—2000)
弹性模量 E(MPa)	190000(ASME—2010)
泊松比 v	0.3(ASME—2010)
310℃材料抗拉强度 σ_b(MPa)	414(ASME—2010)
310℃材料屈服强度 σ_s(MPa)	186(ASME—2010)

（续表）

主体材料	A - 53B(ASME—2010)
310℃ $\varphi \times \sigma_s$	148.8
310℃材料许用应力$[\sigma]$ （MPa）	118(ASME—2010)

三、按 GB/T 19624—2004《在用含缺陷压力容器安全性评价》计算

本次有机热载体锅炉炉管安全性评价不考虑高温材质劣化、疲劳和应力腐蚀等影响，仅对焊缝超标埋藏缺陷进行分析，直接采用 U 因子方法进行评价。

1. 材料性能数据

由于材料的断裂韧度无法实测，可根据规范给定的由材料允许的最低的冲击韧性 A_{kv} 和 J_{Ic} 关系，对于未焊透缺陷可取$(J_{Ic})_{下限}=2.2A_{kv}$，$A_{kv}=27J$，根据 J_{Ic} 和 K_c 的换算关系，即

$$K_c=\sqrt{\frac{EJ}{(1-v^2)}}=\sqrt{\frac{190000\times2.2\times27}{(1-0.3^2)}}=3522 \text{ N/mm}^{\frac{3}{2}} \text{。}$$

2. 缺陷处的应力计算

由于超标埋藏缺陷均为周向缺陷，故评价时只考虑轴向应力。保守地取缺陷所在位置的最大轴向应力为炉管金属壁温下设计规定的材料的许用应力，如果评价结果是安全的，则无须进行详细的管道有限元应力分析。查《ASME 锅炉及压力容器规范第Ⅱ卷 D 篇 2010 英文版》得，金属壁温为 310℃时材料许用应力：$[\sigma]=118$MPa。所以管道缺陷处的弯曲应力和膜应力之和为：

$$\sigma_m+\sigma_B=118\text{MPa}$$

其中，σ_m——轴向膜应力；σ_B——弯曲应力。

3. 起裂载荷比 L_r^F 的确定

起裂载荷比 L_r^F 的确定首先计算$\frac{\sigma_s\sqrt{B}}{K_c}$的值，无因次长度$\frac{\theta}{\pi}$值及缺陷相对深度$\frac{a}{B}$值，由 GB/T 19624—2004 中的表 G.1c 查得（因公称壁厚为 6.0mm，实测最小壁厚为 6.1mm，缺陷附近最小壁厚为 6.1mm。所以保守地取到下一检验周期时该炉管最小壁厚 $B=6.1-0=6.1$mm）。

表 4　有机热载体锅炉炉管超标埋藏缺陷起裂载荷比 L_r^F

序号	B（两年后）(mm)	$\dfrac{\sigma_s\sqrt{B}}{K_c}$	$\dfrac{\theta}{\pi}$	$\dfrac{a}{B}$	L_r^F
1	6.1	0.104	0.023	0.082	1.300

4. U 因子的确定

表5　DH922 有机热载体锅炉炉管超标埋藏缺陷 U 因子

序号	$U = \dfrac{\sigma_s + \sigma_b}{2L_r^F \sigma_s}$
1	1.455

5. 许可流变应力比 $\bar{\sigma}$ 的确定

许可流变应力比 $\bar{\sigma}$ 值由缺陷尺寸无因次长度 $\dfrac{\theta}{\pi}$ 值及缺陷相对深度 $\dfrac{a}{B}$ 值用 GB/T 19624—2004 中的表 G.2 查得。

表6　DH922 有机热载体锅炉炉管超标埋藏缺陷许可流变应力比 $\bar{\sigma}$

序号	$\dfrac{\theta}{\pi}$	$\dfrac{a}{B}$	$\bar{\sigma}$
1	0.023	0.082	1.254

6. 缺陷的安全性评价

评价缺陷是否安全,可由安全裕度 n_p 确定:

$$n_p = \frac{(\sigma_s + \sigma_b)\bar{\sigma}}{2U(\sigma_m + \sigma_B)}$$

如果安全裕度 n_p 大于等于 1.5,则缺陷是安全的。

表7　DH922 有机热载体锅炉炉管超标埋藏缺陷的安全裕度

序号	n_p
1	1.650

可见,某有机热载体锅炉炉管超标埋藏缺陷在下一检验周期内具有一定的安全裕度。

四、结论

依据 GB/T 19624—2004《在用含缺陷压力容器安全评定》,对某有机热载体锅炉炉管超标埋藏缺陷进行安全性评价。通过基本参数选择、缺陷检测及定量分析,并采用 U 因子方法对结构安全性进行计算。评价过程排除了炉管发生材料劣化、疲劳和应力腐蚀的可能性及影响。在此条件下未来两年中,综合判断有机热载体锅炉炉管上超标埋藏缺陷可通过基于 GB/T 19624 的评价计算。

参考文献

[1] 杨德生,缪正华,赵国臣.应力线性化原理在压力容器分析设计中的应用[J].化工装备技术,2010,31(1):21-22.

[2] 沈士明.含缺陷压力管道安全评定工程方法的评述与修正[C]//全国压力容器学术会议,1997.

[3] 中华人民共和国国家质量监督检疫总局,中国国家标准化管理委员会.GB/T 19624—2004 在用含缺陷压力容器安全评定[S].北京:中国质检出版社,2005.

[4] 国家能源局.NB/T 47013—2015 承压设备无损检测[S].北京:新华出版社,2015.

备泵启动联锁设置的几点问题及思考

亢海洲，朱建新，方向荣，袁文彬，庄力健

（合肥通用机械研究院，国家压力容器与管道安全工程技术研究中心，
安徽　合肥　230088）

摘　要：工艺流程中核心机组的润滑油泵大多采用备机自启动的形式以保证流程及工艺的稳定。SIL 评估中发现，设置了联锁自启回路的备泵又带来一些新问题。对某厂机组非停问题的原因进行了分析，并提出了相应的改进意见，可为备机启动联锁回路的设置提供一定借鉴作用。

关键词：联锁；SIL；备机；自启动

一、概述

安全联锁等级（SIL）的定量风险评估技术根据国际标准及国内外诸多石油化工企业的经验数据，通过对现有安全联锁系统的各个 SIF 进行定量分析，对于超保护的联锁降低其误跳车概率，对于保护不足的 SIF 则要求增加冗余以保证有足够的保护功能。这既保证了安全联锁系统的安全可靠，又有理有据地降低了误跳车概率，为企业节约因非计划停车而引发的经济损失[1-5]。

工艺流程中核心机组大多采用备机的形式以保证流程及工艺的稳定，如催化装置的送风机、空分装置的膨胀机、锅炉汽包的锅炉给水泵、加氢裂化装置的高温油泵等。核心机组一旦故障跳停，如果没有备机，则会造成整个装置停车，给企业带来重大损失。故现实中企业最常采用一运一备的备机方案。当主机发生故障，需要备机迅速投入运行，并尽快恢复各项工艺参数至前水平，以保证流程的稳定，避免造成装置非计划停车事故[6]。

近年来，核心机组一运一备的设置方式，也在核心机组的辅助泵中得到普及，如润滑油泵上[7-8]。辅助润滑油泵可以在主泵故障的时候，通过电机管理系统（英文缩写为MCC）来联锁启动，以及时保证核心机组有足够的润滑而避免发生抱轴等重大事故。

自动联锁启动备泵带来方便和安全的同时，也带来诸如联锁回路日益复杂、系统可用性降低等问题。

二、润滑油泵相关联锁及非停

1. 润滑油系统联锁回路设置

现有某石化公司膨胀机组的辅助润滑油泵,根据危险及可操作性(HAZOP)分析结果,梳理出 4 个与润滑油系统相关的安全联锁功能(SIF)。各 SIF 详细描述如下:

SIF1:当压力传感器检测到润滑油管路压力低 PAL,联锁信号去辅助泵 MCC,启动辅助润滑油泵以保证膨胀机组润滑良好,避免轴瓦烧损甚至抱轴等事故发生;SIF2:当检测到主润滑油泵运行常闭触电断开时,判断主泵运行信号丢失,联锁信号去 MCC,启动辅助润滑油泵,以保证膨胀机组润滑良好,避免轴瓦烧损甚至抱轴等事故发生;SIF3:当检测到主、辅助润滑油泵的运行信号全部丢失时,判断润滑油系统出现故障,紧急切断膨胀机入口阀,停膨胀机以保证膨胀机组安全,同时整个空分装置跳车;SIF4:当压力传感器检测到润滑油管路压力低低 PALL,紧急切断膨胀机入口阀,停膨胀机以保证膨胀机组安全,同时整个空分装置跳车。各 SIF 的详细组成见表1。

表 1 辅助润滑油泵相关安全联锁功能组成

序号	回路名称	传感器	逻辑求解器	执行机构
SIF1	润滑油压力低	压力传感器	全厂 Triconex 逻辑求解器	辅助油泵 MCC
SIF2	主油泵停运	继电器	随机 PLC	辅助油泵 MCC
SIF3	润滑油泵全停	继电器	全厂 Triconex 逻辑求解器	膨胀机入口阀
SIF4	润滑油压力低低	压力传感器	全厂 Triconex 逻辑求解器	膨胀机入口阀

注:全厂是指整个空分装置用 ESD 系统求解器,随机 PLC 是指膨胀机组自带控制系统。

2. 非计划停车经过

某日 10 时 44 分 13 秒,某石化公司空分装置正常运行的膨胀机主润滑油泵 A 故障跳停,备用润滑油泵 B 正在自启,SIS 系统检测到润滑油泵全部停运的信号,触发联锁条件,膨胀机跳停,整个空分装置跳车,后续气化、净化等装置也随即停车。

非计划停车发生后,经专业人员检查后发现其直接原因是编号为 7514AA 抽屉单元综保断相保护动作而停运主润滑油泵电机,查看保护动作信息发现 IA＝11.05A、IB＝11.00A、IC＝0A。即主润滑油泵电机 C 相发生断相,其运行电流为零,导致综保动作,延时 1s 后送跳闸信号去停运主润滑油泵电机。

检修人员对电机、电缆及 7514AA 抽屉单元一、二次回路进行了仔细检查后,并未发现打火、松动、断线等异常情况;检查电机及主电缆绝缘电阻正常,电机直流电阻正常(A－a:2.12Ω,B－b:2.13Ω,C－c:2.13Ω);7514AA 抽屉单元外接 1.1KW 电机空试运行正常;只有综保屏幕 C 相电流显示略微迟钝。

三、非停原因分析及建议

1. 非停直接起因

为了防止电动机在运行过程中发生断线、缺相运行过热甚至烧毁,电气专业为越来越多的电机都在低压控制柜中加入了综合保护单元。此次非停的直接原因在于膨胀机主润滑油泵电机综保检测到电机 C 相电流为 0,发生断相事故。综保为保护电机,故触发跳闸信号,停运电机。

根据事后检查结果,一次、二次回路和电机本体均未见明显异常情况,经判断,综保系统发生了误动作,给出了假信号。这或许由于周边瞬时的电磁干扰,或者是综保内部元件发生松脱或触点异常。

2. 非停本质原因

从表 1 中可以看出,与核心机组膨胀机润滑油系统相关的 SIF 有 4 个。安全联锁功能 SIF 的充分必要性值得进一步分析。

如果考虑润滑油系统的根本目的只是在于为机组提供足够压力及流量的润滑油,防止核心机组发生过度磨损或抱轴等事故。基于此根本目的,只需要关注润滑油的压力与流量即可。即使润滑油泵停运,但润滑油压力如果还未降低到威胁核心机组安全的程度,即不用立即停核心机组。使用单位可根据现场运行经验,逐步积累并最终建立起确定的润滑油停泵时间与润滑油压降之间的压力—时间定量关系,示意图如图 1。图 1 中 P_c 即维持膨胀机正常润滑的最低压力(单位:千帕),t_c 为自从润滑油泵全停后,润滑油压力降低到 P_c 所需的时间(单位:秒)。

从电气专业角度出发,其主要目的在于保护电机安全,而非工艺流程安全。故电气专业人员会希望有越来越多的电气保护系统,即使牺牲了电机的可用性,也要保证电机有较高的可靠性,即宁愿电机非停,也要杜绝电机烧损事故。

从工艺角度出发,应在保证设备安全的前提下,尽可能保障工艺流程的平稳及连续性。表 1 中 SIF1、SIF4 都属于典型的工艺联锁功能,SIF2 属于典型的电气

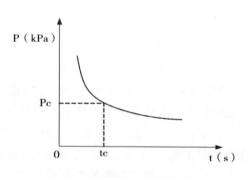

图 1 停泵时间—润滑油压力

联锁功能;而 SIF3 则既不是典型的工艺联锁功能,也不是典型的电气联锁功能,而是兼具工艺与电气专业特色。其目的接近于将工艺流程平稳性与电气安全性综合考量。

分析 SIF3 的必要性就可以发现,润滑油泵全部停运,其最大危险就是膨胀机润滑不良,轴承磨损或者抱轴。但是这一危险最终却由润滑油压力低低来体现的。也就是说即使润滑油泵全停,只要润滑油压力还能维持,或者在还能维持的这段时间,核心机组就不需要跳停。

换句话说,有润滑油压力低低联锁功能来保护核心机组,从安全性角度来说则润滑油泵全停的联锁功能就是冗余设置;从误跳角度来说,增加了润滑油泵全停联锁功能,则多了一处误跳点。尤其此联锁功能会跳停核心机组,会影响整个空分装置及后续气化、净化装置,误跳损失巨大。

3. 润滑油系统联锁回路改进意见

根据前文分析结果,润滑油系统联锁功能可做如下改进:

(1)润滑油泵全停联锁功能误跳带来的风险大于提供的安全性冗余效益,建议取消此联锁功能,改进为报警,由操作工处理。双泵全停带来的危险后果由润滑油压力低低联锁功能来保证。

(2)并非所有电机都需要增加综保,尤其功率小、有备机的电机。增加综保的同时,也增加了可能发生误跳的部件。针对已经增加综保的电机,建议综保一旦检测到断相故障信号时,延时 300ms～1000ms,以降低综保给出假信号引起误跳可能性。

(3)根据非停经可发现辅助润滑油泵在启动后,仍然未被逻辑求解器检测到,进而导致了核心机组跳车。由于泵体运行一定时间后,其性能曲线会发生变化,其出口压力和流量不能及时达到工艺要求。即使备泵已经自启动,但由于达到既定压力或流量的时间过长,仍然可能导致核心机组跳停。故随着机泵使用时间的延长,应该考虑进行测试,或者将既定联锁设定值进行调整,提前启动备用泵,留给备用机组足够时间,以满足工艺平稳性的要求。

四、结束语

通过梳理合肥通用机械研究院特种设备检验站 SIL 评估近 10 年搜集到的案例发现,约 30% 的润滑油系统存在联锁设置的问题。有些石化公司的辅助备泵启动后,核心机组依然多次发生跳停的事故。

建议相关企业组织各学科背景的专业技术人员,由第三方独立评估单位牵头,全面梳理核心机组辅助系统的安全联锁功能,以保证工艺流程的安全性和平稳性,提高企业的经济效益。

参考文献

[1] IEC commission. Functional safety of electrical/electronic/programmable electronic safety－related systems－Part1:General Requirements[S],IEC 61508,1998.

[2] IEC commission. Functional Safety－Safety instrumented systems for the process industry sector－Part1:Framework,definitions,system,hardware and software requirements [S]. IEC 61511 part1,2003.

[3] William M. Goble. Control systems safety evaluation and reliability[M]. 2nd edition. USA:ISA,1998.

［4］朱建新,方向荣,庄力健,等．安全完整性技术(SIL)在我国石化装置上的应用实践及思考［J］.化工自动化及仪表,2012,39(10):1253－1259.

［5］亢海洲,朱建新,方向荣,等．空分压缩机组安全完整性等级(SIL)技术评估应用及分析［J］.自动化技术与应用,2015,34(2):74－78.

［6］吕运容．陈学东,高金吉,等．我国大型工艺气压缩机故障情况调研及失效预防对策［J］.流体机械,2013,41(1):14－20.

［7］宋燕．利用联锁逻辑实现互为备泵自动启动的方法［J］,石油化工自动化,2013,49(6):58－60.

［8］胡明东,朱建新．多级离心泵出口联锁设置及安全影响分析［J］,流体机械,2013,41(5):52－54.

安全完整性(SIL)评估技术
在乙烯装置的应用

方向荣,朱建新,亢海洲,袁文彬

(合肥通用机械研究院,安徽 合肥 230031)

摘 要:本文对安全完整性(SIL)评估技术做了简要介绍,阐释了乙烯装置开展 SIL 评估的主要内容和成果,对石化装置开展 SIL 评估具有一定的启发和借鉴意义。

关键词:安全联锁系统;安全完整性;安全联锁功能;评估;乙烯装置

一、概述

安全完整性(Safety Integrity Level,简称 SIL)评估技术是以安全联锁系统(Safety Instrumented Systems,简称 SIS,亦称作"安全仪表系统")为主要研究对象,以定量风险分析为手段,并结合工艺、设备等信息,识别、评估安全联锁系统的安全完整性要求与能力的一种工程风险分析方法[1]。安全联锁系统作为实现安全生产的重要保障,是指用于实现一个或多个安全联锁功能(Safety Instrumented Functions,简称 SIF)的仪表系统,它由传感器、逻辑运算器、执行机构三个基本单元组成(此三者所构成的亦称为"联锁回路")。其安全完整性水平则是用于表明安全联锁功能所能达到的安全完整性要求的量化指标,通常分为离散的 4 个等级(见表 1 和表 2)[2]。

表 1 需求模式下 SIL 等级划分

安全完整性等级(SIL)	平均失效概率	风险降低值
4	$\geqslant 10^{-5} \sim <10^{-4}$	$>10000 \sim \leqslant 100000$
3	$\geqslant 10^{-4} \sim <10^{-3}$	$>1000 \sim \leqslant 10000$
2	$\geqslant 10^{-3} \sim <10^{-2}$	$>100 \sim \leqslant 1000$
1	$\geqslant 10^{-2} \sim <10^{-1}$	$>10 \sim \leqslant 100$

表 2　连续模式下 SIL 等级划分

安全完整性等级（SIL）	连续模式实现安全仪表功能的危险失效概率（每小时）
4	$\geqslant 10^{-9} \sim < 10^{-8}$
3	$\geqslant 10^{-8} \sim < 10^{-7}$
2	$\geqslant 10^{-7} \sim < 10^{-6}$
1	$\geqslant 10^{-6} \sim < 10^{-5}$

不过 SIL 等级并非一个笼统的量化指标，常见的提法"某某装置采用了 SIL3 级设计""某某装置的联锁系统达到了 SIL3 级标准"均为不科学、不准确的表述，因为每个装置的安全联锁系统包含了众多安全联锁功能（SIF），每一个具体的 SIF 用于实现特定的保护目的，而所保护的对象和失效后果不尽相同，故而一个装置内的联锁功能的 SIL 要求也是多样化的。同时 SIL 等级也并非越高越好，因为如果整体 SIL 等级偏高将会导致高昂的设计成本、建造成本以及后期的维护成本，同时联锁系统由于受到自身可靠性的局限，一旦发生错误动作将会引发装置的非计划停车，造成重大经济损失甚至引发次生危害（装置的开停车阶段往往是事故易发阶段）。因此有必要通过对系统内的每一个具体联锁回路进行 SIL 评估，得到较为准确的安全完整性信息，对改进、优化装置的联锁系统做出科学指导。

二、乙烯装置安全联锁系统概况

乙烯装置是石油化工装置的龙头，是衡量一个国家石油化工生产水平的标志[3]。近年来我国石化行业发展迅猛，千万吨炼油、百万吨乙烯装置不断兴建，已于 2005 年底成为仅次于美国的世界炼油大国[4]，乙烯产量也于 2012 年升至世界第二位[5]。在此背景下的装置大型化、控制系统复杂化已成为必然趋势，由此对乙烯装置的长周期安全运行的要求也在不断提升。

乙烯装置的联锁控制区域有裂解区、急冷区、压缩区、冷区、热区等，SIS 系统的 I/O 点数达 6000 多点，联锁点众多且设置复杂，包含设备有裂解炉、压缩机、反应器、精馏塔等[6]。对某乙烯装置的 SIL 评估结果表明，裂解炉、压缩机的安全联锁功能数量占整个装置的 70% 以上（如图 1），而 SIS 系统的安全与误跳风险点也主要集中于此，这与二者为乙烯装置核心设备的地位相一致。

由于乙烯装置联锁系统的复杂性，导致其对装置稳定性的影响程度较高，其可靠性直接影响到企业的经济效益，以某年产 40 万吨乙烯装置为例，按年操作时间 8000 小时计算，则日停产损失仅利润损失就高达 100 万元/天，还未考虑装置重启所耗费的水、电、气等其他损失。因而如何使安全联锁系统运行于较为合理的 SIL 水平，在保障安全的前提下合理降低联锁系统发生误跳，对于乙烯装置的长周期高效运行具有重要的现实意义。

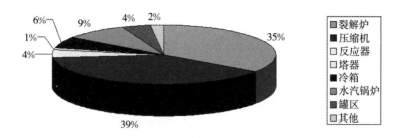

图 1　乙烯装置 SIF 数量及占比

三、乙烯装置的 SIL 评估

1. 乙烯装置 SIL 评估概览

通过对乙烯装置开展 SIL 评估,其主要工作内容包括:

① 为企业制定风险控制目标,并据此确定安全联锁功能(SIF)的 SIL 定级要求;

② 安全联锁功能(SIF)的识别(包括明确 SIF 的保护功能、目的等);

③ 根据仪表的实际配置情况,进行 SIF 的可靠性计算与 SIL 分级;

④ SIL 等级要求与实现情况的验证;

⑤ 提出合理可行的改进建议及措施(包括安全改进、误跳改进、其他综合改进等)。

以某乙烯装置为例,通过 SIL 评估发现,15% 的安全联锁功能(SIF)无法满足风险控制要求或者在安全方面存在改进空间,约 35% 的联锁回路存在误跳过高或者可进行误跳车改进的情况(图 2)。

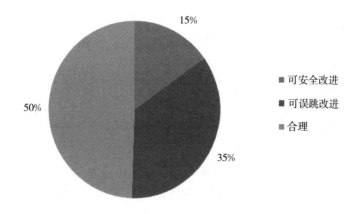

图 2　联锁回路安全与误跳车统计

评估改进前安全完整性水平(SIL)的要求情况、实际达到情况的统计分布如图 3 所示。

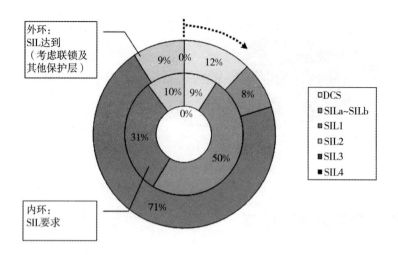

图 3　SIL 等级要求与实际达到等级情况统计

由图 3 可知,绝大部分 SIF 的 SIL 要求处于 SIL1 或者偏下水平,SIL2 占比约 10%,更高等级的 SIL3 极少见到,SIL4 则尽量避免在过程工业使用(一般只有核电领域才采用),这与国际知名评估机构 TüV 的研究结果以及 IEC61508 标准的要求[7]相一致。

通过 SIL 评估,更准确地了解装置安全联锁系统的状况,并提出有针对性的改进建议,使得联锁系统的配置更加科学合理,从减少事故发生、减轻事故后果以及降低经济损失三个方面为企业创造价值。以上述乙烯装置为例,若依据优化建议进行改进,可使所有联锁回路的安全完整性等级满足安全要求,同时合理地降低联锁误跳车概率。上述改进理论上每年可节省因联锁失效导致的当量经济损失近 300 万元。

2.SIL 评估发现的一些典型问题

自二十世纪六七十年代以来,随着乙烯装置的扩能以及节能环保要求的提高,对乙烯装置提出了"五高"要求,即高能力、高原料适应性、高自动化程度、高可靠性、高在线率[5],因此涉及自动控制的联锁系统引发的问题也日益突出。通过 SIL 评估技术,我们可以发现一些潜在的风险隐患,从而事先做出应对措施,降低装置风险。

(1)仪表老化带来的隐患

部分乙烯装置的仪表系统已经运行十年以上,有的元器件发生老化,易发生偶发性瞬时故障,即装置运行过程中联锁偶然发生动作,但事后检查却又一切正常,难以查明故障原因,成为装置的潜在风险。此类故障在 SIL 评估中可作为安全不可检测(SU)或者危险不可检测(DU)故障加以处理和分析,从而更好地评价仪表系统的安全完整性水平,为日后的升级改造提供决策参考。

(2)元器件共用导致的隐患

元器件共用也是包括乙烯装置在内的很多石化装置仪表系统存在的共性问题,这会导致共因失效的比例大幅升高,降低系统的可靠性。例如有的乙烯装置在设计时存在若干设备的联锁信号共用一块 I/O 卡件的情况,若此卡件发生故障将会引起几台设备同时联锁停车,造成工艺局部波动,甚至导致全线停车[8]。

（3）仪表冗余不足导致的隐患

部分乙烯装置（尤其是老装置）的现场仪表不少为单一设置（即1oo1结构），这对于裂解炉、压缩机等关键设备来说，由于其一旦故障或失效会造成较为严重的后果，因此部分联锁功能（SIF）对安全联锁回路的可靠性要求更高，而此时仪表设置冗余不足就可能导致其无法满足安全完整性的要求。某乙烯装置的裂解炉进料流量传感器（单取）就曾因故障误跳而引发装置停车。

（4）设计不合理导致的隐患

有的联锁问题与仪表自身无关，而是由于前期的设计任务书、后期改造的不当而导致部分联锁功能成为潜在风险点。图4为英国健康安全执行局（Health and Safety Executive，简称 HSE）对与控制系统相关的不同事故原因调查后的统计图[9]，如图可见设计阶段埋下的隐患占有不小比重。

以裂解炉的联锁设计为例，不同的炉型，甚至同一炉型的不同设计方案均会造成联锁系统设置的差异，孰优孰劣应通过专业的 SIL 分析加以评估。表3简要地展示了不同裂解炉的联锁设计对比，现场实际情况则更为复杂，因为即便同样设置了一个汽包液位低低的联锁，也可能由于传感器的冗余不同、设置位置不同，或者 DCS 与 SIS 共用传感器等而造成其安全完整性水平（SIL）的不同。

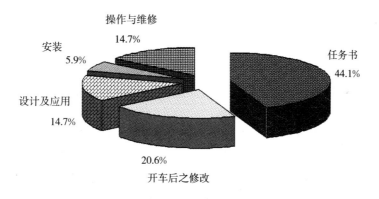

图 4　与控制系统相关的事故原因统计

表3　不同裂解炉的联锁设计对比

设备 SIF	裂解炉 A1 （KTI 型）	裂解炉 A2 （KTI 型）	裂解炉 B1 （Lummus 型）	裂解炉 B2 （Lummus 型）	裂解炉 C1 （CBL 型）	裂解炉 C2 （CBL 型）
进料压力/流量低	√	√	√	√	√	√
淬冷器出口温度高	√	√	×	√	√	√
减温增湿器出口温度高	√	√注1	√	√	√	√注1
汽包给水流量低	×	×	×	√	√	√
汽包液位低	√	√	√	√	√	√

（续表）

设备 \ SIF	裂解炉 A1 （KTI 型）	裂解炉 A2 （KTI 型）	裂解炉 B1 （Lummus 型）	裂解炉 B2 （Lummus 型）	裂解炉 C1 （CBL 型）	裂解炉 C2 （CBL 型）
汽包液位高	√	√	√	×	√	○
侧壁燃料气压力低	√	√	×注2	√	√	√
侧壁燃料气压力高	√	√	×注2	×	×	×
底部燃料气压力低	√	√	√	√	√	√
底部燃料气压力高	√	√	√	×	×	×
长明灯线燃料气压力低	×	×	×	√	√	×
炉膛负压高	√注1	√注1	√注1		√注1	×
炉膛负压低	√注1	√	√注1	×	√注1	×

注：① "√"表示有联锁保护；

② "×"表示无联锁保护，也无其他措施；

③ "○"表示无联锁保护，但有其他措施（DCS 监控等）；

④ 原设计有此联锁，目前联锁已长摘，但保留 DCS 监控报警；

⑤ 裂解炉本身无侧壁烧嘴，因而无侧壁燃料气联锁。

（5）其他隐患因素

除上述因素外，乙烯装置联锁系统的安全完整性水平还受其他诸多因素的影响。例如：

● 供电因素的影响

部分乙烯装置的联锁电源仍采用单一电路供电，当接线时不小心触碰、仪表进水、保险丝老化以及晃电时都会导致全装置的跳停[8]。某乙烯装置从首次开工到 2002 年改造前就因供电问题造成的全线停车达 3 次，后改进为双回路供电，供电可靠性得到明显提升[10]。

● 联锁系统与工艺、设备的耦合风险

安全联锁系统的目的在于保护设备安全、降低工艺波动，但是极端情况下，由于联锁动作而触发大面积停车时，大范围的泄压可能会造成装置的火炬系统处理能力不足，进而引发危险。某乙烯装置就曾因裂解炉遭雷击晃电造成大面积停车，火炬系统排放不畅憋压，导致裂解炉出口的裂解气管线膨胀节失稳泄漏着火，发生火灾事故。不少老装置经过扩能改造后存在此类问题，导致重要联锁（紧急泄压联锁）的安全完整性不足。

通过上述典型问题可以看出，SIL 评估不仅仅局限于安全联锁系统本身，而是充分考虑设计、工艺以及设备等方面的风险并加以综合评估，如此方能切实提升装置的安全完整性水平。

3. SIL 评估改进建议的提出

安全是保障装置运行的第一要素，SIL 评估的首要目标便是确保安全，若评估中发现存在安全隐患或者安全完整性等级（SIL）不满足要求的情况，则通过保护层分析（LOPA）的方法，分析查找可能有助于保障装置安全的独立保护层，从联锁的改进、保护层的改进或设置、联锁需求率（Demand Rate）的降低等方面，使包括安全仪表系统、其他独立保护层的设置满足装置的风险控制要求。

当所分析的安全联锁功能(SIF)满足安全要求后,应进一步考虑分析对象是否存在误跳过高或者存在误跳改进空间的可能,以确保装置在满足安全要求的前提下合理地降低误跳,从而实现装置经济效益的提升。

SIL 评估工作通常需结合现场实际进行,但不排除初步评估报告中有部分结论难以在现场实施(源于现场条件、施工进度、经济成本等因素),此时可通过双方交流讨论的形式,对初步评估结论进行改进或者提出新的改进建议,使之能够适应现场条件,提高可操作性。

四、结论

安全联锁系统作为企业资产完整性管理体系的一个重要组成部分,直接影响到乙烯等石化装置能否安全稳定地运行,通过对其开展 SIL 评估,确定其安全完整性水平,可以更加清晰地了解乙烯装置安全联锁系统的状况,从而做出科学合理的优化及管理,使装置更加安全高效地运行,这对于乙烯装置的"安稳长满优"运行具有重要意义。

参考文献

[1] 朱建新,方向荣,庄力健,等. 安全完整性技术(SIL)在我国石化装置上的应用实践及思考[J]. 化工自动化及仪表,2012,39(10):1253.

[2] IEC 61511. Functional safety – Safety instrumented systems for the process industry sector[S]. Geneva:IEC,2003.

[3] 何细藕. 烃类蒸汽裂解制乙烯技术发展与回顾[J]. 乙烯工业,2008,20(5):59 – 64.

[4] 钱佰章. 中国成为世界第二炼油大国[J]. 天然气与石油,2006(5):24.

[5] 王子宗,何细藕. 乙烯装置裂解技术进展及其国产化历程[J]. 化工进展,2014,33(1):3 – 5.

[6] 朱和平,杨金城. 650kt/a 乙烯装置 ESD 系统设计综述[J],世界仪表与自动化,2003,7(6):17 – 18.

[7] IEC 61508—2010. Functional safety of electrical / electronic / programmable electronic safety – related systems – Part1:General requirements[S]. Geneva:IEC,2010.

[8] 周原成. 40 万 t/a 乙烯改扩建工程中联锁系统改造[J]. 扬子石油化工,1998,13(3):16 – 22.

[9] Health and Safety Executive. Out of Control Why control systems go wrong and how to prevent failure[M]. 2nd Edition. HSE,2003:30 – 31.

[10] 张悦,王业臣,马林,等. 茂名乙烯装置设备长周期运行探索[J]. 乙烯工业,2006,18(3):10.

共用测量单元传感器完整性评估问题研究

亢海洲,朱建新,方向荣,庄力健,袁文彬

(合肥通用机械研究院,国家压力容器与管道安全工程技术研究中心,

安徽 合肥 230088)

摘 要:近10年来,随着安全联锁系统完整性(SIL)评估工作在炼油、化工、电厂等众多种类的装置中展开,在实际评估工作中发现很多不同于 IEC 标准规定的逻辑结构,如共用测量模块的传感器逻辑结构。对于此结构的可靠性计算问题,需要进一步研究及细化,为 SIL 评估的深入且顺利开展提供一种保障与储备。

关键词:安全联锁;SIL;可靠性;共用测量单元

一、引言

随着石油化工等过程装置的大型化和复杂化,仪表控制系统尤其是安全联锁系统(SIS)的应用也越来越普遍,并且也越来越复杂。而安全联锁系统越复杂,其可靠性的计算也越来越复杂,其完整性的优劣就需要专门的机构和专业技术人员来进行评估[1]。

安全联锁等级(SIL)的定量风险评估技术根据国际标准及国内外诸多石油化工企业的经验数据,通过对现有安全联锁系统的各个 SIF 进行定量分析,对于超保护的联锁降低其误跳车概率,对于保护不足的 SIF 则要求增加保护功能。这既保证了安全联锁系统的安全可靠,

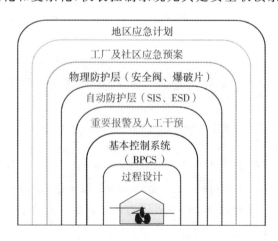

图 1 风险防御保护层

又有理有据地降低了误跳车概率,为企业节约因非计划停车而引发的经济损失。

安全联锁系统(SIS)作为主动抵御危险工况的最后一道屏障(如图1),设计方及设备

专利商从自身角度出发,难免造成过度设计的情况[2]。

一方面,现场技术人员或使用方在操作过程中,对于误跳的安全联锁回路,即安全联锁功能(SIF)习惯性进行摘除或旁路。虽然一定程度上降低了误跳车可能性,但增加了拒动作概率。如果现场真正出现危险工况,而与此相关的 SIF 被摘除了,则会酿成重大事故甚至灾难。另一方面,为了降低误跳可能性,提高可用性,同时兼顾改造成本和施工难度,只增加了变送器冗余,测量模块可能依然是单设的。

由此产生的不同于 IEC 标准规定的常见逻辑结构,并不能简单采用已有的逻辑计算方法。在进行完整的 SIL 评估时,必须考虑到这种差别,采用合适的评估方法。

二、共用测量单元逻辑结构的可靠性计算

1. 特殊逻辑结构的设置

某石化公司某重要容器顶部设置了温度高高联锁,由于单支热电偶可用性不足,较容易给出假信号,公司拟通过增加冗余的方式来提高此 SIF 回路的可用性。由于容器顶部开孔有限,又无法在容器在役过程进行开孔作业,所以共用测量模块,后续模块各自独立。即通过同一支热电偶引出测量信号,分别进入两只变送器,经变送的标准信号分别由不同信号电缆传送中控室,独立进入 I. O 卡件,最终进入 CPU 求解器。原来温度高高联锁回路的逻辑结构如图 2,拟改进后的逻辑结构如图 3。

传感器:1oo1   执行机构:1oo1

图 2 改进前的逻辑结构

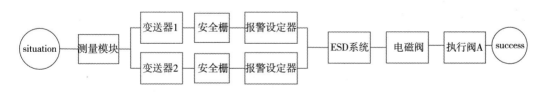

图 3 拟改进后的逻辑结构

图 3 和图 2 相比较,细化了传感器子系统,图 2 的传感器中其实也包含了测量模块、变送模块及相应的电路器件。从图 2 中可以看出,传感器子系统逻辑结构为 1oo1,但图 3 中传感器子系统的设计更加复杂,既不是 1oo1 也不是 2oo2 或 1oo2,不能直接套用 IEC 标准里常见的计算方法计算其可靠性。

2. 特殊逻辑结构的失效率数据

为了简化计算,只需要计算传感器子系统的可靠性参数,即指令模式下的平均失效概率 PFD_avg(Average Probability of Failure on Demand)及平均无故障工作时间 MTTFS(Mean Time to Failure Safe)[3]。对于整个 SIF 回路的可靠性暂时不做

考虑。

针对现场所用 Rosemount 3144P 传感器子系统，其各部件的失效率数据[4]见表 1。

表 1　各部件失效率数据

部件名称	SD	SU	DD	DU	备注
测量模块 （热电偶）	33	0	5094	329	High trip，求解器检测行为 ＞20mA ＆＜4mA
变送模块	33	0	344	79	
安全栅＋报警设定器	0	650	0	350	

注：表中 High trip 指工艺参数大于设定值而引发的失效，由于本回路是温度高高，故使用 high trip 数据。

3. 特殊逻辑结构的可靠性计算

根据表 1 的失效率数据，图 2 逻辑结构的可靠性计算可以直接代入根据 IEC 标准开发的专业 SIL 评估软件《通用过程工业功能安全完整性评估系统》，其可靠性参数计算结果如下：

传感器子系统表决类型：1oo1

A：$\lambda\_SD=66FITS$　$\lambda\_SU=650FITS$　$\lambda\_DD=5438FITS$　$\lambda\_DU=758FITS$

　　　　TR＝8 小时　　TI＝26280 小时　　TSD＝24 小时

计算结果：

PFD_avg＝9.94E－03

MTTFS＝1.40E＋06(159.43 年)

图 3 逻辑结构的计算思路为：先按照 1oo1 结构计算测量模块的可靠性参数，再按照 1oo2 模型计算变送模块、安全栅和报警设定器的可靠性参数，最后，利用全概率公式计算整个传感器子系统的拒动作概率；利用加权平均数计算整个传感器子系统的平均故障前工作时间。

(1)测量模块的表决类型：1oo1

A：　$\lambda\_SD=33FITS$　$\lambda\_SU=0FITS$　$\lambda\_DD=5094FITS$　$\lambda\_DU=329FITS$

　　　　TR＝8 小时　　TI＝26280 小时　　TSD＝24 小时

计算结果：

PFD_avg1＝4.35E－03

MTTFS1＝3.03E＋07(3459.25 年)

(2)变送器模块、安全栅、报警设定器的表决类型：1oo2

A：　$\lambda\_SD=33FITS$　$\lambda\_SU=650FITS$　$\lambda\_DD=344FITS$　$\lambda\_DU=429FITS$

　　　　TR＝8 小时　　TI＝26280 小时　　TSD＝24 小时

B：　$\lambda\_SD=33FITS$　$\lambda\_SU=650FITS$　$\lambda\_DD=344FITS$　$\lambda\_DU=429FITS$

　　　　TR＝8 小时　　TI＝26280 小时　　TSD＝24 小时

共因失效因子 β：0.03

计算结果：

PFD_avg2＝2.09E－04

MTTFS2＝7.43E＋05(84.84 年)

(3)整个传感器子系统的计算结果：

PFD_avg＝PFD_avg1＋PFD_avg2－PFD_avg1＊PFD_avg2＝4.56E－03

MTTFS＝1/(1/MTTFS1＋1/MTTFS2)＝82.80 年

三、结果分析

1.1oo2 或 2oo2 逻辑计算

如果忽略或者无视测量单元的共用特性，将图 3 的逻辑结构简单处理为 1oo2 或 2oo2 模型，利用 IEC 标准推荐方法计算，会得到以下结果：

(1)表决类型：1oo2

A：λ_SD＝66FITS　　λ_SU＝650FITS　　λ_DD＝5438FITS　　λ_DU＝758FITS

　　　　TR＝8 小时　　TI＝26280 小时　　TSD＝24 小时

B：λ_SD＝66FITS　　λ_SU＝650FITS　　λ_DD＝5438FITS　　λ_DU＝758FITS

　　　　TR＝8 小时　　TI＝26280 小时　　TSD＝24 小时

共因失效因子 β:0.03

计算结果：

PFD_avg＝4.19E－04

MTTFS＝7.09E＋05(80.93 年)

(2)表决类型：2oo2

A：λ_SD＝66FITS　　λ_SU＝650FITS　　λ_DD＝5438FITS　　λ_DU＝758FITS

　　　　TR＝8 小时　　TI＝26280 小时　　TSD＝24 小时

B：λ_SD＝66FITS　　λ_SU＝650FITS　　λ_DD＝5438FITS　　λ_DU＝758FITS

　　　　TR＝8 小时　　TI＝26280 小时　　TSD＝24 小时

共因失效因子 β:0.03

计算结果：

PFD_avg＝1.94E－02

MTTFS＝2.15E＋06(245.78 年)

2. 各计算结果分析

根据计算的 PFDavg，进一步计算传感器子系统的风险降低因子(RRF)，并根据 RRF 可以知道目前传感器子系统能够达到的 SIL 等级[5,6]。以上各种模型的计算结果见表 2。

表 2　各种模型计算结果

可靠性参数	图 2 逻辑结构	图 3 逻辑结构	图 3 按照 1oo2 计算	图 3 按照 2oo2 计算
PFD_avg	4.35E−03	4.56E−03	4.19E−04	1.94E−02
MTTFS(年)	159.43	82.80	80.93	245.78
RRF	229.88	219.30	2386.63	51.54
SIL 等级	SIL2	SIL2	SIL3	SIL1

注：RRF＝1/PFDavg.

比较表中各计算结果，有以下结论：

（1）当无视或者忽视了测量模块的共用特性以后，计算得到的传感器子单元可靠性数据发生了重大问题。传感器子单元可以达到的 SIL 等级从 SIL2 变化为 SIL1 和 SIL3，发生了显著变化。而这将进一步影响整个 SIF 回路的分析结果，甚至导致所评估的整个 SIF 回路 SIL 等级发生变化，导致评估结论出现错误。如果依据此错误结论给出的联锁回路改进建议，则可能埋下事故隐患或重大经济损失。

（2）如果按照图 2 逻辑粗略计算此特殊逻辑结构的可靠性，从拒动作概率方面看，所得结果偏危险。为了保证评估回路的安全性，建议对共用测量模块的特殊逻辑结构，需要评估人员在进行分析时，做精细化的处理，可以按照本文思路或其他可靠性分析的基本思路，进行分析。

（3）分析误差产生的原因。如果按照 1oo2 结构来计算，由于测量模块的热电偶是共用状态，一旦热电偶断偶或发生其他故障，则两路都发生故障。所以真实的共因失效因子 CCF 其实远远大于 0.03，按照 IEC 标准推荐的 β 模型，取推荐值 0.03 会发生偏危险的结果[7]。

（4）由于测量模块——热电偶的失效率数据比其他部件的失效率数据大很多，尤其危险可检测数据 DD 占了整个传感器子系统 DD 数据的 94％，所以主导传感器子系统可靠性的部件难以避免地由测量单元主导和控制。即使增加了独立的变送器及相应其他所有部件，但对整个传感器子系统的可靠性结果影响很小；如果考虑经济效益，评估人员一般不做此类建议。

（5）对于使用单位早先已经改进成此种结构的情况，一般建议利用合适的机会，在容器上新开孔或者利用某个就地显示表的原有开孔或检查孔来增加测量模块的冗余，以期真正形成 2oo2 逻辑。对实在无法开孔也无原有开孔利旧的情形，可在原有热电偶保护套管内增加另一只热电偶作热备，一旦有一只热电偶断开或故障，仪表人员可以更换，以提高联锁回路的可用性。

四、结束语

可以预见，今后安全联锁系统完整性（SIL）评估过程中会遇到越来越多的复杂逻辑结构，这些逻辑结构都不能直接按照标准推荐的算法直接计算。评估人员应该根据标准的要求,把握大方向和原则,具体实施计算的过程中,灵活运用多种方式方法,结合现场实际情况,给出设计方或专利商、使用单位及评估单位多方接收的改进建议,以提高我国流程性工业装置运行的安全性和平稳性,提高企业的经济效益。

参考文献

[1] 朱建新,方向荣,庄力健,等. 安全完整性技术(SIL)在我国石化装置上的应用实践及思考[J]. 化工自动化及仪表,2012,39(10):1253 – 1259.

[2] 亢海洲,朱建新,方向荣,等. 空分压缩机组安全完整性等级(SIL)技术评估应用及分析[J]. 自动化技术与应用,2015,34(2):74 – 78.

[3] William M. Goble. Control systems safety evaluation and reliability[M]. 2nd edition. USA:ISA,1998.

[4] Exida. Safety Equipment Reliability Handbook [M]. Exida. com LLC. USA. 2003.

[5] IEC commission. Functional safety of electrical/electronic/programmable electronic safety – related systems – Part1:General Requirements[S],IEC 61508,1998.

[6] IEC commission. Functional Safety – Safety instrumented systems for the process industry sector – Part1:Framework,definitions,system,hardware and software requirements [S]. IEC 61511 part1,2003.

[7] 亢海洲. 安全联锁系统(SIS)复杂逻辑结构的可靠性模拟[D]. 杭州:浙江工业大学,2009.

石化仪表设备可靠性的评估方法研究

袁文彬,朱建新,方向荣,庄力健,亢海洲

(合肥通用机械研究院,国家压力容器与管道安全工程技术研究中心,
安徽　合肥　230088)

摘　要:可靠性数据在仪表设备全寿命周期管理领域有广泛应用。针对目前国内石化装置仪表设备失效数据积累少,采用简单的统计分析方法无法准确获取可靠性数据的问题。探索建立适合国内仪表管理现状的可靠性数据分析方法,应首先给出较为全面的数据收集和处理流程;其次,"因地制宜"地采用不同的可靠性评估方法。针对有现场失效数据的情况,可结合 OREDA 数据库和国内现场失效数据,使用贝叶斯方法评估;对于无现场失效数据的情况,结合 OREDA 相关失效数据,采用 OREDA 数据库中的相关方法评估。由此,实现了仪表设备平均失效率和失效率置信区间的动态评估。最后结合实例验证了方法的可行性。

关键词:失效率;仪表设备;贝叶斯方法;OREDA

一、失效率数据的重要性和开展研究的必要性

随着 IEC 61511 标准《过程工业安全联锁系统功能安全分析》[1]应用的不断深入,针对安全联锁系统开展的可靠性研究已变得越来越迫切。一些国家正将 IEC 61511 标准推广为实现装置安全性及可靠性的强制标准。国外的相关公司和机构组织针对石化装置联锁系统仪表设备可靠性及数据库的研究近年来也得到很大发展,通过数据的持续收集和整理分析已形成了较完整的数据库。如 SINEF 的安全仪表系统可靠性数据库(PDS)[2]、EXIDA 的安全设备可靠性数据库(SERH)[3]、CCPS 的过程设备可靠性数据库PERD[4]、DNV 的 OREDA[5]数据库等,都是国外相关机构开展仪表设备全寿命周期管理的关键基础数据。

到目前为止,作为我国流程设备应用主要阵地的石化行业,虽然已有近二十年的运营经验,然而针对仪表设备开展系统的故障调查与可靠性分析,并将分析获得的可靠性数据用于指导石化装置的管理工作仍未有实质性的开展。国内已有针对仪表设备开展的可靠性研究成果主要集中在军工领域,2006 年总装备部发布了国家军用标准 GJB/Z

299C—2006《电子设备可靠性预计手册》[6]以及 GJB/Z 108A—2006《电子设备非工作状态可靠性预计手册》[7]，为石化行业开展仪表设备全寿命过程可靠性研发提供借鉴，但真正要在我国开展石化行业仪表设备的全寿命过程可靠性研究，还需要开展系统的工作。石化行业仪表设备的失效概率等可靠性数据的缺乏在一定程度上限制了国内安全功能相关工作的开展。

国内石化行业仪表设备可靠性评估工作由于缺乏现场仪表设备准确的可靠性数据，不得不依赖于国外数据库，如 OREDA、EXIDA、PDS 数据库等。由于国外装置中炼制的油品不同，仪表设备的使用环境不同、检维修方法及管理方法不同，因而仪表设备的可靠性与国内是有差异的，盲目使用国外数据，必然会出现一些与国内装置不一致的情况。缺乏适合国内仪表设备管理现状的设备可靠性数据已成为制约国内仪表设备相关评估工作精度的技术瓶颈。因此开展仪表设备可靠性研究探索适合我国国情和现状的仪表设备失效率的评估方法，建立国内仪表设备失效数据库已变得极为迫切。

二、现场数据的采集、处理以及失效率评估方法

鉴于仪表设备失效数据的重要性，一方面借鉴国外可靠性数据的收集和处理方法，另一方面也需充分考虑我国当前石化企业仪表设备管理的现状，基于以上两方面开展适合国内石化企业仪表设备管理现状的失效数据收集和分析工作。

1. 仪表设备现场数据的收集程序

获取失效数据主要有以下两种方法：其一，失效模式和诊断分析方法（FEMDA）。该方法在国外一般由一些知名的咨询机构如 TUV、BASSEFA、EXIDA 的专家分析完成，分析人员需具备丰富的现场经验和掌握大量的设备测试数据。其二，基于现场数据的统计分析方法。该方法需明确且严格地界定好所收集数据的范围、可靠性研究设备的范围、数据的来源，深入分析设备的失效模式，合理确定可靠性模型，并进行持续的现场数据收集工作。

考虑到以上方法的复杂性、可操作性以及当前我国石化企业的仪表设备失效数据积累少的现状，选用失效数据收集的方法，在具体实施过程中在充分借鉴采用 OREDA 数据库以及 CCPS 的《Guidelines for Process Equipment Reliability Data with Data Tables》中的数据收集方法。针对仪表设备可靠性的特点，首先明确设备范围，针对研究范围内的所有设备（不仅仅是发生故障的设备）开展数据信息的收集，然后结合国外数据库以及专家、设备管理人员的经验信息进行仪表设备的失效率评估。

仪表设备数据采集应通过制定统一的、规范化的收据收集、表格收集或开发规规范化的数据收集系统开展数据收集工作。无论采用何种数据收集方式，都必须使收集程序能确保数据的真实性、准确性、完整性和追溯性。

在文献《安全仪表系统现场可靠性数据的收集及处理方法》[8]的基础上，补充在无现场失效数据情况下仪表设备失效率评估流程。考虑不同情况（有、无失效数据）失效率的评估方法，结合专家及相关技术人员的丰富经验，给出仪表设备可靠性数据收集和失效

率评估较为全面的系统流程(如图1)。

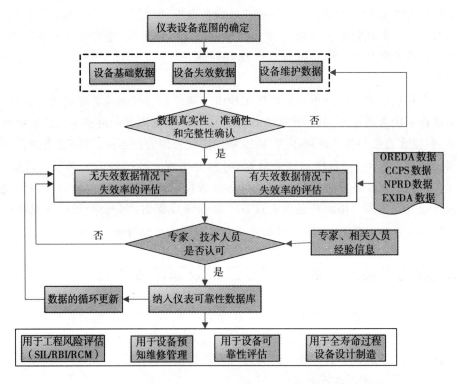

图1 仪表设备失效数据收集和评估流程

2. 失效率评估方法

仪表设备可靠性的一个关键参数为对故障率的估计,文献《安全设备失效数据获取与计算》[9]介绍了多种评估故障率的方法,如点估计、置信度估计方法以及概率绘图法。OREDA[5]数据库采用点估计和区间估计的方法,在广泛收集失效数据的前提下,给出了故障率的点估计以及区间估计,给出了单样本以及复杂多样本条件下,如何确定故障率 λ 方法。这些方法都是简单易行的方法。但当前我国石化行业仪表失效数据的收集尚未得到足够的重视且尚未形成取得全行业共识的工作机制,当前国内收集和整理失效数据的系统性还是不高,完全采用 OREDA 提供的方法,大多数仪表设备还存在明显的"水土不服"现象。故此,在针对仪表设备可靠性展开评估的相关工作中,不得不依赖国外的数据库,但不能完全依赖于国外的数据库,必须充分考虑国内仪表设备的现实情况。针对上述问题,可选用贝叶斯相关方法和 OREDA 中采用无失效数据的故障率评估方法,结合国外数据库信息和现场采集的失效数据信息,得出较为全面、符合国内实际情况的评估方法。下面分别针对有、无现场失效数据的情况,简要介绍计算故障率的评估方法。

(1)存在现场失效数据时的失效率评估

仪表设备寿命 t 通常采用指数分布近似,认为其失效率 λ 为恒定的,且失效设备可更换,在时间 T 内,仪表设备发生故障的次数 r 服从 Poisson 分布[10],即

$$f(r) = \frac{(\lambda T)^r e^{-\lambda T}}{r!} \tag{1}$$

由于 Gamma 分布与 Poisson 分布自然共轭，故先验分布取 Gamma 分布，其概率密度函数为

$$g(\lambda) = \frac{T_0 \, r_0 \lambda^{r_0-1} e^{-\lambda T_0}}{\Gamma(r_0)} \tag{2}$$

其中：r_0、T_0 为先验分布参数。

通过贝叶斯公式计算，得到其后验分布的概率密度函数为

$$g(\lambda \mid r) = \frac{(T_0 + T) r_0 + r}{\Gamma(r_0 + r)} \lambda^{r_0+r-1} e^{-\lambda_0 (T_0 + T)} \tag{3}$$

从而可得到失效率的期望值：

$$\bar{\lambda} = \int_0^\infty \lambda g(\lambda) \mathrm{d}\lambda = \frac{r_0 + r}{T_0 + T} \tag{4}$$

为得到先验分布中的 r_0 和 T_0，可采用如下方法：查阅 OREDA[5] 数据库，得到失效率的点估计 λ_0 和置信度为 90% 的失效率上限 λ_u，基于以下公式求 r_0 和 T_0。

$$\frac{\lambda_u}{\lambda_0} = \frac{\chi^2(2r_0, 0.05)}{2r_0} \tag{5}$$

$$T_0 = r_0 / \lambda_0 \tag{6}$$

通过已知的 λ_0 和 λ_u，近似求解得到 r_0 和 T_0，然后基于（4）式求得 $\bar{\lambda}$。

取置信上限 90% 时，则设备运行失效率的双边 Bayes 区间[11] 估计为

$$[\lambda_l, \lambda_u] = \left[\frac{\chi^2(2r_0 + 2r + 2i, 0.95)}{2(T_0 + T)}, \frac{\chi^2(2r_0 + 2r + 2i, 0.05)}{2(T_0 + T)} \right] \tag{7}$$

求得的 λ_u 可作为以后进行贝叶斯估计先验已知的失效率上限值。其中：$i=0$ 和 1 分别表示定数和定时截尾寿命试验。

（2）无现场失效数据时的失效率的评估

根据专家经验或查询 OREDA 数据库中相似仪表设备的可靠性数据，确认故障率 $\bar{\lambda}'$；认为仪表设备的故障率服从 $\mathrm{Gamma}(\alpha, \beta)$ 分布，现场无失效数据的累计工作时间为 T，借鉴 OREDA[5] 中方法，基于以下公式进行失效率的评估。

$$\alpha = 1/2 \tag{8}$$

$$\beta = \frac{1}{2 \bar{\lambda}'} + T \tag{9}$$

得到失效率的估计值：$\lambda = \frac{\alpha}{\beta}$ \tag{10}

得到失效率的标准差 $:\sigma = \sqrt{\dfrac{\alpha}{\beta^2}}$　　　　　　　　　　　　　　　　　　(11)

置信度为 90% 的置信区间为：

$$\left[\frac{1}{2\beta}\chi^2(0.95, 2\alpha), \frac{1}{2\beta}\chi^2(0.05, 2\alpha)\right] = \left[\frac{0.002}{\beta}, \frac{1.9}{\beta}\right] \qquad (12)$$

三、评估实例

下面举例说明以上方法在安全仪表失效概率评估中的应用。通过对某石化装置若干典型阀门的失效数据的收集和确认,统计阀门在有记录的一段工作时间内的失效次数,根据第 2 部分相关评估方法的公式,结合现场真实的数据和已有的先验信息(OREDA[5]中的相关可靠性数据),得出了更为准确和贴近真实状况的失效率数据。见表 1 所列,最终评估结果基于现场失效数据对 OREDA 的查询结果进行了适度修正,为现阶段仪表设备可靠性评估相关的工作提供了更为合理的可靠性数据,建立的仪表可靠性数据库为企业进行仪表设备可靠性评估提供了先验数据,同时,协助企业构建的动态失效数据持续收集和评估机制也为符合企业现实状况仪表设备可靠性数据库的建立奠定了基础。

表 1　某石化公司部分仪表设备的失效率评估结果

设备名称	失效模式	现场收集的数据		先验数据				最终的评估结果	
		失效次数	运行日历时间 (10^6 h)	失效次数	平均失效率 (/10^6 h)	置信区间 (/10^6 h)	数据来源 (OREDA2002)	平均失效率 (/10^6 h)	置信区间 (/10^6 h)
闸阀	致命的	2	0.02628	70	7.67	[0.01,31.30]	P-607	7.62	[1.74,16.8]
球阀	全部的	1	0.01752	190	21.5	[8.51,39.29]	P-622	23.99	[10.44,42.04]
切断阀	降级的	4	0.0219	18	19.7	[0.39,61.13]	P-788	68.8	[27.11,125.98]
安全阀	全部的	0	0.02628	272	23.29	[3.03,59.45]	P-770	10.47	[0.0042,39.72]

四、结论

基于国内积累的仪表失效数据非常有限的现状,完全采用国外数据收集和处理方法存在很大的局限性和不适应性,提出对于有失效数据的仪表设备采用贝叶斯方法评估,兼顾了现场数据和已掌握的经验知识(国外相关数据库、专家的经验)。对于无失效数据的仪表设备,基于 OREDA 中方法可实现对失效率相对合理的评估,方法操作简单,易于实现。通过以上方法可实现对石化仪表设备失效率进行较为合理的评估,对当前建立符合国内石化行业仪表设备管理现状的失效数据库有一定的参考意义和工程应用价值。

参考文献

[1] IEC commission. IEC 61511—1～3　Functional Safety Instrumented Systems for the Process Industry Sector [S]. Geneva：IEC,2004

[2] Huage S，Hokstad P，Langseth H，et. al. Reliability Data for Safety Instrumented Systems [M]. Norway：SINTEF,2006：25－30.

[3] Exida. Safety Equipment Reliability Handbook(Second Edition)[M]. USA：Exida. com L. L. C,2003.

[4] Keren N，West H H，Rogrrs W J. et al. Use of Failure Rate Databases and Process Safety Performance Measurements to Improve Process Safety[J]. Journal of Hazardous Materials,2003(104)：75－93.

[5] OREDA. Offshore Reliability Data ［M］. Norway Trondheim：SINTEF Industrial Management,2002.

[6] 中国人民解放军总装备部. GJB/Z 299C—2006 电子设备可靠性预计手册[S]. 北京：总装备部军标出版发行部,2006.

[7] 中国人民解放军总装备部. GJB/Z 108A—2006 电子设备可靠性预计手册[S]. 北京：总装备部军标出版发行部,2006.

[8] 高帅,左信,田刚. 安全仪表系统现场可靠性数据的收集及处理方法[J]. 石油化工自动化,2016,48(3)：44－46.

[9] 方来华,吴宗之,康荣学,等. 安全设备失效数据获取与计算[J]. 中国安全生产科学技术,2010,6(03)：121－125.

[10] 徐莉,郑伟,李禾. 经验贝叶斯方法在核电站概率安全评价中的应用[J]. 原子能科学技术,2006,40(01)：57－60.

[11] 董聪. 现代结构系统可靠性理论及其应用[M]. 北京：科学出版社,2001.

后 记

　　一年一届的石化装置工程风险分析技术应用研讨及经验交流会是国内石化企业、质监系统和特检机构等业内单位的重要学术活动。与会人员通过专题报告和分组宣读论文等方式,交流先进风险管理方法(RBI、SIL、RCM 等),研究讨论石化装置安全、稳定、长周期运行等相关问题,追踪国外前沿检验检测手段,为促进我国石化行业持续健康发展提供协作平台,建立沟通渠道。会议的意义在于:深入探索石化装置风险分析与管理的最新技术,全面展示我国承压设备领域广大科技工作者取得的研究成果,广泛传播各种新理论、新标准、新技术以及新的实践经验。同时,会议还为企业、技术和学术等各界杰出人士提供了交流沟通的平台。历次会议都产生了深远的影响,获得了政府相关领导部门、各大石油化工企业和特种设备检验机构等有关方面的高度评价和重视。

　　第十届石化装置工程风险分析技术应用研讨及经验交流会于 2016 年 8 月 3 日至 6 日在辽宁省丹东市隆重举行,论文征集工作自 2015 年 8 月开始,共收到论文 41 篇,经评审委员会认真讨论,筛选出 37 篇作为会议宣读论文列入《第十届"石化装置工程风险分析技术应用研讨及经验交流会"论文集》。论文涉及石化装置腐蚀分析与完整性管理、承压设备基于风险检验(RBI)与联锁系统安全完整性等级(SIL)评估、压力容器检验检测与失效分析,以及其他关键设备设计、管理、维护等专业范畴。这些论文内容丰富、资料翔实、论证充分,对当前石化装置和承压设备技术创新工作具有突出的理论水平和指导意义。

　　伴随产业结构调整和供给侧改革,过程工业领域对石化装置与承压设备的需求呈现出大规模化和高参数化的趋势。在承压设备的设计、制造、使用管理和维护检验阶段,结合失效模式和风险等级,有针对性地制定设计制造技术要求,建立有效检测、监测方法,实现在役承压设备状况的实时诊断,对我国石化企业设备管理部门、压力容器设计制造企业和特种设备检验检测机构等业内的相关科技工作者提出了更高的要求。本次会议的召开,正是基于这样的背景。坚持创新、协调、绿色、开放、共享发展理念,引领经济发展新常态,是当前和今后一段时期我国的一项重要任务。石化装置工程风险分析技术如何更好地服务于企业安全生产和经济发展,已经成为新的课题。在可以预见的将来,只要我国石化装置承压设备领域的广大科技工作者在设计、制造、使用、管理、检验、维修和标准制定等方面,坚持科学发展、创新发展和协调发展,就一定能为我国石化装置风险分析的技术进步做出新的、更大的贡献!

编 者

2016 年 7 月

图书在版编目(CIP)数据

第十届"石化装置工程风险分析技术应用研讨及经验交流会"论文集/合肥通用机械研究院,中国特种设备检测研究院编 . —合肥:合肥工业大学出版社,2016.7
ISBN 978 - 7 - 5650 - 2912 - 7

Ⅰ.①第… Ⅱ.①合…②中 Ⅲ.①石油化工—化工设备—风险分析—学术会议—文集 Ⅳ.①TE96 - 53

中国版本图书馆 CIP 数据核字(2016)第 173704 号

第十届"石化装置工程风险分析技术应用研讨及经验交流会"论文集

合肥通用机械研究院 中国特种设备检测研究院	编	责任编辑 张惠萍 张和平	
出 版	合肥工业大学出版社	版 次	2016 年 7 月第 1 版
地 址	合肥市屯溪路 193 号	印 次	2016 年 7 月第 1 次印刷
邮 编	230009	开 本	787 毫米×1092 毫米 1/16
电 话	编校中心:0551 - 62903055	印 张	17
	市场营销部:0551 - 62903198	字 数	370 千字
网 址	www. hfutpress. com. cn	印 刷	合肥现代印务有限公司
E-mail	hfutpress@163. com	发 行	全国新华书店

ISBN 978 - 7 - 5650 - 2912 - 7 定价:48.00 元